手作皮具与皮革染色

SHOUZUO PIJU YU PIGE RANSE

袁燕 著

中国纺织出版社

序

在快节奏生活的今天，人民的物质生活十分丰富，大量的工业流水线产品充斥着人们的日常生活，如此多的产品却仍然难以满足人们内心的需求。一双手工鞋、一个手工布偶、一件手工毛衣、一盏手工茶盏……总能带来内心巨大的满足感。人们迷恋手作，更是迷恋手作背后亲手造物的感受，以及手作物带给人们的温暖。手作是一门有温度的艺术，手作物更是蕴含灵气。手作的魅力吸引着越来越多的人投入到手作的队伍，成为一名手艺人。

手作包含的内容甚多，手作皮具是其中的一种。手作皮具是在一针一线间诉说着手作人与皮具之间的故事，设计款式、挑选皮料、裁剪皮料、打斩、缝合、打磨……皮具手艺人坐在工作台前或是敲敲打打，或是穿针引线，又或是仔细打磨，任由时光在指尖流淌。手作完成的每一件物品都凝聚着手艺人心血，它独一无二、不可复制，手工皮具的材料取自动物身体，每一块皮料都有其独特的纹理和质地，在制作和使用过程中，皮具与手作人不断产生接触而发生变化，犹如有生命一般不断地延伸、生长。手作皮具是将手工皮革工艺与艺术设计相结合的手艺，它是一门需要继承传统手工艺，同时又需要不断创新的工艺。

在日常生活中，经常可以看到手作皮具的身影，如钱包、卡包、钥匙包、名片夹、皮包、鞋等；甚至一些创意产品，如灯具、首饰、椅子、钟表等，可见手作皮具的应用已经非常广泛。

本书从手作皮具的基础入手，首先介绍手作皮具需要了解和掌握的基础知识（材料与工具），详细介绍各种材料的特性以及工具的使用方法和要点。且将皮具制作的基础流程提炼出来，为读者支撑起一个框架，避免作为初学者出现“盲人摸象”的感觉。然后将制作工艺按照制作流程进行详细的介绍，图文并茂。将在手作皮具中常会用到的手工染色工艺分为两部分：一部分为皮革常规染色工艺，一部分为皮革特殊染色工艺，其中皮革特殊染色工艺主要包含皮革蜡染、皮革扎染、皮革糊染。每种染色技法都有实践案例和制作过程说明，实用性强。此外，还提供了大量的作品欣赏。

笔者在大学本科期间初次接触“皮革”这一学科，深深被其魅力所吸引，如今从事这一学科的教学更是感受到其中的奥妙。本书是笔者在教学中的一点心得和体会总结，也是对自己所学专业知识的提炼，本着深入简出、言简意赅的原则，期望能够给皮具初学者一些实用的分享。此外，要特别感谢我的学生罗上青在编写此书过程中提供的协助，同时也感谢所有关心和支持本书出版工作的人。

手作皮具所涉及的内容相当广泛，需要了解的知识点甚多，由于笔者的水平有限，加之时间仓促，书中难免有疏漏和不足之处，恳请专家与读者指正。

袁燕

2017 年 8 月于厦门

目录

第一章　手作皮具基础

第一节　认识材料

要想成为一名手作皮具手艺人，需要掌握下列基础知识和技能。

一、皮料

在远古时代，人类就已经从动物身上获得“皮”，从原生皮到生产生活用的“革”，需要经过复杂的加工程序，其中最为重要的一个程序称为“鞣制”工艺，即用鞣制剂处理裸皮使之变成为革的过程。“鞣制”工艺的好坏在很大程度上决定了皮革的质量。按照鞣制皮革的方法分类，皮革主要有植鞣革、铬鞣革。除此之外，按照取皮动物的种类可将皮革分为牛皮、羊皮、猪皮、马皮、蛇皮、鳄鱼皮、蜥蜴皮、鸵鸟皮等。

（一）按鞣制皮革工艺分类

1. 植鞣革

使用植物鞣料（从植物中萃取的丹宁、植物多酚）鞣制的皮革，称为植鞣革，又称树羔皮。这是一种传统而且古老的鞣制方法，使用不同的植物，萃取出的植物鞣剂（单宁酸液）与动物皮革发生反应鞣制而成，工序烦琐，鞣制一张皮革，快则需要 1 ～ 2 个月，慢则需要 3 ～ 6 个月。经过染色、上油后可与干燥的革在适度的保养下保持品质与柔韧度。目前大部分优质植鞣革都是由国外发达国家生产的。在手作皮具中常见有原色植鞣革和染色植鞣革。植鞣革不含对人体有害的物质，可与皮肤直接接触。植鞣革适合制作成各种与人的皮肤直接接触的产品，如皮包、皮带、皮鞋等。植鞣革的外观皮面平整，皮革纤维组织紧实，延伸性小，吸水后有良好的塑形性；皮面手感挺括、丰满有弹性；吸水容易变软，容易手工染色。它是鞣制皮革中唯一环保的。

（1）原色植鞣革。原色植鞣革呈淡淡的米黄色，伸缩性小，吸水后会变软，但是干燥后会更硬。可塑性强，易塑形（图 1–1）。颜色会随着使用历程变化，从浅肉色逐渐变成褐色，俗称植鞣革养色。养色的效果因皮革产地、鞣制手法、使用频率以及保养是否得当而不同，这也正是植鞣革的魅力所在。原色植鞣革还可以进行二次皮面染色，例如，手作的酒精染色、蜡染、糊染甚至扎染。这些手作皮革染色工艺，后文有详细的介绍。

（2）染色植鞣革。在原色植鞣革的基础上进行水染，使其上色均匀（图 1–2）。染色植鞣革又分为透染植鞣、不透染植鞣。染色植鞣革皮具同样可以养色。染色植鞣皮中可以分出非常多的效果，如油蜡皮、雾蜡皮等。

2. 铬鞣革

铬鞣革是指用铬盐作为鞣剂鞣制的皮革（图 1–3）。近代化工发展产生的三价铬鞣制，将皮胚浸泡在调好色的三价铬中 3 ～ 7 天即可完成。特点是色彩艳丽、延展性好，生产快速、成本较低。市面上绝大部分商品包袋使用的都是铬鞣革。铬鞣的皮面效果也有很多，比如，压花（如模仿稀有皮纹理）、印花、漆面皮等。

（二）常用动物的种类

1. 牛皮

牛皮的特征是革面毛孔细小，呈圆形，分布均匀且紧密，皮面光亮平滑，质地丰满、细腻，外观平坦、柔润，用手触摸质地坚实而富有弹性。如用力挤压皮面，则有细小的褶皱出现（图 1–4）。牛皮可分为黄牛皮、水牛皮、牦牛皮等。

（1）黄牛皮。黄牛皮因为身体各个部位差异较小，所以其利用率较高。其特点是表皮层薄，毛孔小而密，粒面

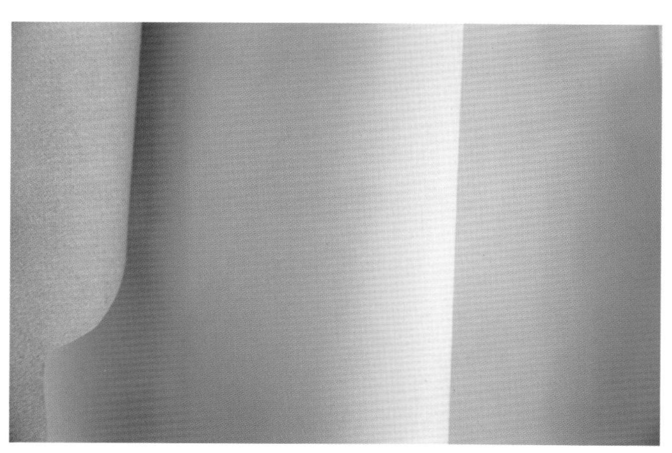

图 1–1　原色植鞣革

图 1–2　染色植鞣革

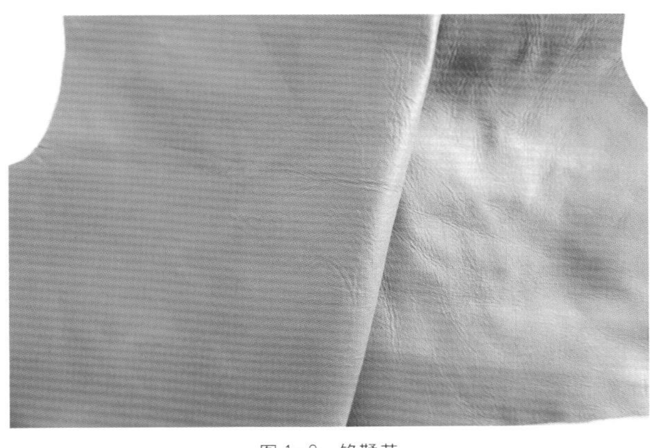

图 1-3 铬鞣革

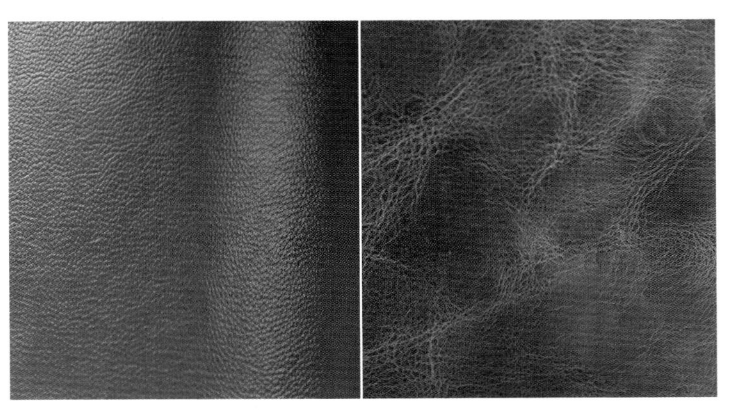

图 1-4 牛皮

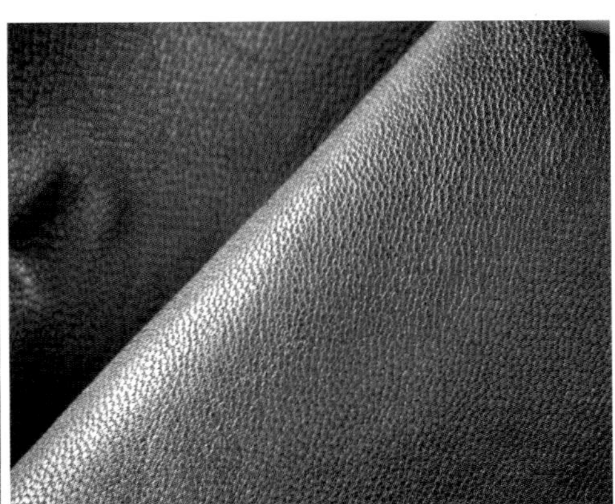

图 1-5 羊皮

细致，各部位厚度较均匀，部位差小，张幅大而厚实，强度好，制革时可剖成数层，利用率高。由于其具有可调节温湿度和透气性的特点，所以适于加工制作各类皮革。

（2）水牛皮。水牛皮表面粗糙、纤维粗松，强度较黄牛皮低，其他性能与黄牛皮接近。但在牛皮中档次排名最低的就是水牛皮了，因为其整张面积很大，皮又厚又重，所以常被用来制造沙发、床垫之类。

（3）牦牛皮。牦牛皮特点是皮的部位厚度差大，颈部、肩部最厚，且褶皱很深，背部、臀部厚度次之，腹部皮较薄。一般而言，牦牛皮伤痕较多，皮的纤维组织较黄牛皮疏松，但比水牛皮紧密。

（4）疯马皮。疯马皮是真正的头层牛皮，采用进口头层黄牛皮胚加工而成，只用最好的第一层皮，保留了天然牛皮的特性，耐刮，耐用。疯马皮带油感（蜡感），属于中高档皮，用途广，表面凌乱无序，真皮手感较强，拈起来可呈现底色的变色效果，显得粗犷。

2．羊皮

羊皮的毛孔花纹十分美观，且周围有大量的细绒毛孔，手感柔软，呈月牙状。而且羊皮革比牛皮柔软且细腻，毛孔细小，无规则地分布均匀，少井纹沙眼，皮革组织松软，透气性强，皮板轻薄，皮纹细腻，色泽好，手感柔软光滑（图1-5）。其因材质细腻而易被染色，我们通常见的染色皮有很多都是羊皮的。而一般受众了解的是山羊皮和绵羊皮。

（1）山羊皮。山羊皮的结构结实，所以拉力强度比较好，由于皮表层较厚所以比较耐磨。山羊皮毛孔呈“瓦状”，表面细致、纤维紧密，有大量细绒毛孔呈半圆排列、手感较紧。

（2）绵羊皮。质地柔软，延伸性大，手感软而滑爽，粒面细致，皮纹清晰美观。绵羊皮的毛孔细小呈扁圆形，由几根毛孔构成一组，毛孔清晰，排成长列，分布均匀。粒面平整、细致、强度较小，延伸性大。

3．猪皮

猪皮革皮纹粗糙，表面的毛孔圆而粗大，不光滑、纤维紧密、丰满，强度与牛皮相近。革面呈现许多小三角形的图案。其制成品耐用，但美观性较差。另外，真皮的表面不规则，厚薄不均匀，光滑细致程度不一（图1-6），但在20世纪30年代，有棱角的猪皮箱式手包是搭配正式装束的经典配件。而现在猪皮革通常都被用来制作压花皮或反绒制品（手工人将其做内里皮料），以此来掩饰猪皮粗糙的缺点。

4．马臀皮

马臀皮是上等的皮革，皮面几乎无汗毛孔，质感超好。它由单一的纤维构成，纹理特别细致，富有弹性，具有不

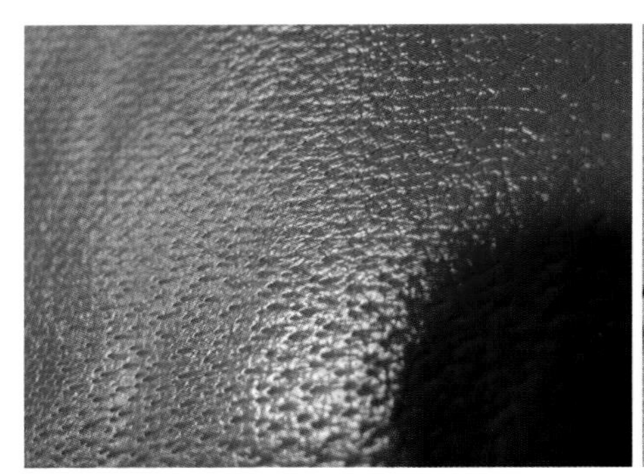
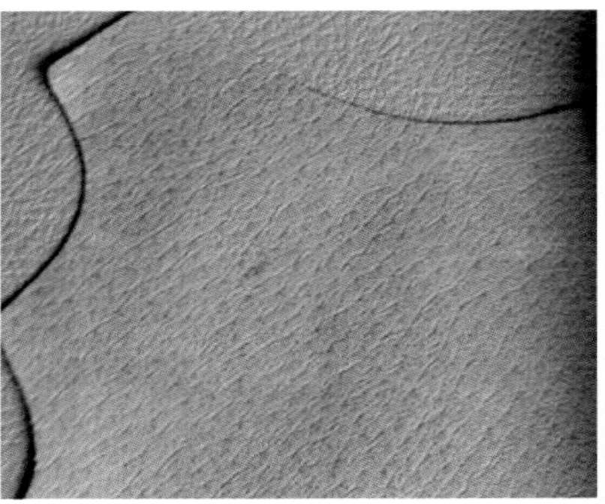
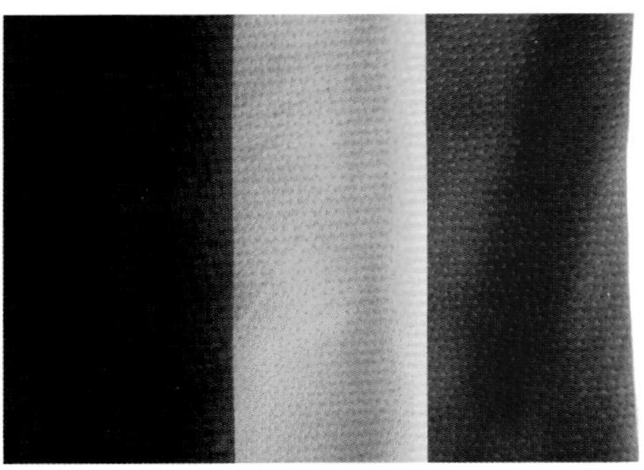

图 1-6　猪皮

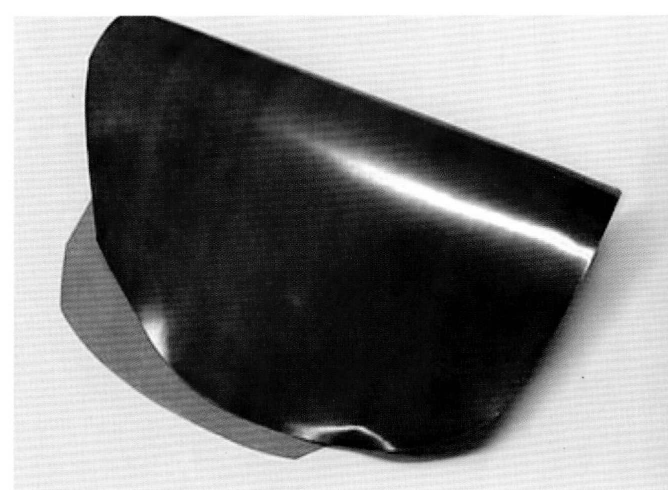

图 1-7　马臀皮

图 1-8　鸵鸟皮

容易留下伤痕的特点（图 1-7）。细腻得在灯光下会反光，奢华感强，是高级定制中最好的皮革，制作好的成品也非常漂亮。自然皮料价格不菲，常使用在奢侈品高级定制品的运作上，而左右两片臀部连在一起形成眼镜形的马臀，更是极为少见。

5. 稀有皮革

（1）鸵鸟皮。它的张幅较大，比鳄鱼皮柔软，拉力是牛皮的 3 ~ 5 倍。柔软，质轻，透气性好，耐磨。天然退化的毛孔形成了铆钉状突起，图案和形状十分独特，人工难以仿造。鸵鸟皮皮质中含有一种天然油脂，能抵御龟裂变硬和干燥，能永久保持柔软和牢固，所以也是名贵优质的皮革之一（图 1-8）。

（2）蜥蜴皮。由于品种的多样性而且具有不同的粒面特征，蜥蜴皮也都有特殊的立体花纹。蜥蜴属于冷血爬行动物，生存中，腹部等各部位极易接触地面、砂石等硬质物体，完美皮张极其难得，百里挑一不为过。光亮、平滑

图 1-9　蜥蜴皮

图 1-10　鳄鱼皮

图 1-11　鳄鱼皮

图 1-12　蛇皮

图 1-13　蛇皮

的天然独特纹路，质地紧密，皮面硬挺，耐用性极强（图1-9）。

（3）鳄鱼皮。它的表面是特殊不易弯曲变形的角质层，制成手感优良的皮革并非易事。而且鳄鱼在一年时间里只能长到1.22米（4英尺）左右，这种长度的鳄鱼皮只能加工表带、钱包和小手包等较小的物品。鳄鱼要生长多年才能达到加工较大皮包的长度。在鳄鱼皮中，腹部永远是最好的，价格是背面的一百倍，因此，鳄鱼皮堪称皮革中的铂金，以奢华稀有著称。鳄鱼皮皮质硬挺，不易受损。纯天然的纹理让每件皮具都独一无二。随着使用时间越长，鳄鱼皮的光泽不但不会消失，反而历久弥新（图1-10、图1-11）。

（4）蛇皮。它的皮质较薄，强度较低，一般用于装饰或腰带、表带或者钱包的贴面，但也可用作鞋面和皮具。其中蟒蛇皮外观花纹清晰艳丽，图案独特，鳞尖顶端与整体分离，可翻起，这个天然特性让仿制品永远无法完美逾越。哑光的蟒蛇皮柔软而富有弹性，带给人美妙的触觉感受；亮光的蟒蛇皮光滑、硬挺，逆抚时略带刺感，更具野性风情（图1-12、图1-13）。

二、皮革的购买

购买皮革前需要了解以下几点皮革常识。

（一）位置

以最常用的牛皮为例，牛皮分为以下几种。

（1）臀部皮。此部分组织紧密，通常被认为是一张牛皮最好的部位。

（2）背部皮。整张皮的主要组成部分，组织稳定，皮质较细腻。

（3）肩部皮。组织疏松且经常有褶皱，此部分不如牛背皮质量好。

（4）颈部皮。类似肩部，但通常更加松软和褶皱，生长纹更多。

（5）腹部皮。组织结构不如其他部位，易延伸变形且内部疏松，基本上是整张皮中最差的部分。

（6）腿部皮。类似腹部皮料甚至更糟，利用价值最低。

（二）厚度

皮料使用厚度分为好多种，手作通常使用的为0.6～1.2mm，这种厚度的适合用作内贴或者软包使用；

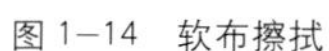

图 1-14　软布擦拭

图 1-15　马鬃刷蘸取貂油

图 1-16　画圈擦匀

图 1-17　方扣

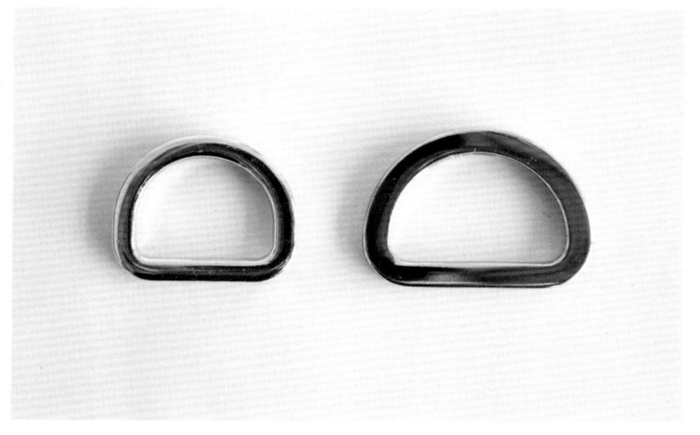

图 1-18　D 扣

1.3 ~ 1.5mm 厚度的，一般适合用作小包或偏软的大包；1.6 ~ 2.0mm 厚度的，适合做硬体大包；2.5 ~ 4.0mm 厚度的，适合做皮带或者皮雕工艺。

（三）计量单位

皮革的计量单位通常有面积和重量两种方式。

（1）我国大陆地区经常使用的是平方英尺（也叫大才），港台经常使用的是平方港尺（小才）。其中：

1 平方英尺 = 30cm × 30cm，1 平方港尺 = 25cm × 25cm。

日本等国家通常是按 DS 为皮革单位，1DS = 10cm × 10cm。

（2）欧美等国家通常是按重量（盎司）作为皮革单位，具体按不同厚度和皮质来确定每盎司的价格；国内有些边角碎皮常按重量来销售。

三、皮革的保存与保养

皮具收纳时，内要填充撑型，外要包裹防潮，放在阴凉、干燥处。保养时不要用化学溶剂、酒精或是普通皮肤保养液，这些对皮具都是伤害，会毁掉蛋白质表面的光色，或造成褪色。皮具并不容易脏，平时只需软布擦去浮沉即可（图 1-14）。保养时用专业皮革护理剂（如貂油等）蘸少许轻轻擦拭，让皮完全吸收（翻毛皮除外）（图 1-15、图 1-16）。淋雨只能用干软布擦拭，勿用吹风机，忌风吹日晒。若是有鳞片的稀有皮，擦拭时需要顺着鳞片方向。

四、常用五金与辅料

在制作手作皮具时，有时还需要一些五金和其他辅料，这些五金和辅料主要起到链接、扣合和加固等作用。五金所用的材质以金属为主，常见的有铁、锌合金、不锈钢、铜，其中铜制的五金品质最好，常用在高端包袋中，也常用在手作皮具中。但是纯铜的五金容易氧化、变黑，影响视觉效果。所以合金和不锈钢制作的五金品质也很好，为了达到更好的视觉效果可采用电镀工艺。

（一）扣

部件之间的链接件，常见的有方扣、D 扣、针扣、钩扣，有各种大小、尺寸、型号，一般以扣的内径尺寸为参照尺寸，常用的尺寸有：方扣的内径 1.2 ~ 2cm，D 扣内径 1.5 ~ 2cm，针扣的内径 1.5 ~ 2cm，钩扣内径 1.2 ~ 3.5cm。

除此之外，还有磁扣、工字螺丝扣、四合扣、和尚头、带环和尚头等。磁扣的常见尺寸直径 1.4cm，工字螺丝扣的柱长有各种长度，手作皮具的常用长度在 1cm 左右（图 1-17 ~图 1-25）。

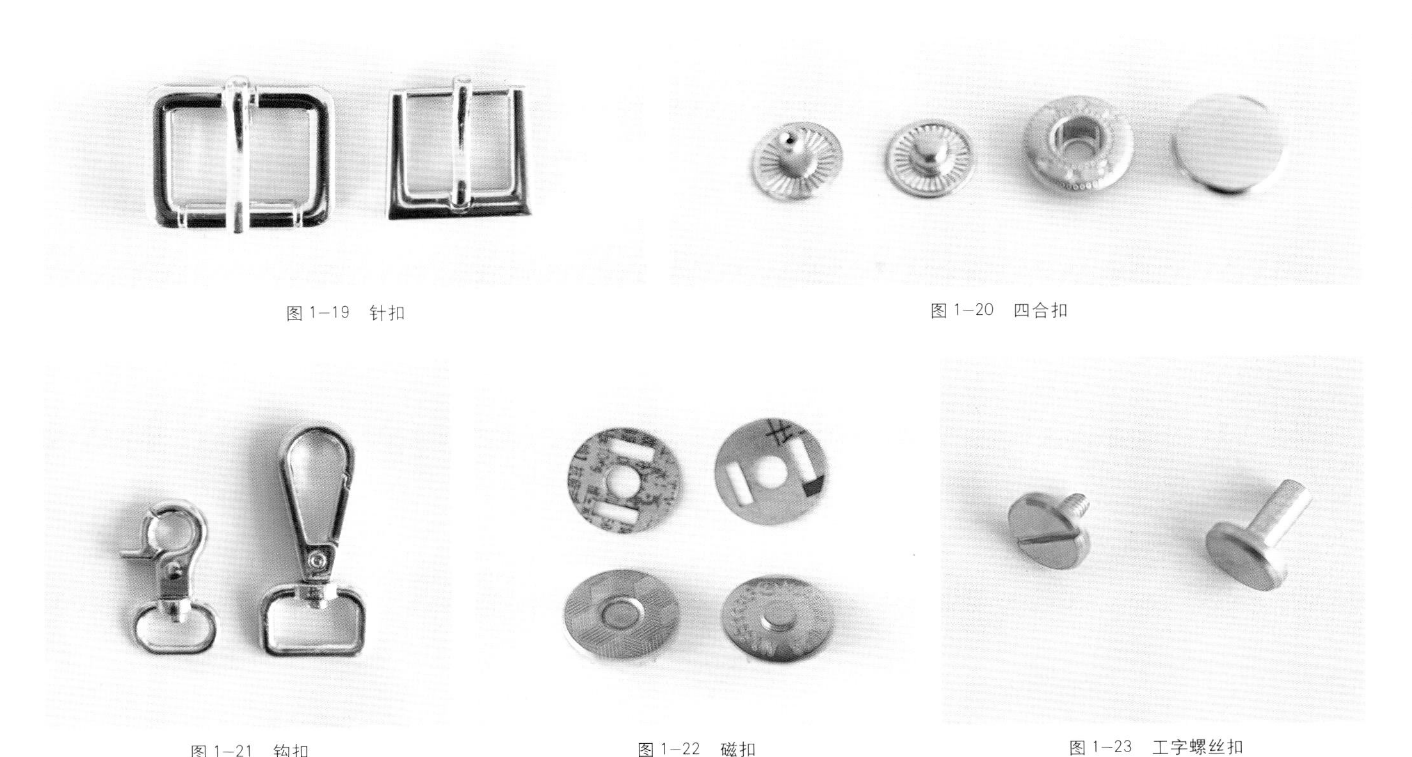

图 1–19 针扣

图 1–20 四合扣

图 1–21 钩扣

图 1–22 磁扣

图 1–23 工字螺丝扣

（二）钉

脚钉主要用在箱包的底部，避免皮料磨损，延长皮具的使用寿命（图 1–26）。

（三）拉链

拉链主要是闭合箱包的开口，常用的尺寸型号有 3 号和 5 号，布面宽度有大、中、小三个规格，尺寸分别为：4cm、3cm、2.5 cm（图 1–27）。

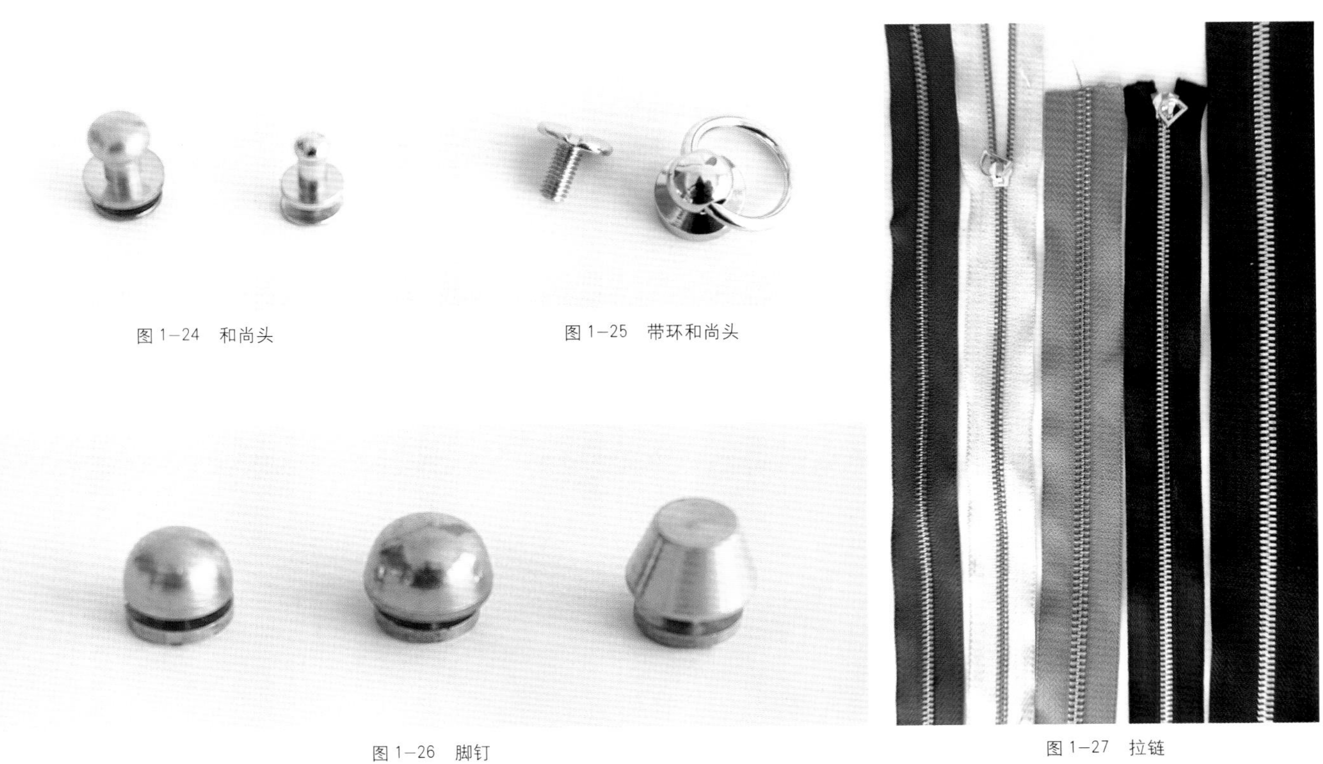

图 1–24 和尚头

图 1–25 带环和尚头

图 1–26 脚钉

图 1–27 拉链

第二节　认识工具及材料

一、裁皮基础工具

裁剪皮料需要用到以下工具。

（1）锥子。皮革标记专用工具，用锥子沿着纸格边缘在皮革上划出标记线以及标记点。划线时注意安牢纸格，以免划歪，弄伤皮革（图 1–28）。

（2）美工刀。用来裁切纸型和皮革，使用便捷。裁切时沿着标记线，由上至下慢慢裁切（图 1–29）。

（3）裁皮刀。这是重要的裁切工具，不仅适用于裁切厚皮料，在需要削薄皮革时也非常好用。刀刃钝化时用磨刀石打磨使之锋利（图 1–30）。

（4）裁皮剪刀。专门用于裁剪皮料的剪刀（图 1–31）。

（5）水银笔。用于在皮革或纸版上做标记，可用清洗笔清除　（图 1–32）。

（6）软直尺。用来画线，柔韧性好（图 1–33）。

（7）钢尺、直角尺。用于划线裁切（图 1–34）。

（8）曲线尺。制作制版时用来画曲线，　使曲线弧度更流畅，好看（图 1–35）。

（9）垫板。主要用于皮革和纸版的裁切，作为垫板使用（图 1–36）。

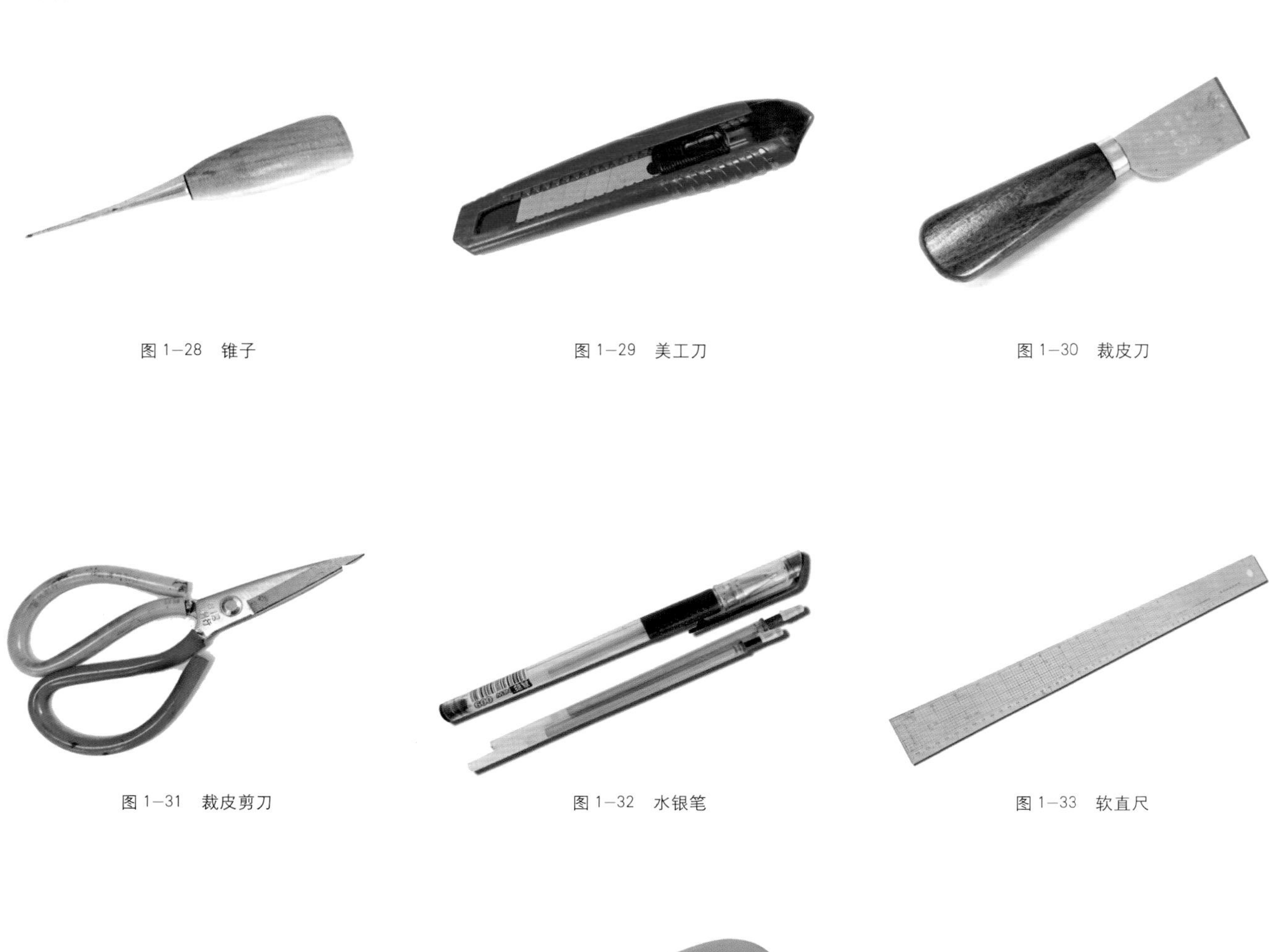

图 1–28　锥子

图 1–29　美工刀

图 1–30　裁皮刀

图 1–31　裁皮剪刀

图 1–32　水银笔

图 1–33　软直尺

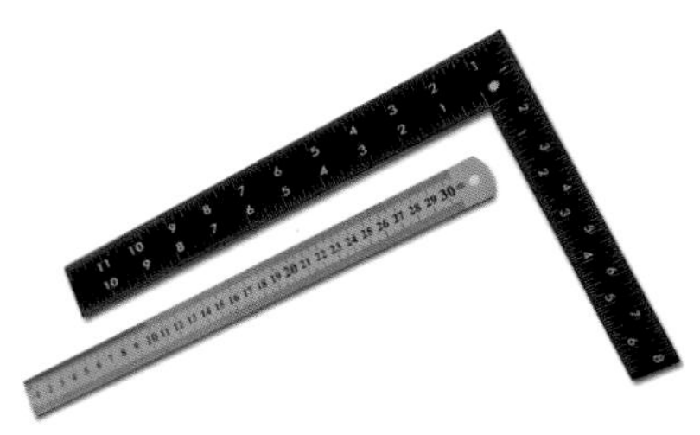

图 1–34　钢尺、直角尺

图 1–35　曲线尺

图 1–36　垫板

二、皮革创面处理工具及材料

皮革创面（床面）指的是皮革剖切的一面，也就是皮革的背面，一般比较毛糙，有许多纤维组织结构，需要处理平整以方便使用。

（1）刮板。用于涂抹均匀创面处理剂或 CMC，根据涂抹面积的大小，分别使用不同尺寸的刮板（图 1—37）。

（2）创面处理剂。涂抹在植糅皮的边缘或床面，使之达到光滑平整的效果（图 1—38）。

（3）CMC 溶液。CMC 粉末兑水调成糊状，即可用于植糅皮边的打磨，以及创面的处理（图 1—39）。

图 1—37　刮板

图 1—38　创面处理剂

图 1—39　CMC 溶液

三、皮边处理工具和材料

（1）断削。用于削薄厚皮边缘（图 1—40）。

（2）削薄铲。用于对厚皮进行局部铲薄（图 1—41）。

（3）修边器。皮料边缘修饰，去除毛糙，铲去棱角，使边缘圆润饱满，更有质感（图 1—42）。

（4）间距规 / 划线器。在皮革上划出基础线，用于打斩缝线，画弧形或者圆形尤为好用（图 1—43）。

（5）边线器 / 划线器。与间距规功能类似，在皮革上划出基础线或者装饰线（图 1—44）。

（6）压捻。一般配上酒精灯使用，加热后压出的线槽不会回弹。2mm 间距常用于压装饰线，3mm、4mm 常用于压打斩的槽，4mm、5mm 常用于起鼓（图 1—45）。

（7）多功能挖槽器。配有四款功能替换头，可当挖槽器和划边器使用。旋转螺旋可自由调节挖槽间距（图 1—46）。

图 1—40　断削

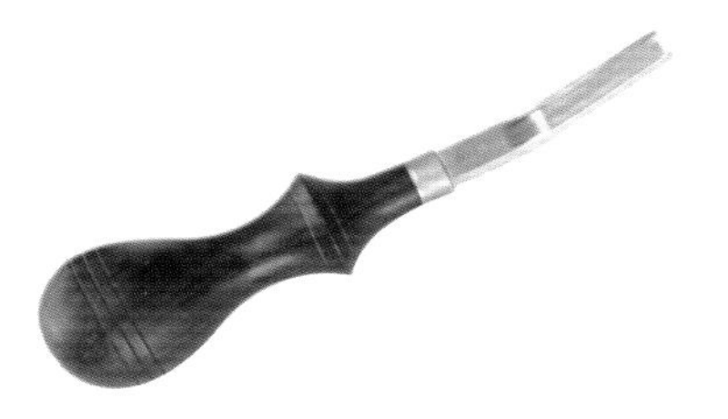

图 1—41　削薄铲

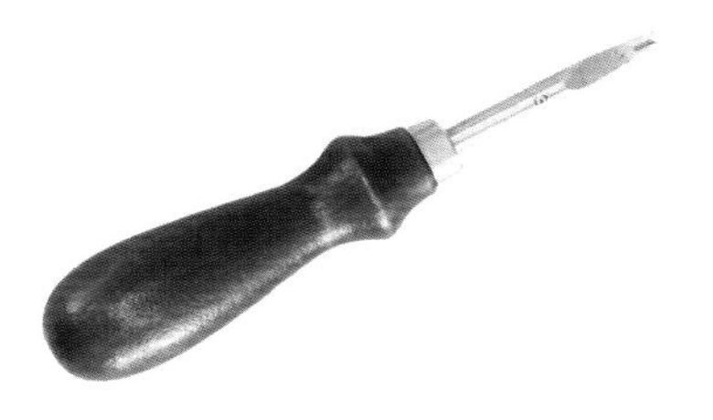

图 1—42　修边器

图 1—43　间距规 / 划线器

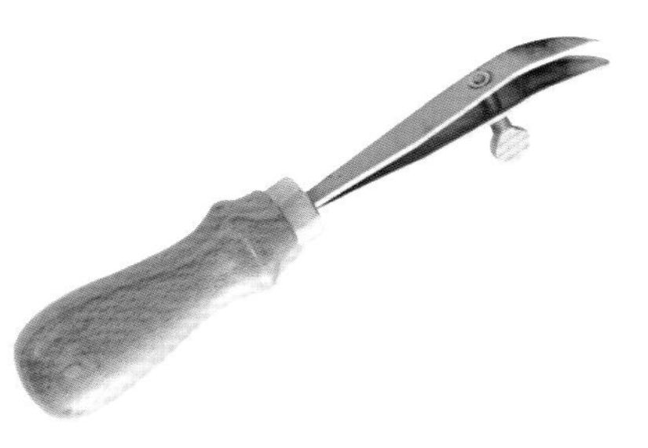

图 1—44　边线器 / 划线器

图 1—45　压捻

（8）粗砂条。对皮革边缘进行粗打磨（图 1–47）。

（9）木制打磨棒。修边抛光棒（图 1–48）。

（10）骨棒。用于压线封边，植鞣革塑形（图 1–49）。

（11）封边液。涂抹于植鞣皮的边缘，再打磨。能够更有效、更快速地达到光滑、美观的封边效果（图 1–50）。

（12）棉签 / 小棉球。用于蘸取封边液（图 1–51）。

（13）砂纸。多准备几种不同粗细的砂纸，打磨时，从粗的用到细的，直到达到预期效果。常用砂纸型号为：800 ~ 2000 目（图 1–52）。

（14）封边蜡。在打磨平整后的皮料边缘擦拭，可使之圆滑光亮（图 1–53）。

（15）浅色棉布 / 粗帆布。用棉布或帆布在皮革表面擦拭护理油。也可用于擦过蜡后皮边的抛光（图 1–54）。

（16）竹签。竹签用来上边油再好不过。上边油工具还有其他的，如油边盒、油边笔等（图 1–55）。

（17）边油。多用于铬鞣皮封边（图 1–56）。

四、打斩 / 冲孔工具

皮料的纤维组织结构紧密，缝合时针难以直接穿过，需要打孔以方便针穿过。此外，皮革的打孔、圆角切割也

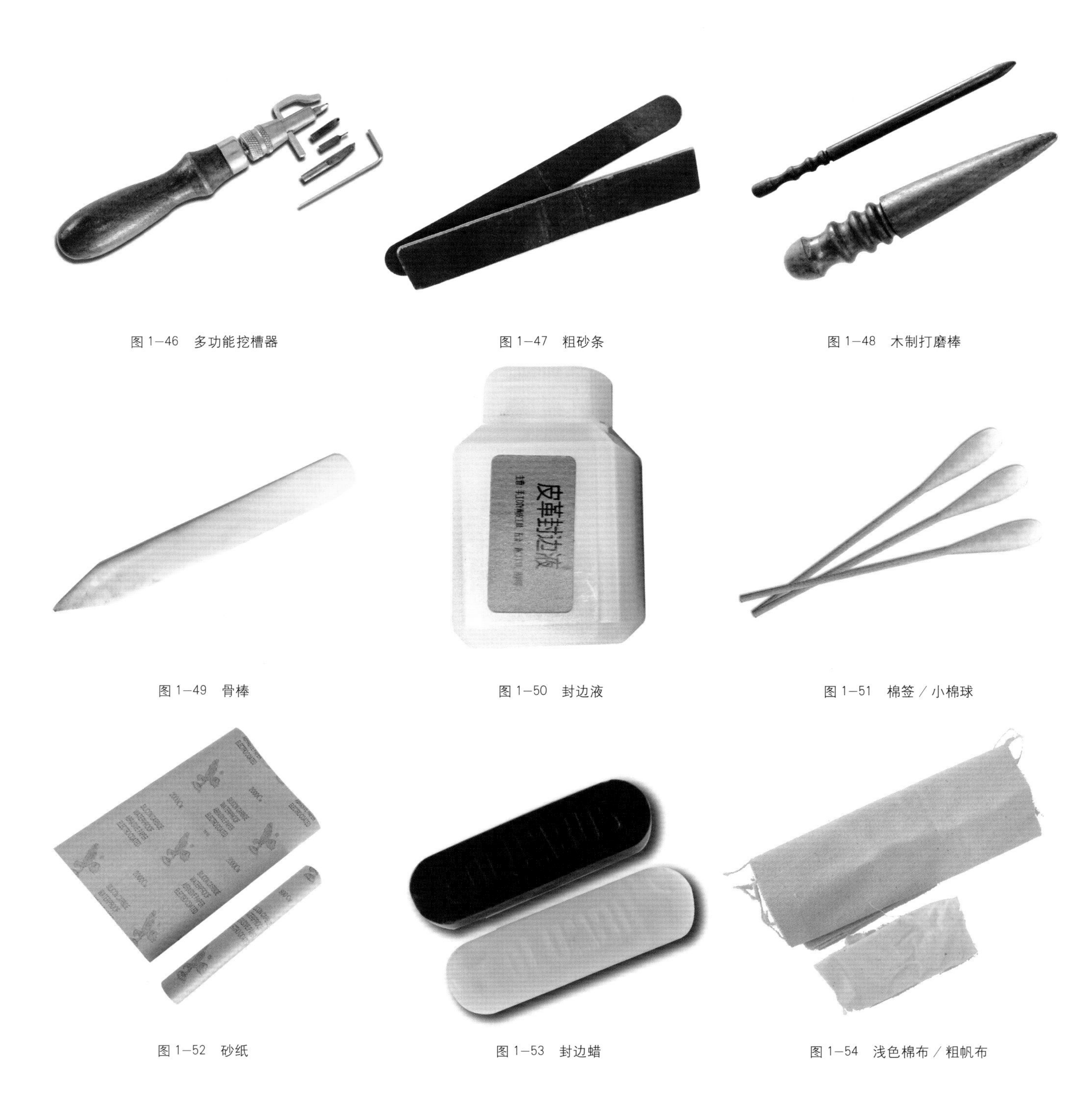

图 1–46　多功能挖槽器

图 1–47　粗砂条

图 1–48　木制打磨棒

图 1–49　骨棒

图 1–50　封边液

图 1–51　棉签 / 小棉球

图 1–52　砂纸

图 1–53　封边蜡

图 1–54　浅色棉布 / 粗帆布

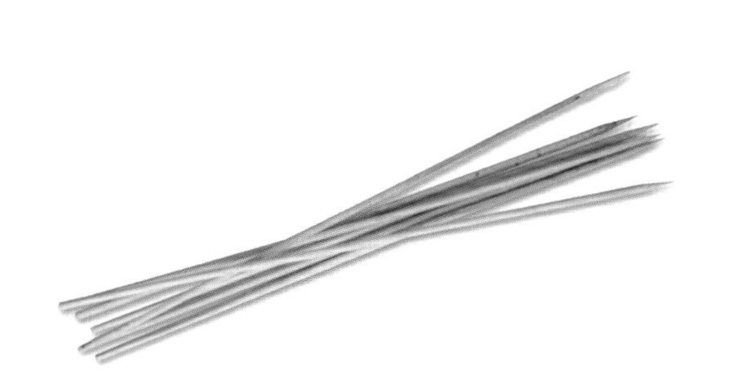
图 1-55 竹签

图 1-56 边油

需要用到专业的工具。

（1）菱斩。用于在皮革上打出缝线的孔，斩的齿距有多种，决定着线迹的大小（图 1-57）。

（2）平斩。平斩也是用作在皮革上打孔，但一般是做小编织或扁线缝制装饰性使用（图 1-58）。

（3）编织斩。编织装饰纹理打孔专用（图 1-59）。

（4）圆冲。在皮革上冲出所需要的圆形孔洞（图 1-60）。

（5）半圆冲。皮革倒圆角或曲线专用，每个半径不同（图 1-61）。

（6）四合扣安装工具。四合扣五金的安装专用工具。根据四合扣大小规格不同，工具规格也不同（图 1-62）。

（7）一字螺丝刀。安装工字钉等五金时使用，同时还可以斩出安装磁扣时需要的孔（图 1-63）。

（8）梅花螺丝刀。一般用于安装五金扣（图 1-64）。

（9）木槌。一般用于辅助打孔（图 1-65）。

（10）橡胶锤。用于辅助打孔或在固定金属装饰物时使

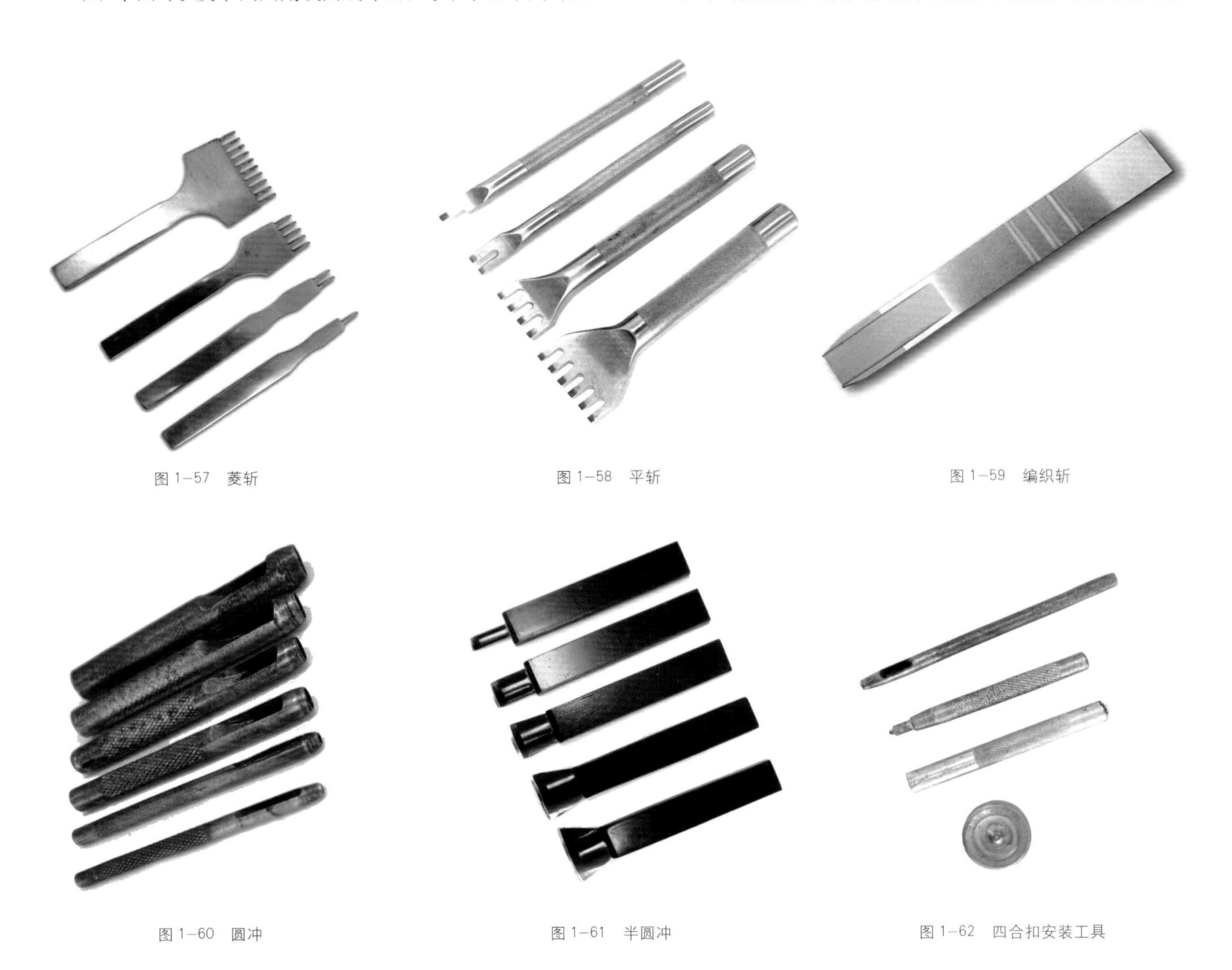
图 1-57 菱斩

图 1-58 平斩

图 1-59 编织斩

图 1-60 圆冲

图 1-61 半圆冲

图 1-62 四合扣安装工具

用（图 1–66）。

（11）橡胶板。用于皮革打斩时垫在皮革下，可对斩起到保护作用（图 1–67）。

（12）缓冲板。下：再生软质缓冲板；上：塑料缓冲板；用于圆冲、半圆冲操作（图 1–68）。

五、缝制工具和材料

（1）皮鞋专用手缝针。圆针／三角针，皮革工艺中代表性的工具，圆针末端呈圆形，较钝。三角针末端呈三角形，尖锐锋利（图 1–69）。

（2）圆蜡线。手缝皮革专用线，粗细不定。有 3 缕线、6 缕线和 8 缕线之分。常用粗细有 5mm、5.5 mm 和 6mm。用它缝出的线条显得很显然（图 1–70）。

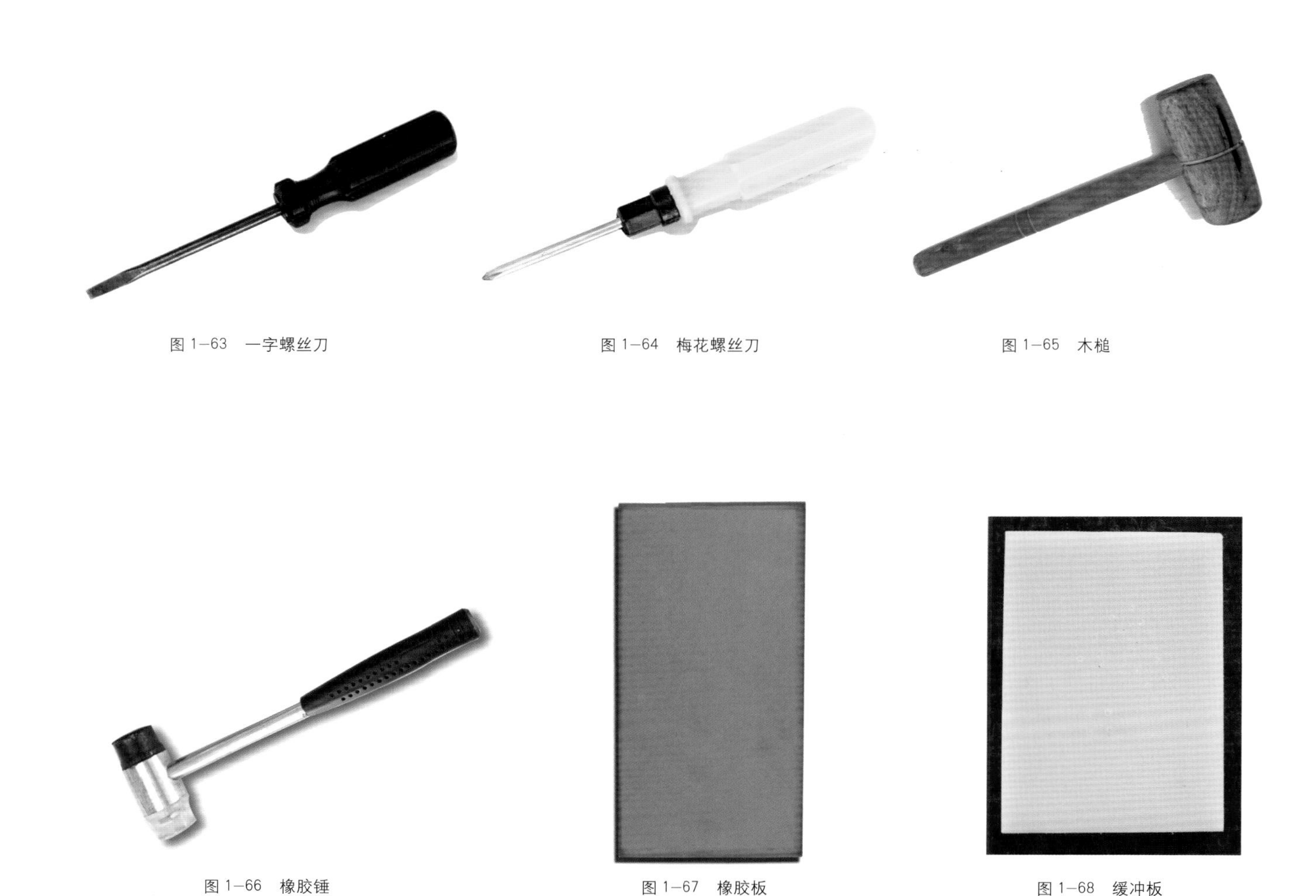

图 1–63　一字螺丝刀

图 1–64　梅花螺丝刀

图 1–65　木槌

图 1–66　橡胶锤

图 1–67　橡胶板

图 1–68　缓冲板

（3）尼龙线。可作机缝线也可作手缝线。作手缝线使用前需要先过蜡，以免线在使用过程中毛，分叉。粗细固色，色泽光亮，价格低廉（图 1–71）。

（4）苎麻线。含蜡的成分，有 3 缕线、4 缕线、6 缕线之分，可以拆开使用（图 1–72）。

（5）线剪／镊剪。用于针线缝制的收尾（图 1–73）。

（6）打火机。用于针线缝制的收尾。将蜡线尾端靠近火源熔成结后，抚平隐藏（图 1–74）。

（7）石蜡。专门用于给线上蜡，可防止线出现起毛、松脱等现象（图 1–75）。

（8）橡胶指套。增加指腹与针之间的摩力，有助于省力和保护手指（图 1–76）。

六、皮革黏合工具和材料

（1）白乳胶。最常见的皮革黏合剂，时间久了会越发黏稠，甚至凝结，但可兑水稀释（图 1–77）。

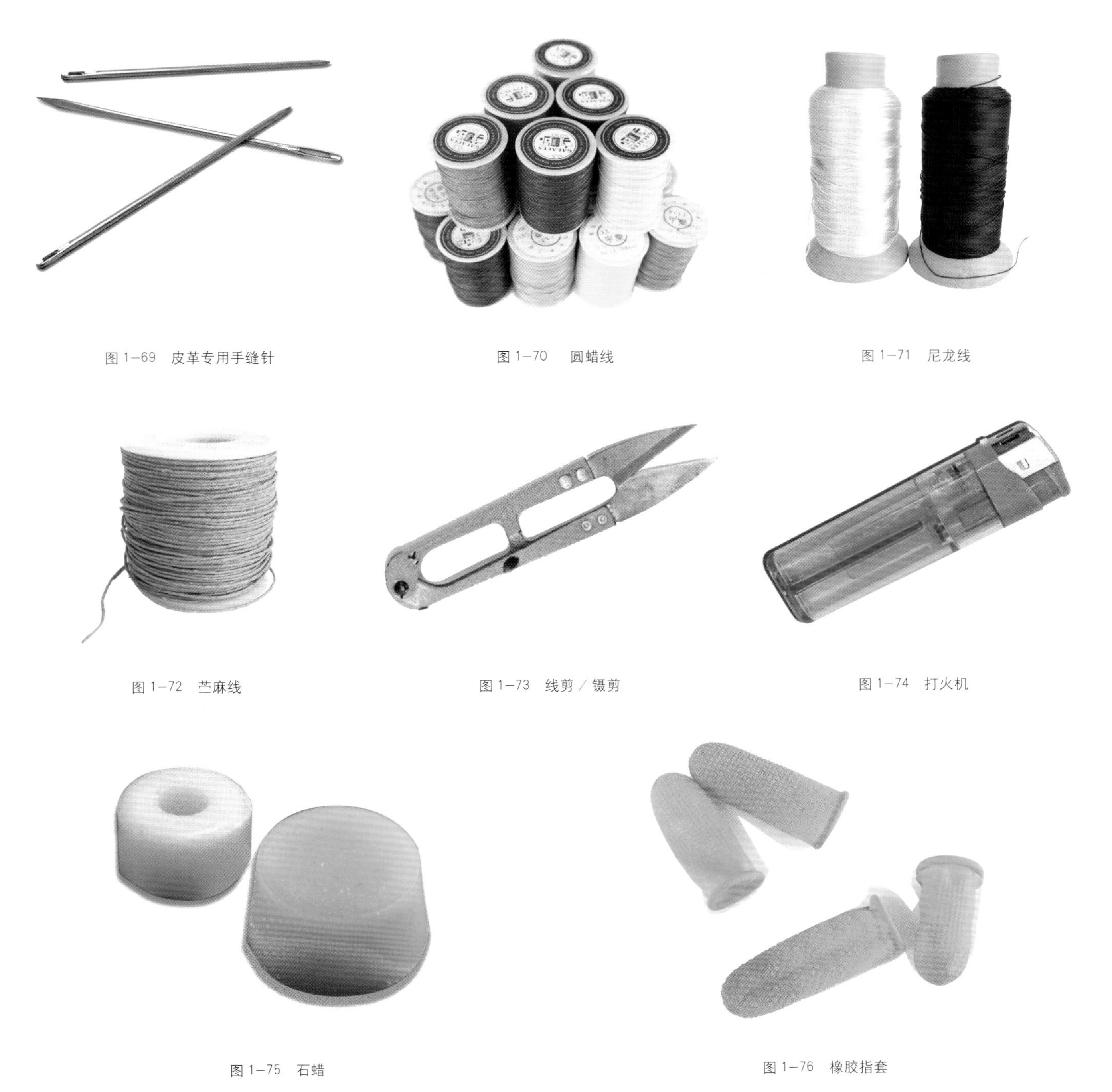

图 1–69 皮革专用手缝针

图 1–70 圆蜡线

图 1–71 尼龙线

图 1–72 苎麻线

图 1–73 线剪 / 镊剪

图 1–74 打火机

图 1–75 石蜡

图 1–76 橡胶指套

（2）黄胶。适用于小面积使用，较难抹匀，但干后溢出的胶易去除（图 1–78）。

（3）上胶板。上胶工具，方便推开抹匀胶液。根据涂抹面积的大小使用不同尺寸的上胶板（图 1–79）。

（4）滚轮。可将贴合后的皮革反复压实（图 1–80）。

（5）去胶片。用于清洁黏在皮革和上胶板上的贴合剂（图 1–81）。

七、其他工具与材料

（1）貂油 + 马鬃刷。用马鬃刷蘸少量貂油刷皮革表面，可滋润皮革，防水防脏（图 1–82）。

（2）牛角油。皮革护理油，涂抹在皮革表面，使其显得柔软光滑（图 1–83）。

（3）磨刀膏。用于打磨钝化了的金属工具（图 1–84）。

（4）夹子。夹住皮革防止其活动，方便黏合或缝合（图1–85）。

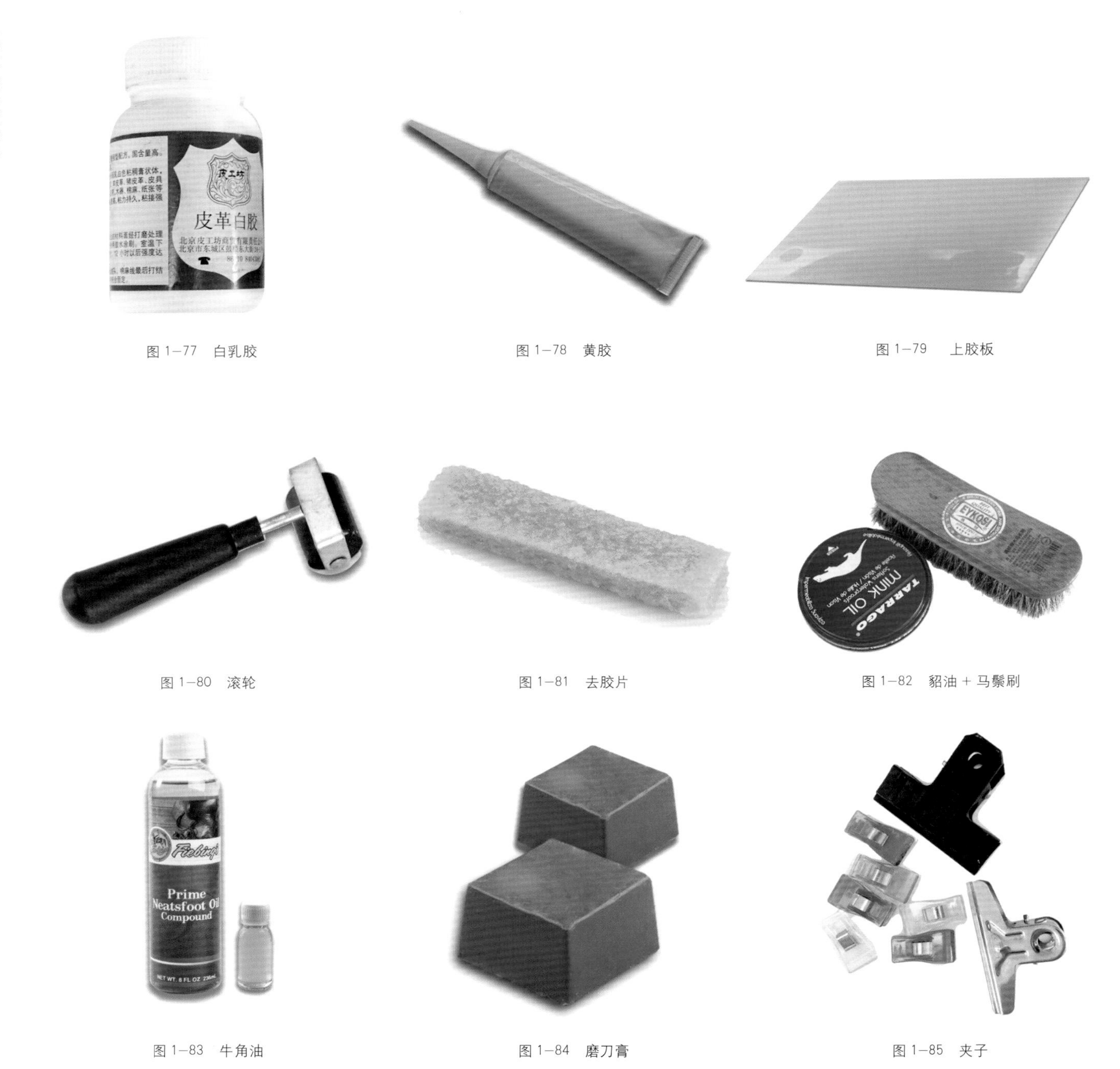

图 1—77　白乳胶　　图 1—78　黄胶　　图 1—79　上胶板

图 1—80　滚轮　　图 1—81　去胶片　　图 1—82　貂油 + 马鬃刷

图 1—83　牛角油　　图 1—84　磨刀膏　　图 1—85　夹子

第三节　手作皮具的基本流程

手作皮具的制作步骤非常繁杂，简单的产品制作步骤可能只需要几道工序，而复杂的产品则可能需要几十甚至更多道工序，在此我们把手作皮具制作的核心工艺流程整理如下。

一、准备纸板

本书提供案例的纸型，可根据纸型复一套硬纸板，方便使用。

二、裁切皮料

根据纸板的形状，在皮料上划出基准线，再用刀沿着线裁切下来（图 1—86）。

三、皮边削薄

皮革重叠层数较多、较厚的部位，其边缘都需要进行均匀削薄，使其缝合得更加规整、美观、精致（图 1—87）。

图 1–86 裁切皮料

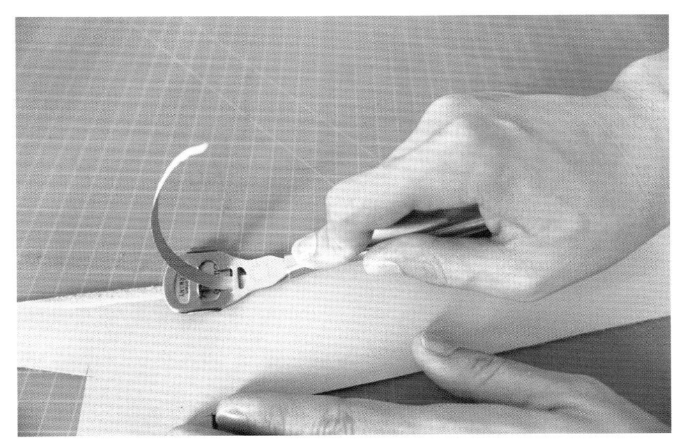
图 1–87 皮边削薄

图 1–88 处理创面

图 1–89 部件打磨

四、皮料创面（毛面）处理

皮革的背面多为毛面，组织松散且有皮屑，故需要对皮革背面进行简单处理（图 1–88）。

五、皮料修边、打磨

包的各零件部位有时需要重叠缝合，这就需要事先将边缘打磨好，以免黏合后无法打磨出理想效果（图 1–89）。

六、划线、打孔

在针脚的部位先用划线器画出基准线，再用菱斩敲出缝孔（图 1–90）。

七、黏合

边缘重叠部位，缝合之前先用胶黏合固定，以减少皮具边缘的缝隙，为最后的打磨节约力气（图 1–91）。

八、缝合

根据之前打好的孔位进行最后的缝合（图 1–92）。

九、打磨

边缘最后整体进行打磨抛光处理（图 1–93）。

十、皮具的收纳、保养

收纳时，内要填充撑形，外要去浮沉且包裹防潮（图 1–94）。

保养时，先用软棉布擦去浮沉，再均匀刷上貂油（或其他护理油）使其吸收即可（图 1–95）。

图 1—90 划线、打孔

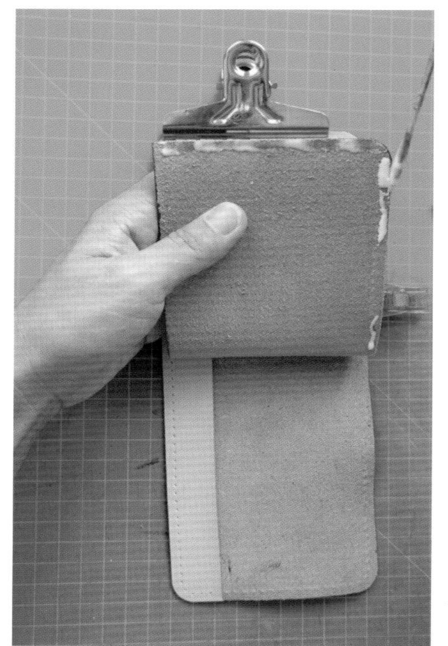

图 1—91 黏合

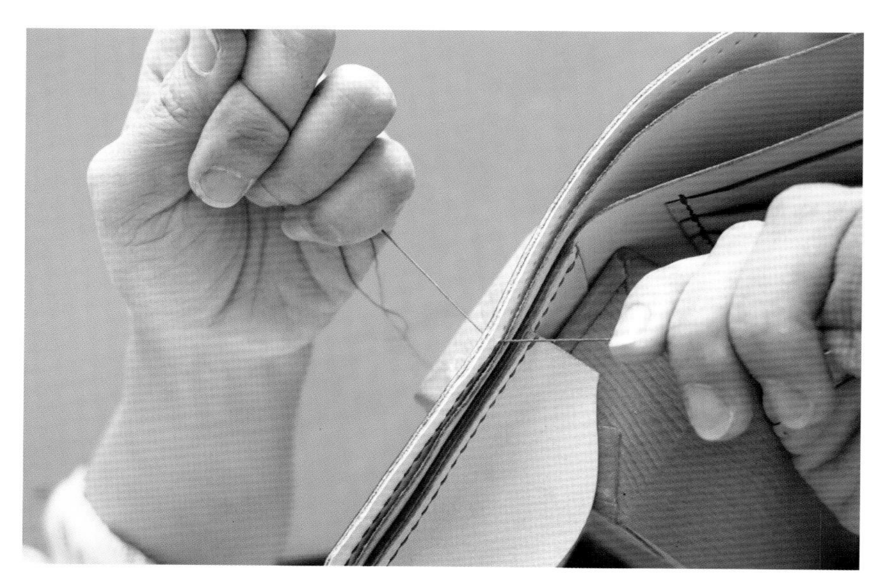

图 1—92 缝合

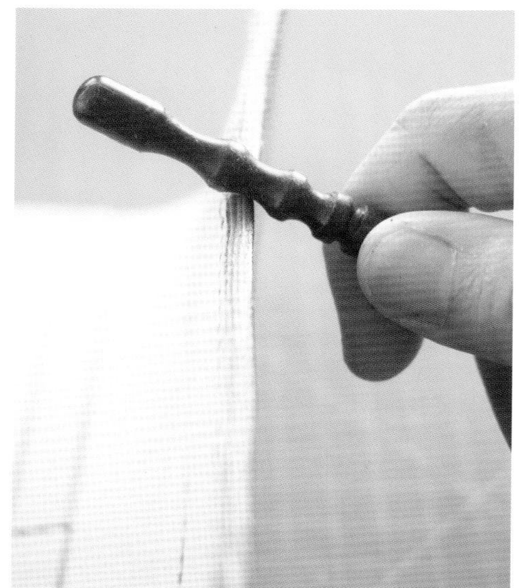

图 1—93 整体打磨

图 1—94 去浮尘

图 1—95 上油保养

第二章　手作皮具基础制作工艺

第一节 裁切工艺

一、工具

裁切工具与前文介绍的裁皮工具差不多，主要有美工刀、裁皮刀、半圆冲、剪刀、橡胶锥、缓冲板、垫板等。

二、美工刀裁切皮料

裁皮之前需要根据纸格用锥子在皮料上划出基准线（图2–1）。在裁切直线时，可以用尺子紧靠在线条边，用美工刀沿着线条，由上至下慢慢裁切（图2–2），在垫板上操作完成。

裁切曲线时，用另一只手转动皮革的角度，缓慢沿着曲线裁切。不要转动美工刀，刀锋易偏斜（图2–3）。

三、裁皮刀裁切皮料

将裁皮刀的斜刃面朝里，大拇指顶住刀柄。刀身微微向前倾斜，由上至下缓缓拉动刀身进行裁切（图2–4）。

四、皮料裁切圆角

（一）倒圆角（美工刀）

使用裁皮刀裁切圆角时，沿着曲线边缘相切处，分多次裁切，直到将圆角裁切顺滑（图2–5）。

（二）倒圆角（半圆斩）

半圆冲是专门裁切皮革上的曲线使用的。使用时挑选与皮革上曲线弧度一致的半圆冲，将要操作的皮革垫在缓冲板上，使半圆冲垂直于皮面曲线部位，用橡胶锤敲打冲子顶部，直至穿透下面的皮革为止（图2–6）。

图2–1 划线

图2–2 裁切直线

图2–3 裁切曲线

图2–4 裁皮刀的使用

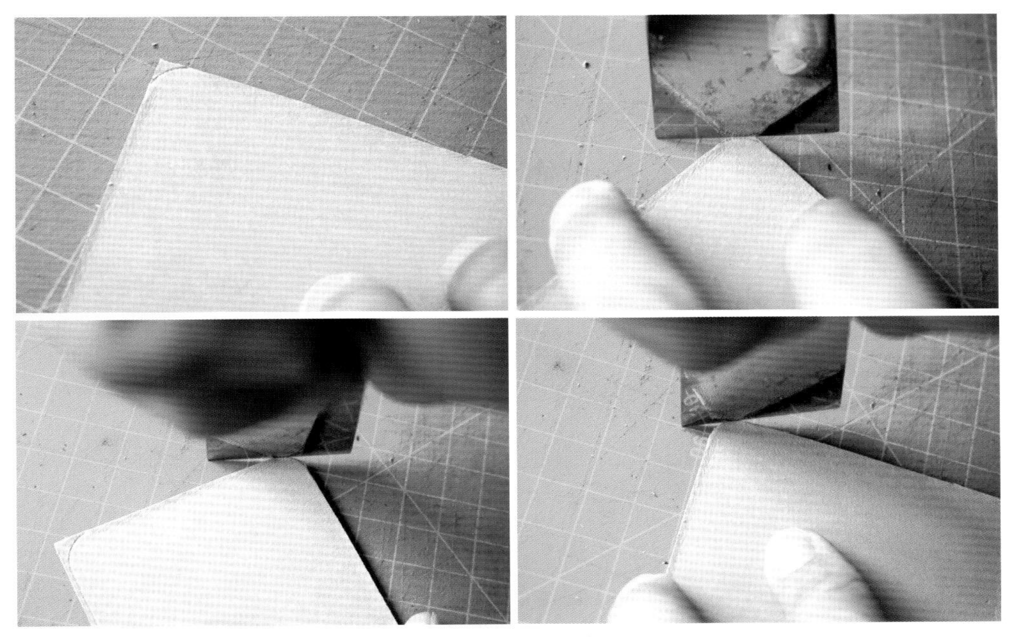

图 2–5 裁皮刀倒圆角

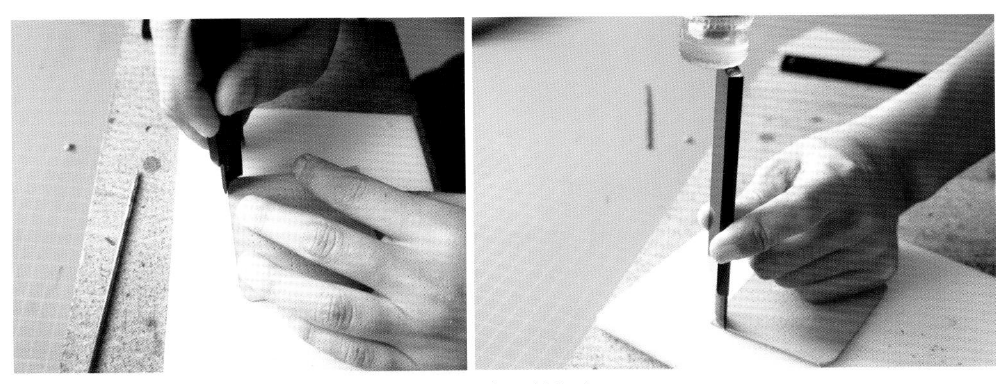

图 2–6 半圆冲倒圆角

第二节 铲薄工艺

一、工具

铲薄工艺所用工具主要有削薄铲、断削、削薄刀、裁皮刀。

二、铲薄方法

（一）断削与削薄铲铲薄方法

（1）断削。断削与削薄铲外观几乎一样，唯一的区别在于断削铲头是单侧开刃，刃宽根据型号不同而不同，一般使用 5 ~ 6mm。可以直接从皮边削出高低差，完成局部削薄、起鼓断削、找平等工艺。使用时手紧握木柄，使铲头紧贴于皮料边缘后向前使力，注意力道的掌握分寸，否则容易铲破皮边，另一只手切勿放在操作的前方，以免受伤（图 2–7）。

（2）削薄铲。铲头是双侧面保护设计，专门适用于皮革局部的削薄或削出斜面。可直接从肉面进行削薄，无须先从皮边削出斜面。薄铲的用法也基本同断削差不多，确定皮料需要铲薄的部位后，手握铲柄使铲头紧贴于皮面后，向前均匀使力，好的削薄铲只要将皮革放平，无论怎么铲都不会削透（图 2–8）。

断削与削薄铲的刀刃非常容易钝化，所以需要时不时的打磨。打磨断削和削薄铲时需要用到打磨膏及厚度大于 4mm 的皮块，及与铲头凹槽等宽的皮条。将打磨膏涂抹在皮块上，手持断削或削薄铲使其凹槽面朝上，重复在皮块上向后拖拽。然后将打磨膏涂抹在皮条上，手持断削或削薄铲使其凹槽面朝下，嵌入皮条重复向后拖拽。重复以上步骤直到其锋利为止（图 2–9）。

（二）削薄刀的削薄方法

手握削薄刀贴于皮料边缘，刀刃微微向外倾斜，用力均匀地向后使力，使削薄部分厚度一致（图 2–10）。

图 2-7　断削铲薄

图 2-8　削薄铲铲薄

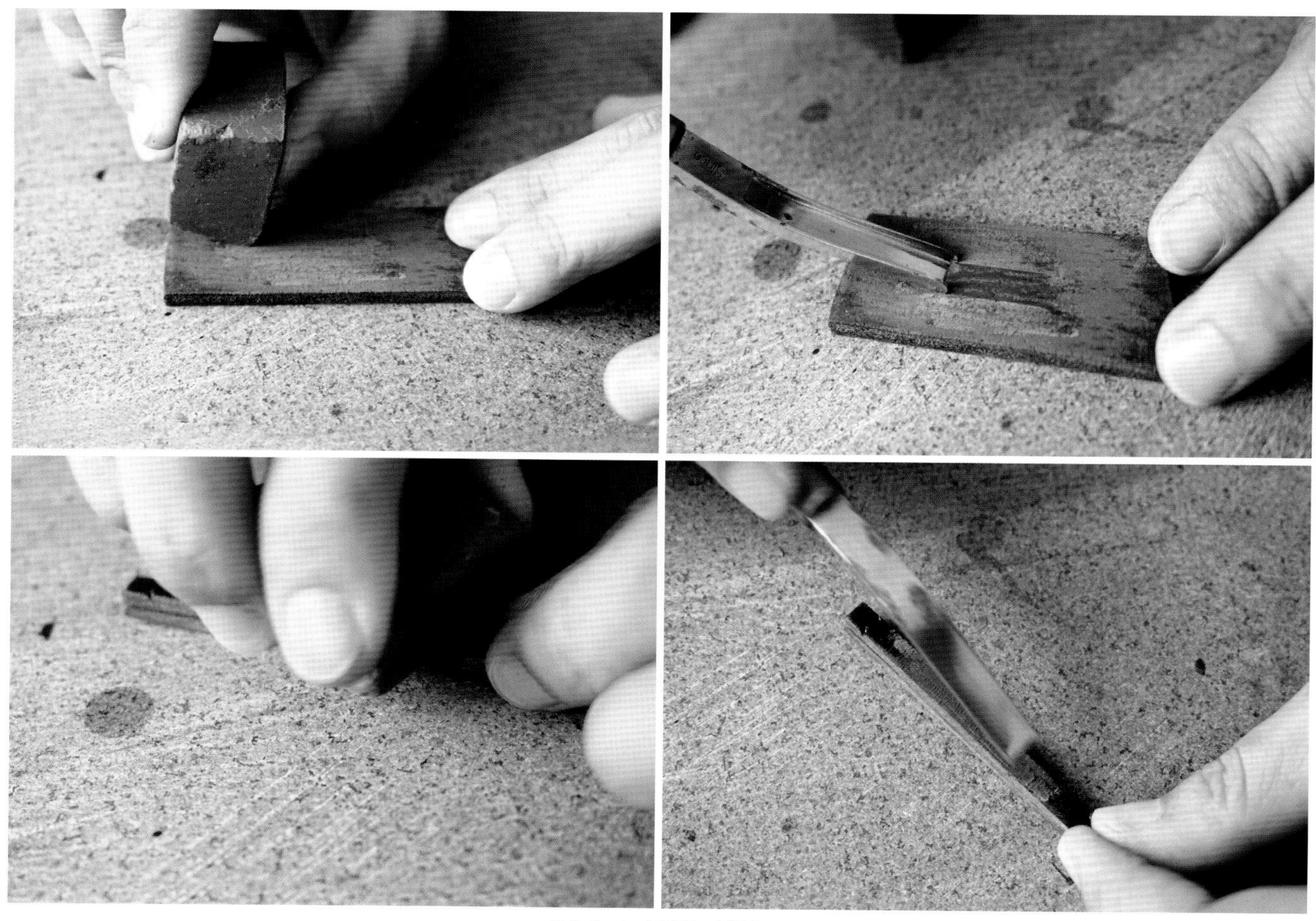

图 2-9　打磨断削、削薄铲

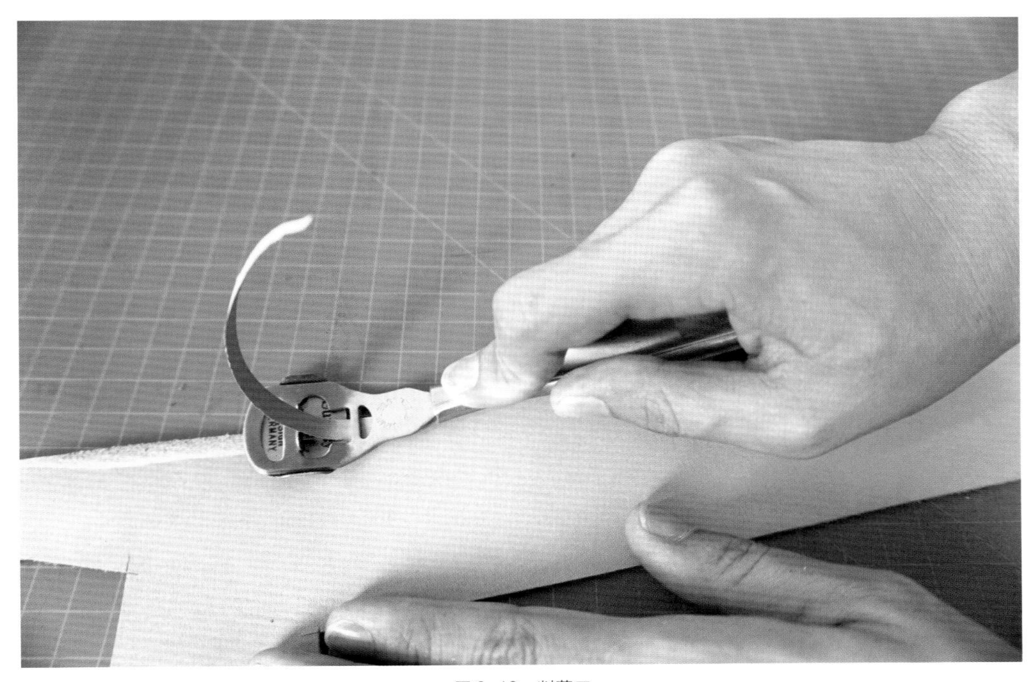

图 2–10 削薄刀

第三节 皮革创面（毛面）处理工艺

一、工具

皮革创面处理工艺使用的工具主要有创面处理剂、CMC 溶液、刮板。

二、方法

皮革背面是毛面，摩擦后容易产生皮屑，所以，通常会对背面进行简单处理。处理方式：将调匀的 CMC 或创面处理剂倒在皮料背面，用刮板朝一个方向刮匀晾干即可（图 2–11、图 2–12）。

处理过后的皮革创面非常光滑平整，有效防止皮屑（图 2–13）。

图 2–11 处理创面

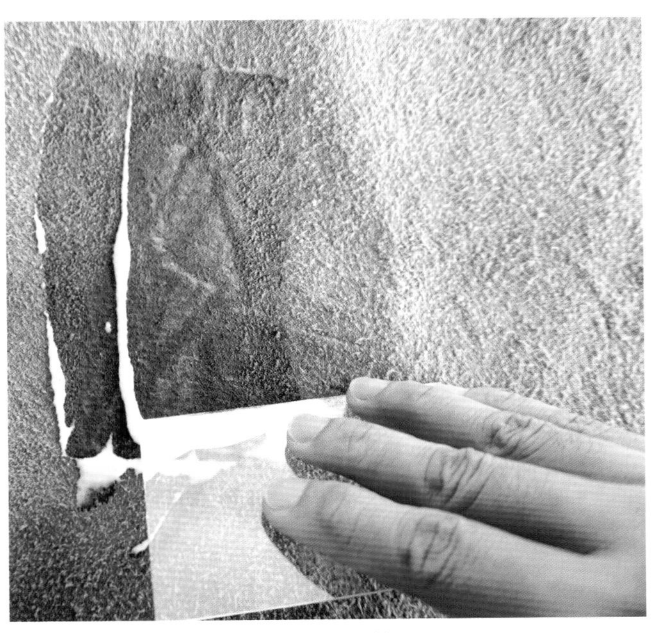

图 2–12 处理创面

第四节 黏合工艺

一、工具

黏合工艺的工具主要包括黄胶、去胶片、上胶板、砂纸、白乳胶、滚轮。

二、黏合工艺流程

（一）磨糙

底层黏合部位需要先用砂纸磨粗，使其产生毛面，以便黏合得更加牢固，但需要注意不要磨出界破坏美观（图2–14）。

（二）铲薄

上层黏合部位如若叠加层较厚，则需要先铲薄边缘（图2–15）。

（三）黏合

黏合部位如若叠加层较厚，则需要先铲薄边缘。然后再在边缘均匀涂抹上白乳胶。用竹签蘸取胶水（常用白乳胶）均匀地涂抹在需要黏合的位置（图2–16），不要涂抹过多以免出现溢胶现象。需要注意的是黏合时注意对点位（图2–17）。

（四）压实

黏合检查无误后，小面积的可用锤子轻轻敲击黏合部位，使其更加牢固（图2–18）。大面积的则可使用滚轮滚压以使皮革黏合得更牢固，更平整（图2–19）。

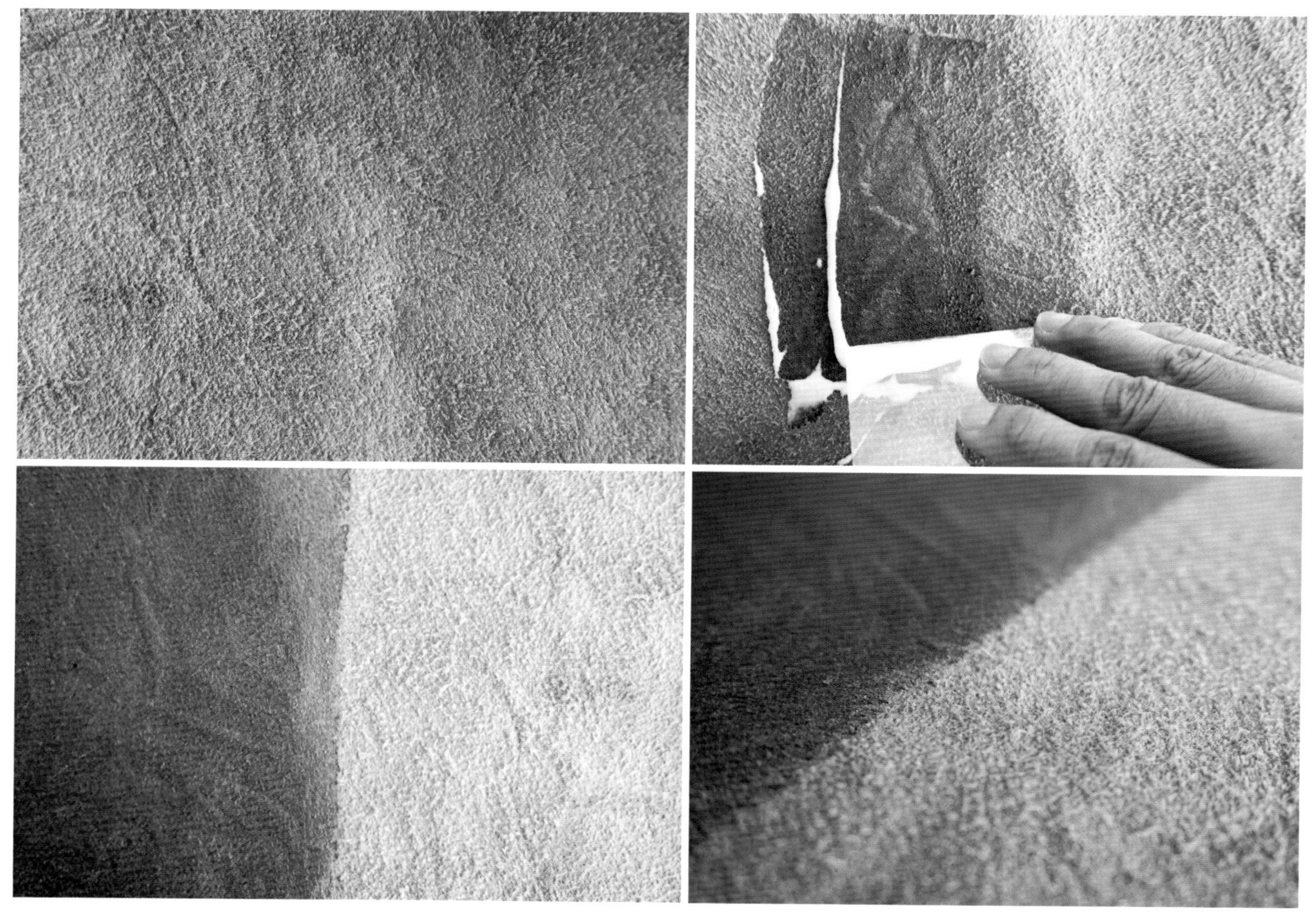

图2–13 创面处理效果

图 2–14 磨糙

图 2–15 铲薄

图 2–16 上胶

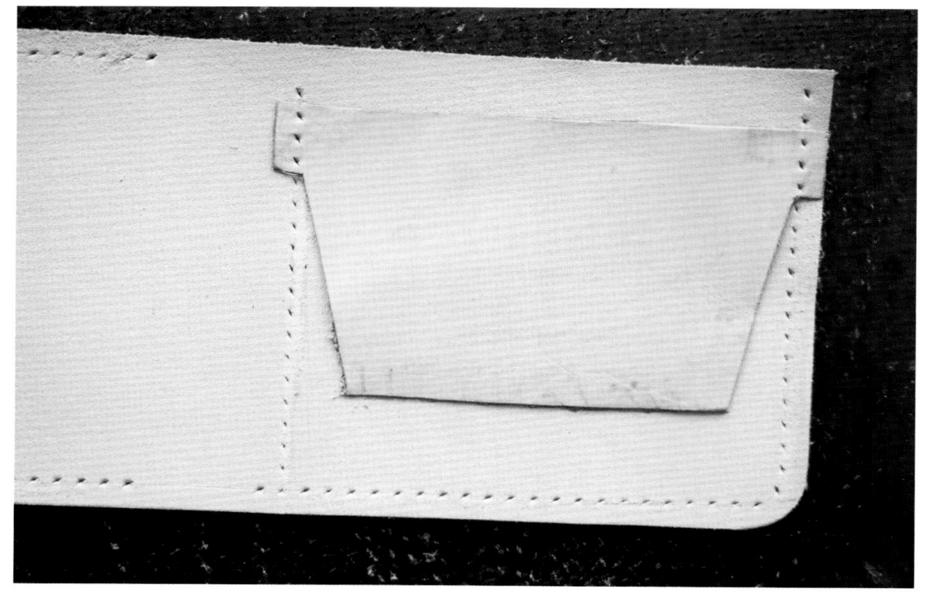

图 2-17　黏合

图 2-18　锤子压实

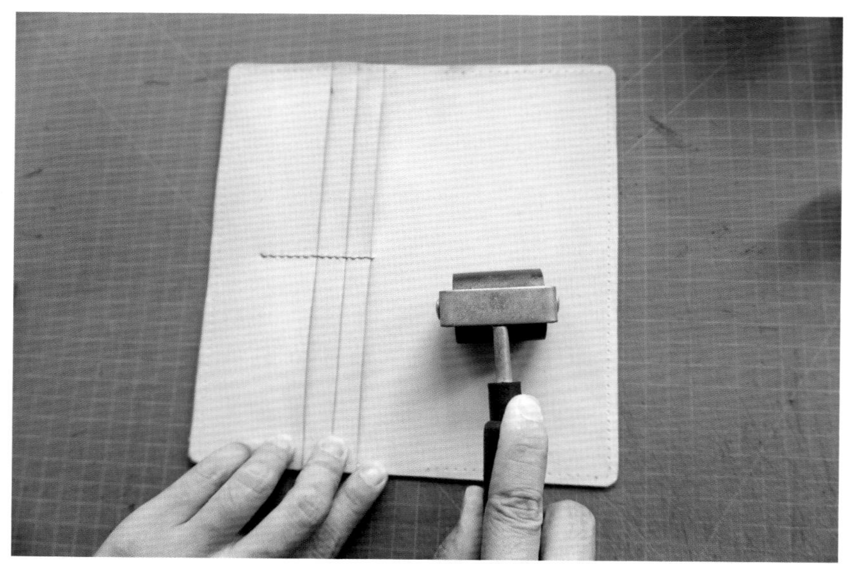

图 2-19　滚轮压实

第五节　缝制（穿针引线）工艺

在手作皮具中，缝线本身就是一项具有美感的工艺细节，它不单单起到缝合加固的作用，同时还是手作皮具上面的装饰物。所以缝线的整齐度与美观度，直接影响了整件皮具的直观效果。手缝皮具比较推崇的是 Saddle stitch 缝法，又称马鞍针法，是最早制作的一种针法，爱马仕依旧采用这种古老的工艺制包。它的特点是同一孔洞会穿过两次针，这样即使其中一根线在后期使用中意外断裂，另外一根还能继续提供强力。只要掌握了穿针和缝制的方式，初学者也可以缝出漂亮、整齐的缝线。

一、工具

缝制工艺的工具主要包括橡胶锤、线蜡、橡胶指套、划线器、菱斩、中筋板、针线、线剪、打火机等。

二、缝制工艺方法

（一）划线、打斩

缝线之前，需要先用划线器画出缝位的基准线，划线前用边距规量出边距尺寸，制作皮具常用边距为 0.3cm，将边距规一边贴在皮边，一边在皮料上划线（图 2-20）。

将菱斩垂直于边距规画出的基准线打出缝孔，用锤敲击时力道需均匀，致斩尖为穿透皮革即可（图 2–21）。

打斩有时需要适当调整斩齿间距来调节整段针脚的均匀，可用小齿数的斩来微挪调整。另外，打曲线缝孔孔位时，一般也用小齿数目的斩（图 2–22）。

（二）穿针方式

一般情况下，线长是皮上线迹长度的 3 ~ 4 倍（特殊线迹另说）。所以取线迹 4 倍长的蜡线。将备好的针先穿一根在线的一端，针头距线头 7 ~ 8cm 处穿过缝线，再将线尾曲折，用针再穿透一次。同时将针尖这端的线尾，往针末端拽，直到线在针末端留下两个顺滑的结。线另一端以同样方式穿针（图 2–23、图 2–24）。

（三）缝线方法

1. 平缝法

一针穿过皮革表面起始缝孔，捏住两针，将皮料两侧的线拉至同等长度。皮革正面的缝针穿过相邻缝孔后，背面的缝针从刚穿过来的缝针的右下方［图 2–25（c）］穿过同一孔位，注意针不要刺穿到缝线（图 2–25）。

待收紧皮革正反面的缝线后，将皮革正面的缝针再次穿过下一个相邻缝孔，重复以上步骤，直至将这段缝孔缝

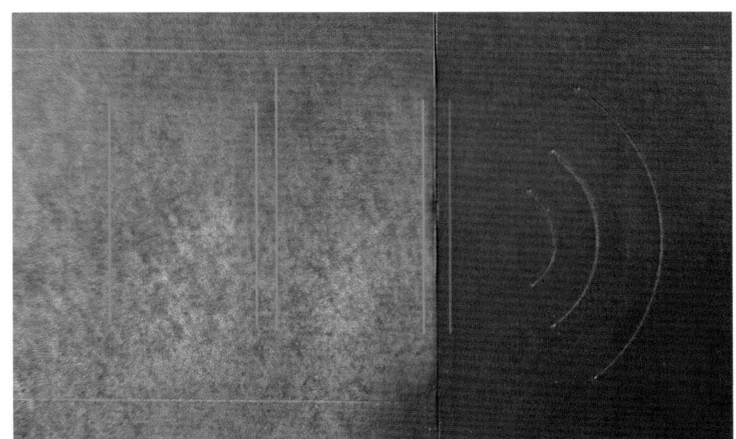

图 2–20　划线

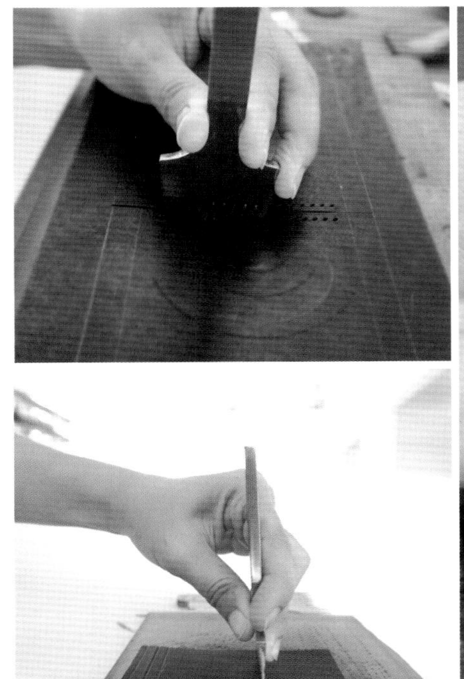
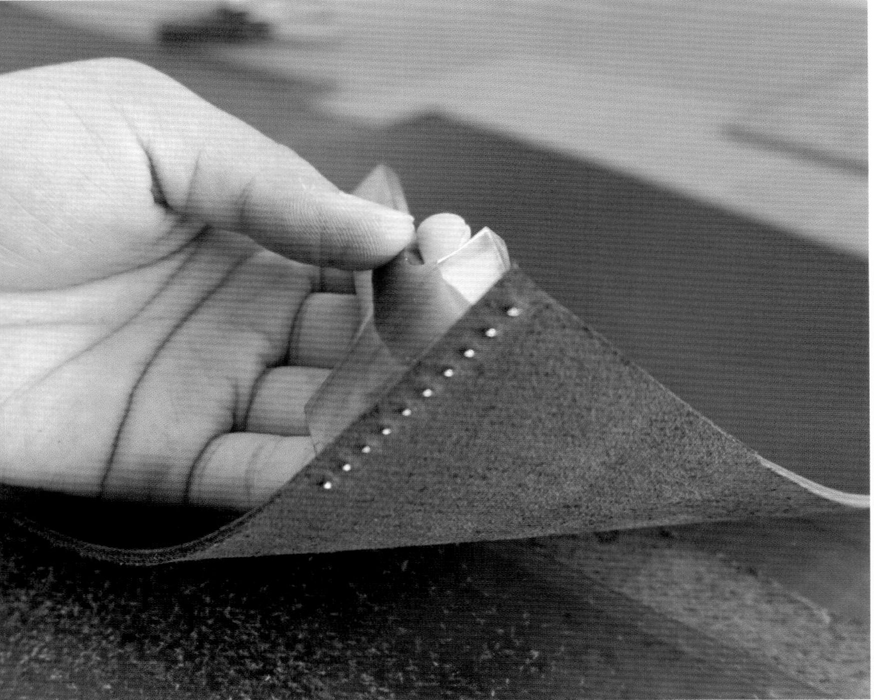

图 2–21　打斩

图 2—22 调斩距

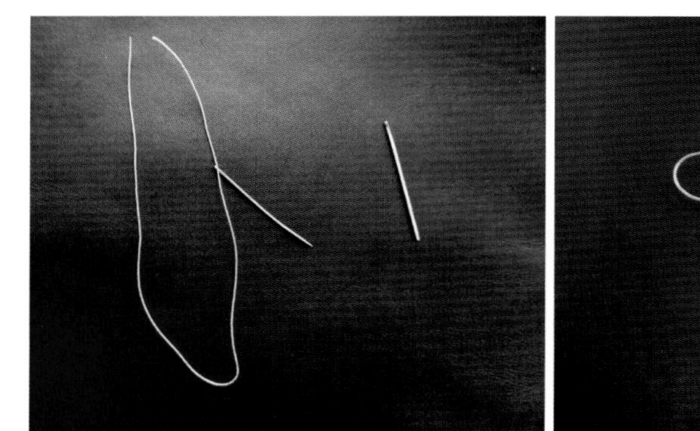
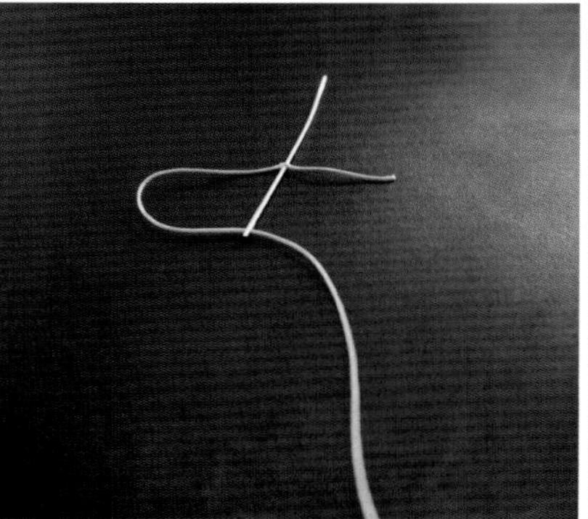
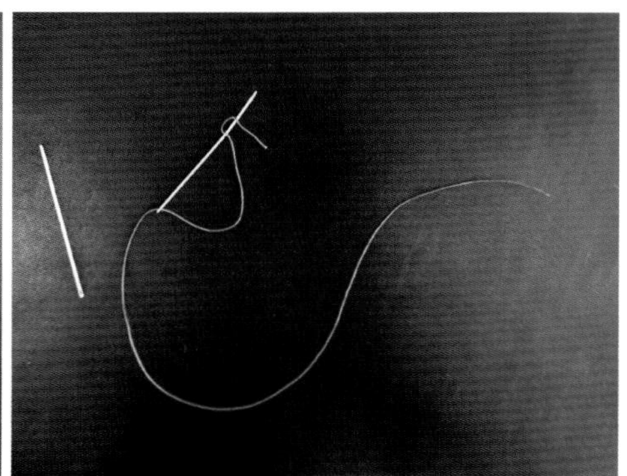

图 2—23 穿针

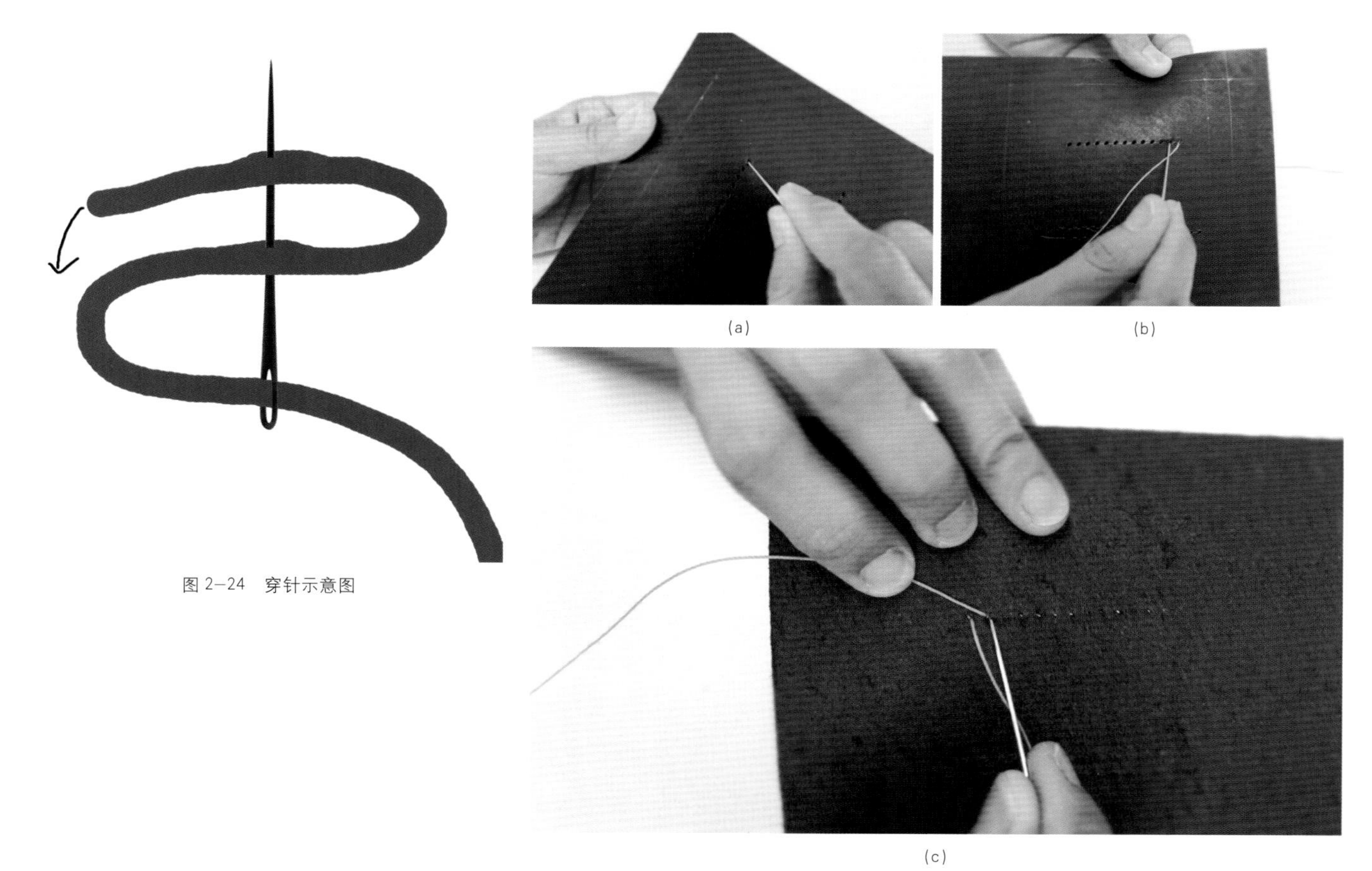

图 2—24 穿针示意图

(a)

(b)

(c)

图 2—25 起针

完（图 2–26）。

弧线的缝制也是同样的方式（图 2–27）。

线迹整齐的秘诀如下。

（1）缝孔整齐，打斩时要以基准线为准，才能打出一排整齐的菱形缝孔。

（2）确认完菱形缝孔朝向后，先起缝，一般先使用位于皮革表面的缝针，用起头回针方式绕两次，同时两次的缝线保持平行。

（3）为了让皮革反面的针更容易从刚穿过来的缝线线孔穿回正面，可以将之前穿过来的缝线向左上方拉，以稍稍扩大该缝孔。同时背面的缝针从缝孔的右下角穿过，注意不要穿到另一条缝线。

（4）然后用手拉紧缝线两端。拉线时力道要一致。

（5）只要重复以上步骤，就能缝出漂亮的针脚。

在图 2–28 中，上、下缝线为表面针脚，中间缝线为背面针脚。

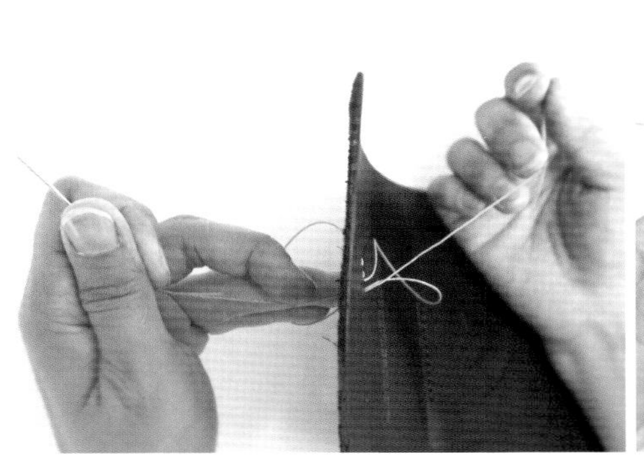

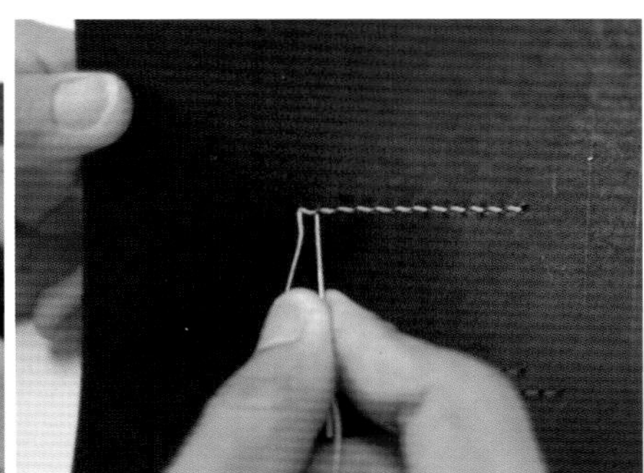

图 2–26 平缝

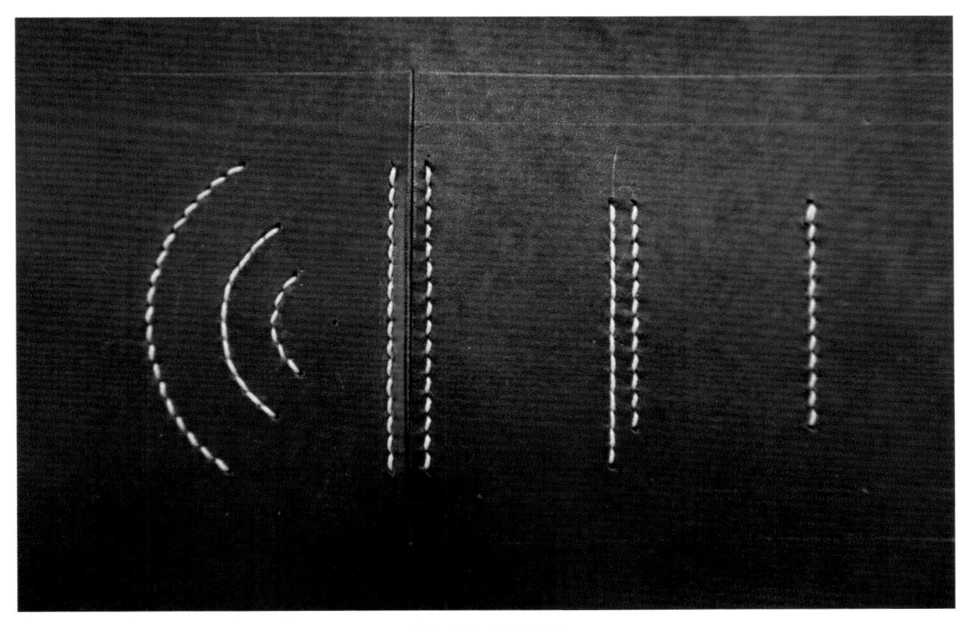

图 2–27 弧线缝制

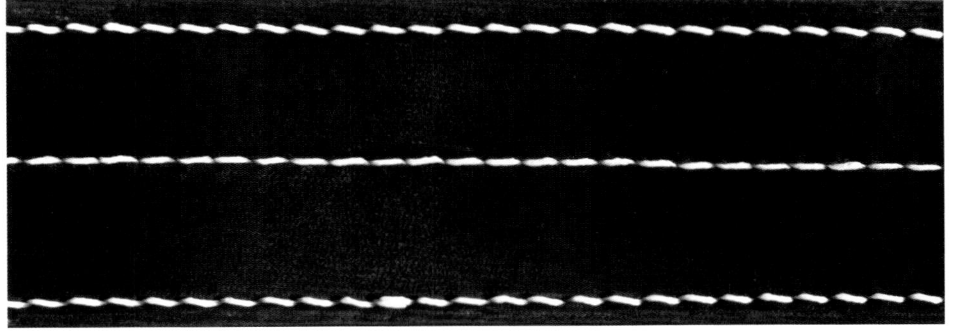

图 2–28 正反线迹

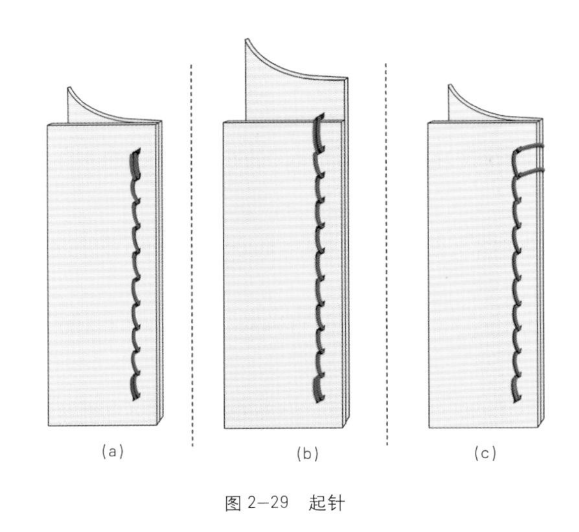

图 2–29 起针

起针有以下几种不同方式（图 2–29）。

（1）起头回针，前两个缝孔缝线多回缝一次加固。

（2）起头回针，上下层错开了一个孔位时，要绕缝两次加固。

（3）拱针：从侧边绕缝加固，可将加固的两针分成相邻的两孔绕缝，也可从起缝开始向侧边绕两次。

缝线不够的情况。在忽略皮料厚度等情况下，测量出的缝线长度是偏短的。而缝线不够的情况也有以下两种。一种无须补线的情况：将针从结处剪下，然后用缝针先穿下一个缝孔，针尾留下，先不拔出。将那条线穿过缝针后再带过另一面。重复上述步骤，直到收线（图 2–30）。

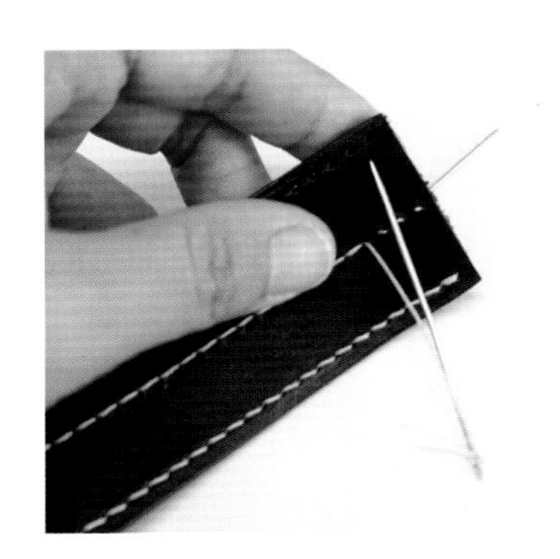
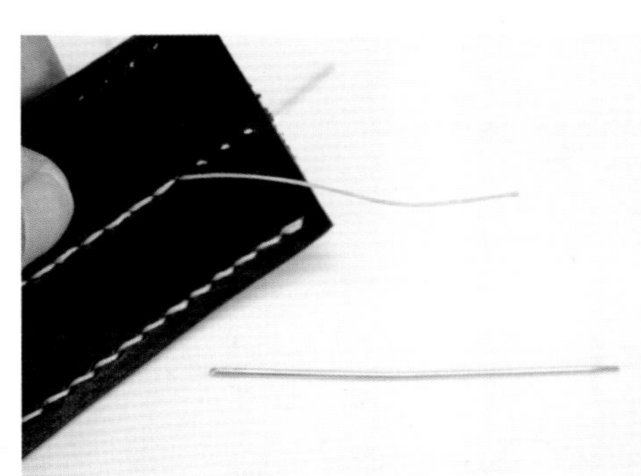

图 2–30 线短取针收尾

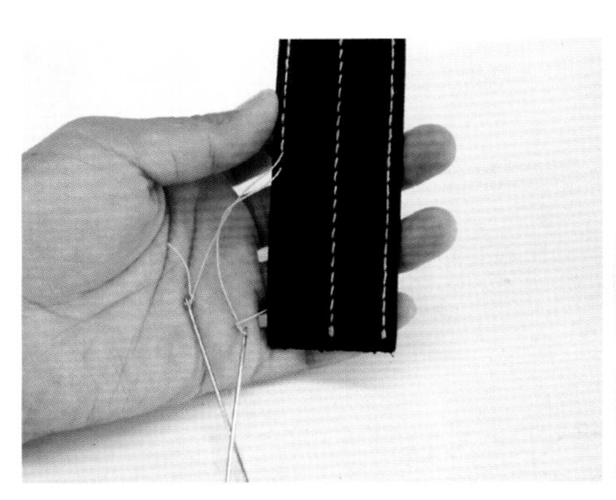

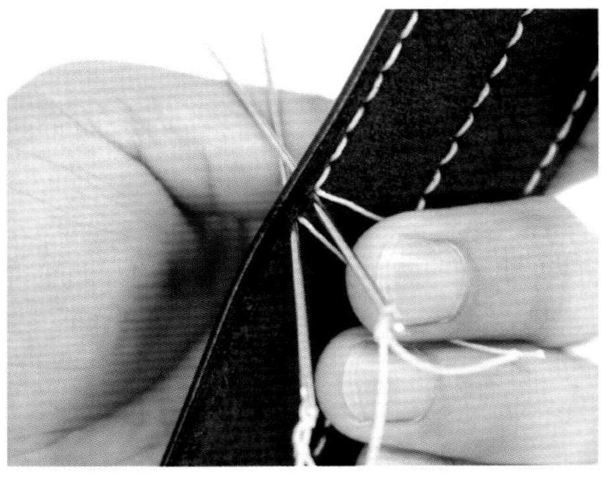
图 2–31 线短补线收尾

另一种是中途接线的情况：这种情况是缝线远远不够剩下的缝孔缝制，先将两个缝针都穿到皮革背面，在余线 4 ～ 5cm 处取下缝针。重新量取剩下缝孔总长 4 倍的缝线，穿好缝针后，分别从背面之前两条线孔处穿过（图 2–31）。

结线方法。缝完这条线孔时，缝针在皮革背面，将最下面的缝针往上再绕缝一遍加固。必要时倒数第二孔位的缝针也可往上再绕缝一圈加固（图 2–32）。

加固后，剪去多余线尾，留下 2mm 线头即可，用火快速地燎一下线头，使其凝成结。再用打火机金属部位的余温将结熨平整（图 2–33）。

2. 交叉线 1

量取皮革上这段线孔总长 4 倍的缝线，穿好缝针后，将针分别穿入皮革背面这两条线孔的起始孔位，后保持两边等长并收紧。皮革正面，两个缝针分别向对面一条线孔的相邻孔位缝针（图 2–34）。

正面线迹收紧后效果是呈现交叉形状，背面将缝针互相穿过对方针脚位置收紧后，呈现的是平行线效果（图 2–35）。重复上述步骤后缝出的漂亮交叉线效果 [图 2–35（c）]。

图 2—32 绕缝加固

图 2—33 结绳

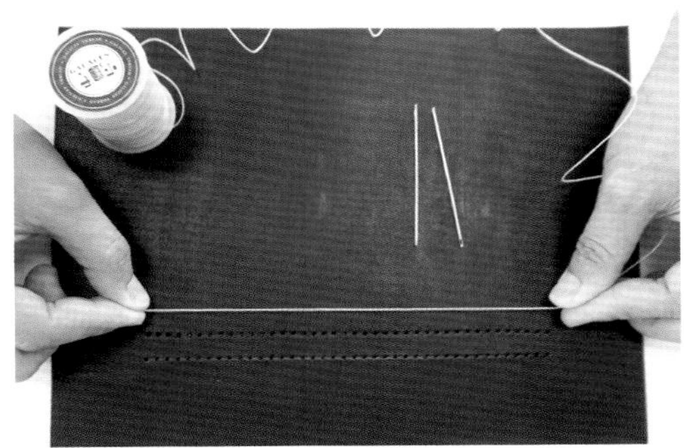
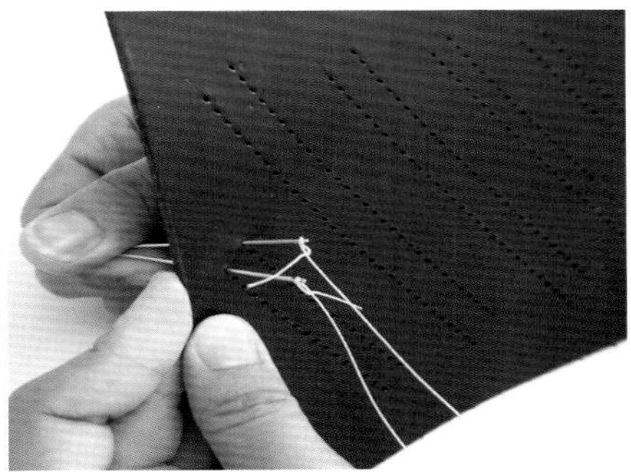

图 2—34 交叉线 1 起针

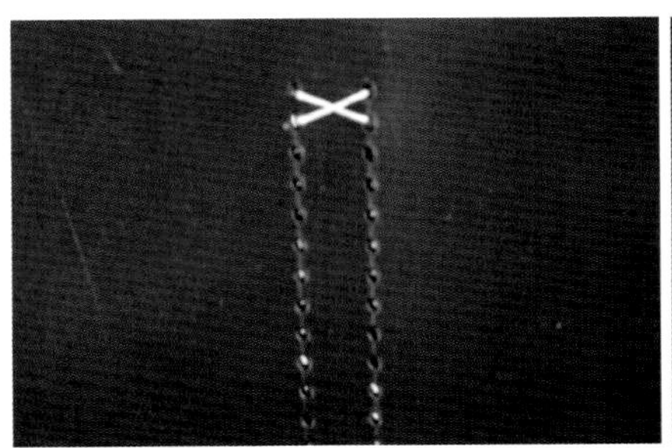
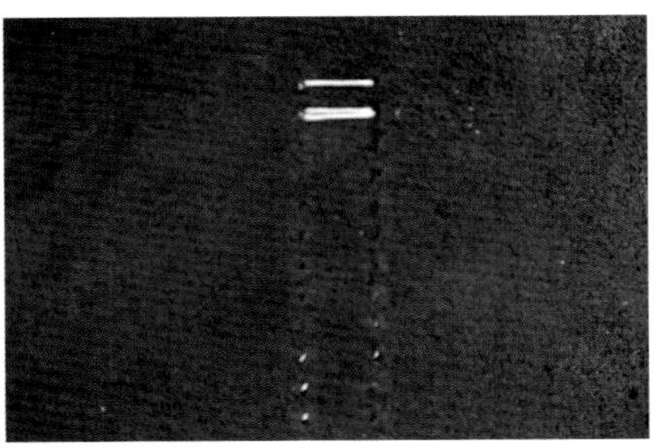
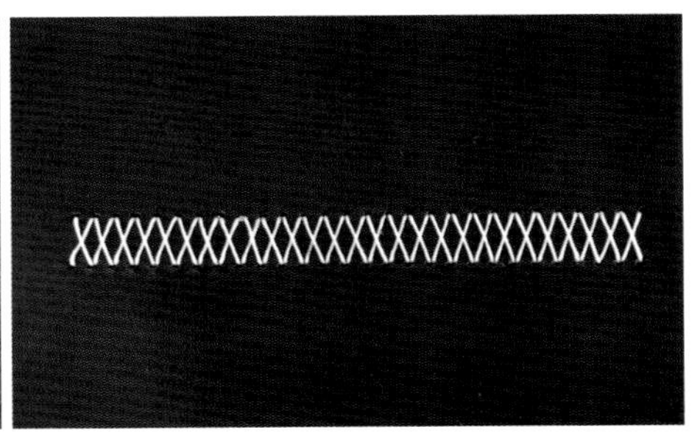

图 2—35 交叉线 1 效果

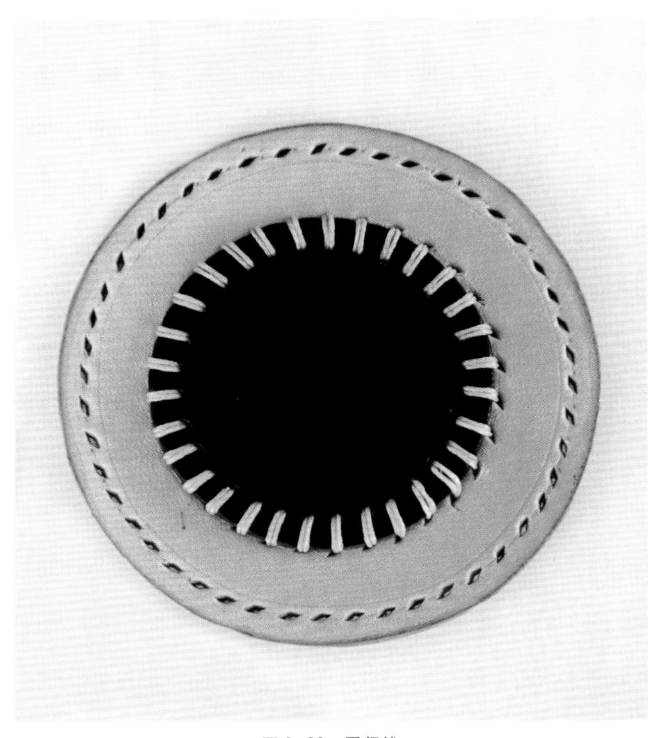

图 2-36 平行线

3. 平行线（图 2-36）

平行缝线实际上就是交叉缝线的背面线迹效果。

（1）缝线两头的缝针分别穿入皮革正面的两条线孔的起始孔。

（2）背面缝交叉线。

（3）缝针穿回正面后，互相穿过对方的缝孔，同时保持两条线平形。

（4）重复上述步骤后缝出的平行线迹，这种缝法多用于一层皮叠加在另一层皮面上缝制，锁边。

如图 2-36 所示。

4. 交叉线 2

量取线孔 4 倍的缝线并穿好缝针（以下是为了区分两边缝线，故意截取两段不同颜色的线分开缝）。两个缝针都从皮革背面的起始孔穿过收紧（断开线则需留尾）。正面，左右两线交叉后再穿回原来线孔的下一孔位（图 2-37）。

正面收紧后的效果。重复上述步骤后缝出的漂亮针脚（图 2-38）。

5. 交叉线 3

量取上下两排线孔总长 4 倍的缝线并穿针。两个缝

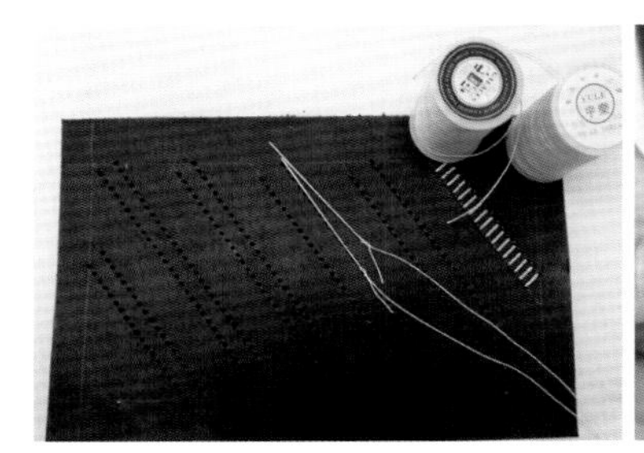
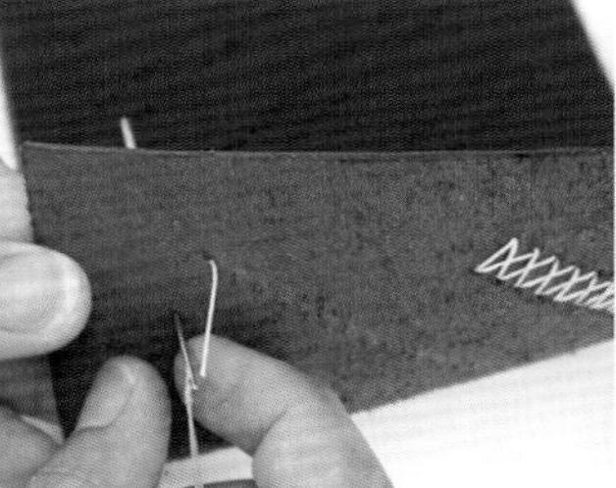
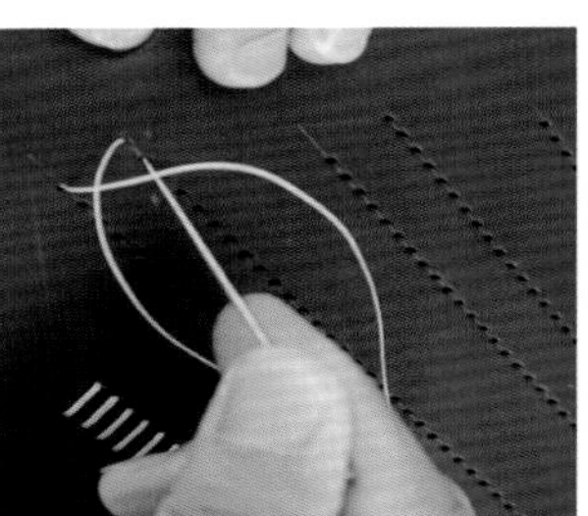
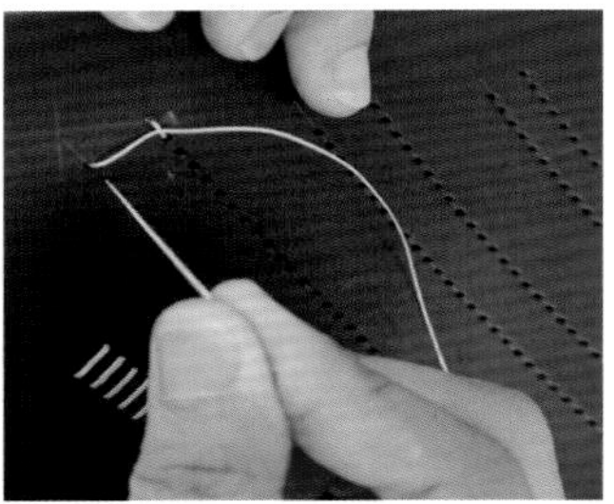

图 2-37 交叉线 2 起针

图 2-38 交叉线 2 效果

针分别从正面两排线孔的起始缝孔穿过，再从背面对方的针脚处穿回正面，两线交叉后间隔一个空位穿入背面（图 2–39）。

正面线迹交叉缝完两遍收紧后的效果。重复上述步骤缝出的交叉线迹（图 2–40）。

6. 装饰折线

两个缝针从皮革一面（不论正反）错开一个孔位穿过。确认两边线等长后，先将位于孔一的缝针穿过对面的孔二，另一缝针则穿过对面的孔三。重复上述步骤缝出的装饰折线（图 2–41）。

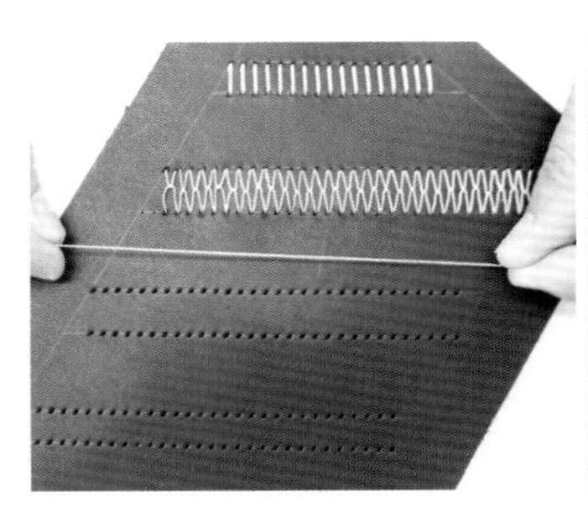
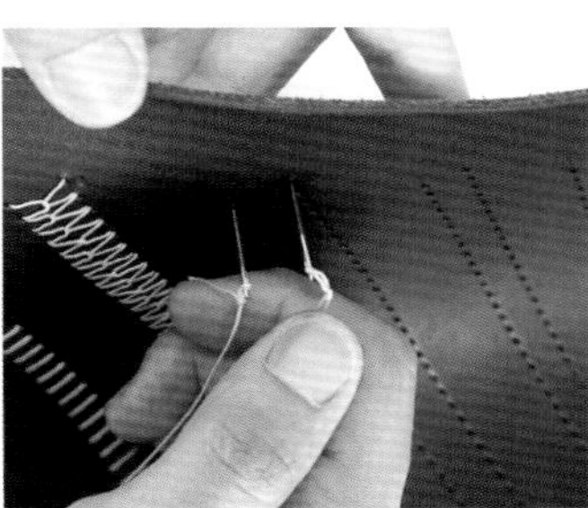
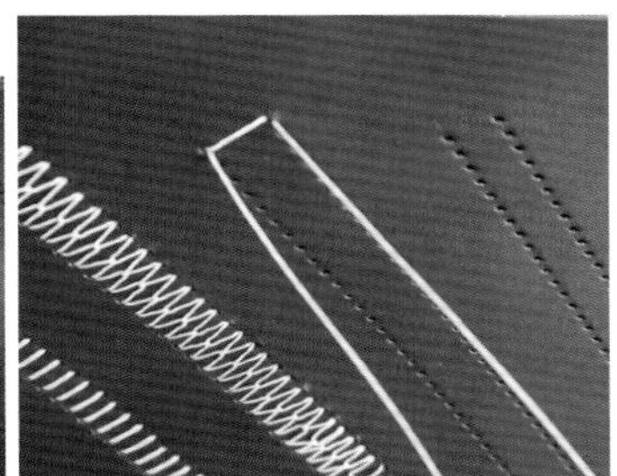
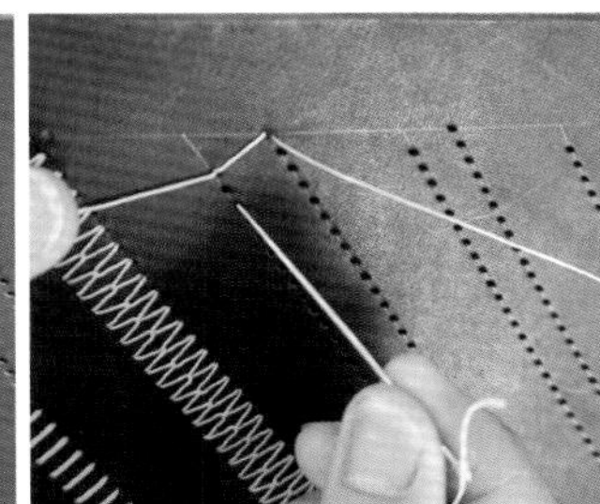

图 2–39　交叉线 3 起针

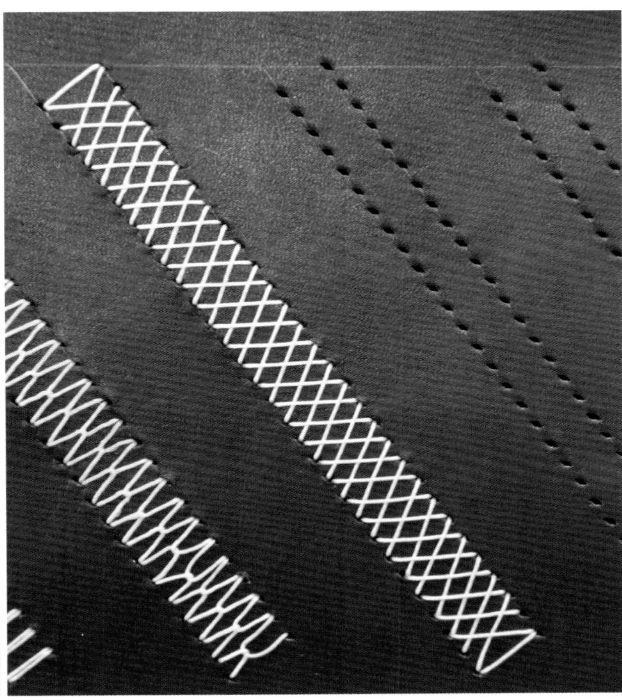

图 2–40　交叉线 3 效果

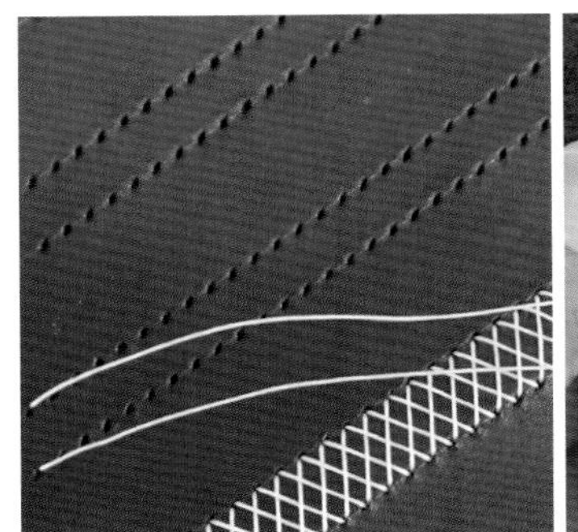
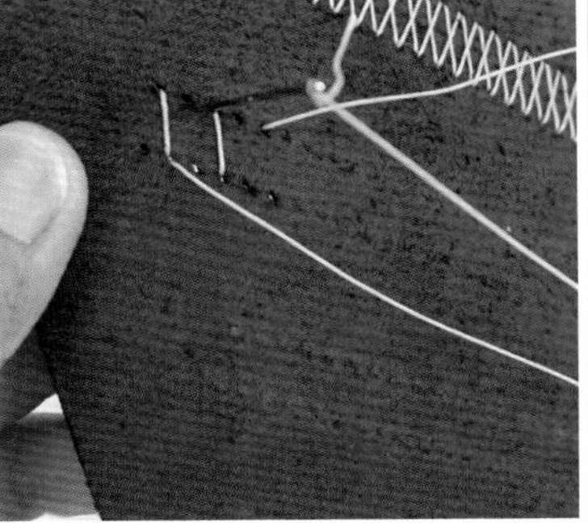
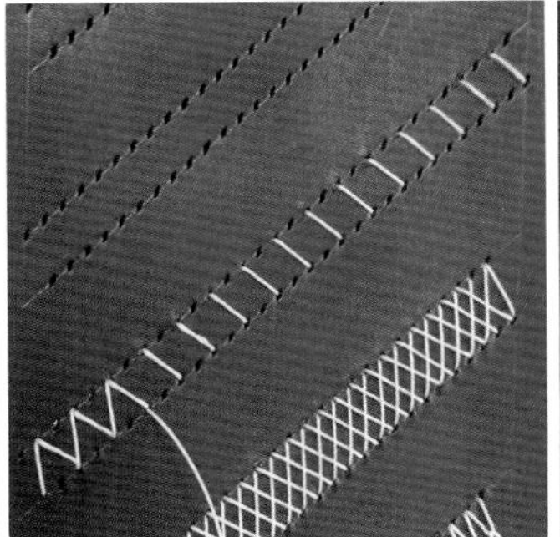
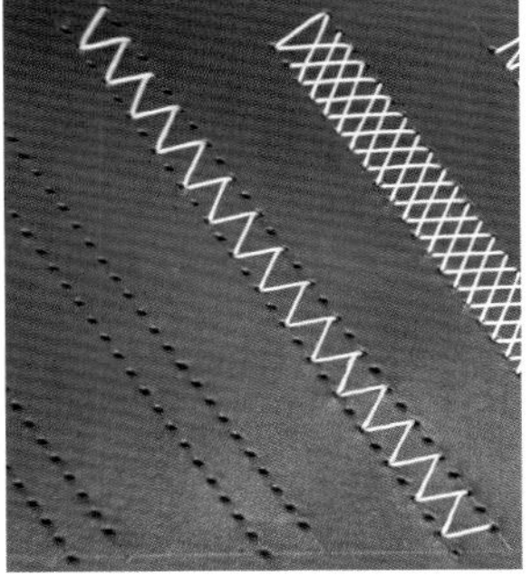

图 2–41　装饰折线

第六节 打磨及封边处理工艺

一、工具

粗砂条、800 ~ 2000 目砂纸、木质打磨棒、骨棒、棉签、竹签、浅色棉布／帆布、封边蜡、封边液、CMC 溶液、皮边油。

二、打磨及封边工艺方法

（一）植鞣革皮边处理方法

1. 修边

没有修边的请况下打磨，皮料边缘会棱角分明或棱边向两侧翻起，影响手感和美观。修边器的铲头呈 V 型，将 V 字口朝上沿着皮边棱角向前均匀施力（图 2–42）。去除棱角后的皮边缘，打磨后呈圆弧状，整体圆润，手感更好。

2. 打磨

植鞣皮边的打磨处理：刚裁切好的皮边是毛糙的，需要经过打磨抛光后才显精致。如果是多层的皮边，需要在缝合打磨前进行黏合处理。打磨时先用粗砂棒进行粗打磨，使皮料边缘平整，再用棉棒蘸少许封闭液涂抹于皮边缘，注意不要流到皮面影响美观。干后先用 800 目的砂纸打磨到趋于光滑。待边缘趋于光滑时，再涂抹一遍封闭液，干后更换细腻的砂纸进行打磨，如果效果仍不理想则重复该步骤直至边缘光滑细腻（图 2–43）。

3.CMC 溶剂打磨

砂纸打磨完以后，边缘涂一遍 CMC 溶剂，湿润状态下用木质打磨棒的凹槽打磨塑型，干燥后最后涂一遍封边液增加边缘的光感（图 2–44）。

4. 抛光

上一遍封边蜡，然后用浅棉布或帆布打磨抛光，处理完后的边缘效果非常细腻、光滑、有质感（图 2–45）。

（二）铬鞣革皮边油边处理

1. 粗打磨

对于铬鞣革来说，上油边更为合适的封边方式（也有专门用于植鞣革的边油）。油边前同样需要对边缘进行粗打磨使边缘尽量平整，这可以节约油边的时间，减少油边次数（图 2–46）。边油，选用质量好的弹性边油不容易开裂（图 2–47）。

2. 上边油

签子蘸取少量边油均匀涂抹于皮边上，可分左右两边操作，左边签子朝自己方向往回涂抹，右边签子朝外刮，从上往下拽使签子上的边油留在皮边。上匀后，可夹着静置待其干燥（图 2–48）。

往往前两遍的油边效果都不会太理想，干燥后效果粗糙。这时需要使用 800 目左右的砂纸进行打磨，使其更加平整光滑。然后再上一遍边油等待其干燥后的效果。如果还是不够光滑细腻，则需要再重复一遍（图 2–49、图 2–50）。

图 2–42 修边

图 2–43 打磨

图 2-44 塑型

图 2-45 抛光

图 2-46 粗打磨

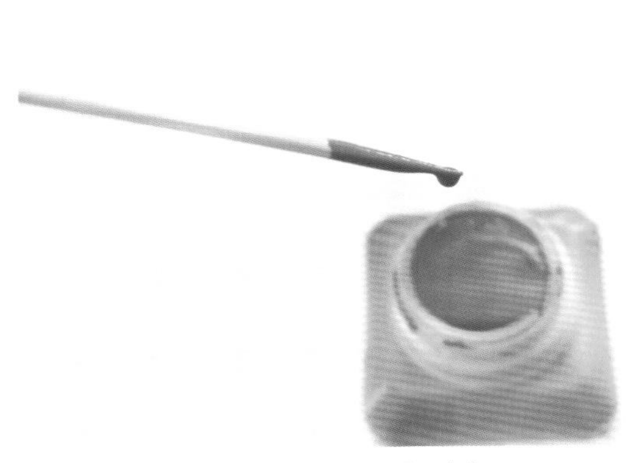

图 2-47 边油

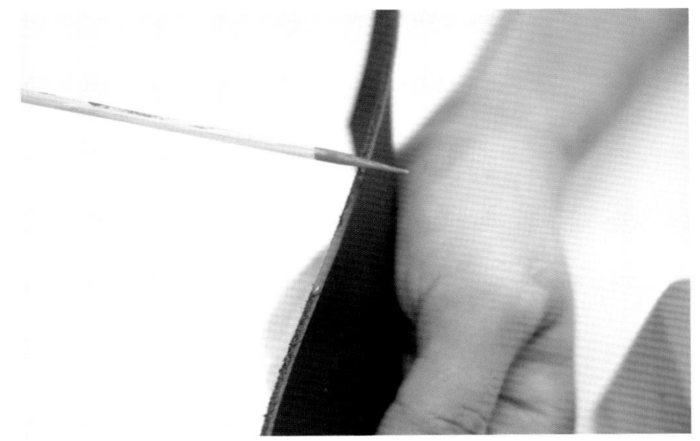
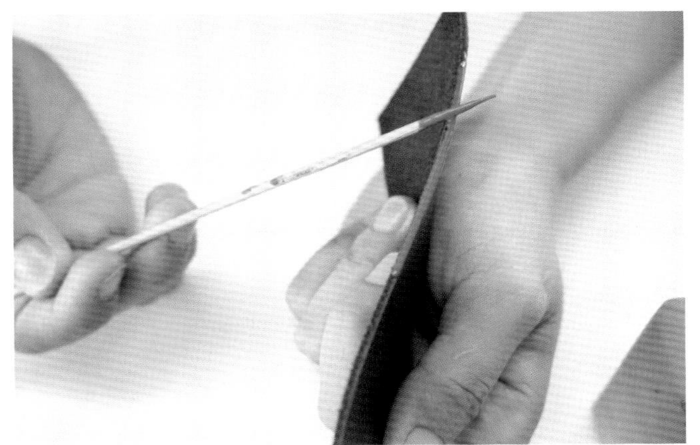

图 2-48 上边油

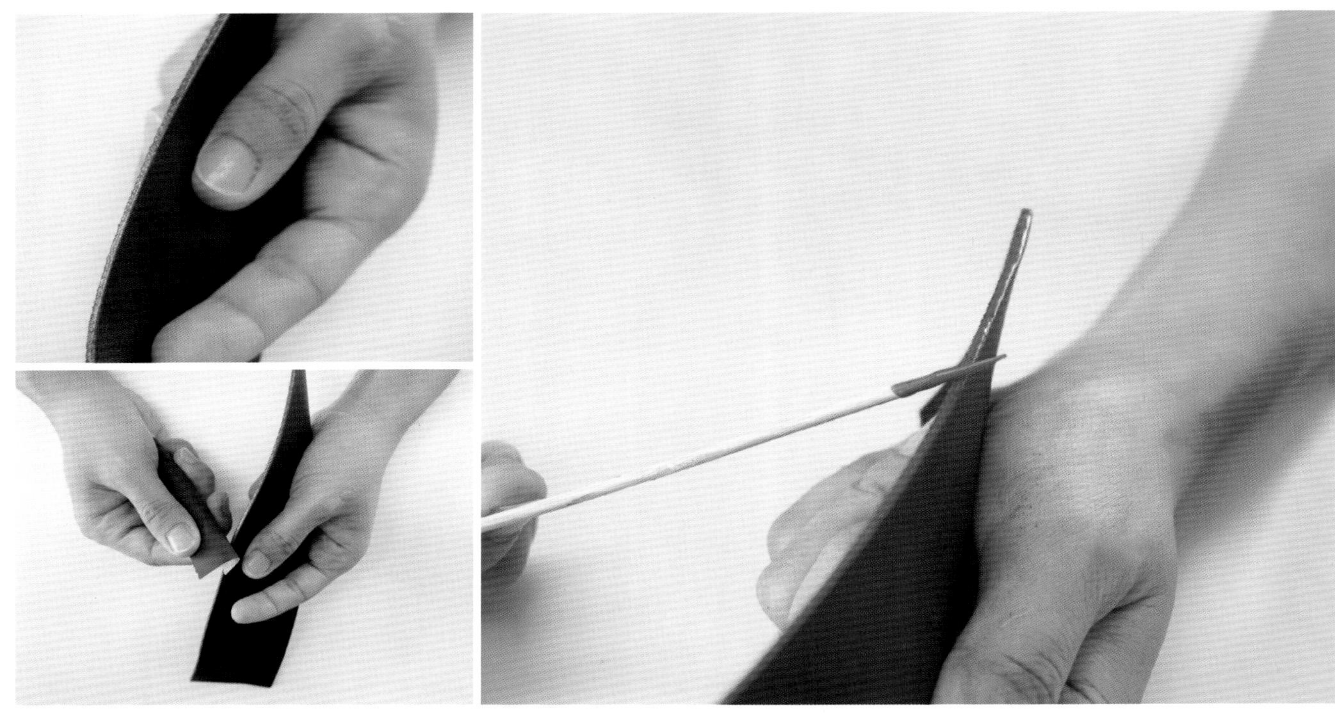

图 2–49　打磨

图 2–50　油边效果

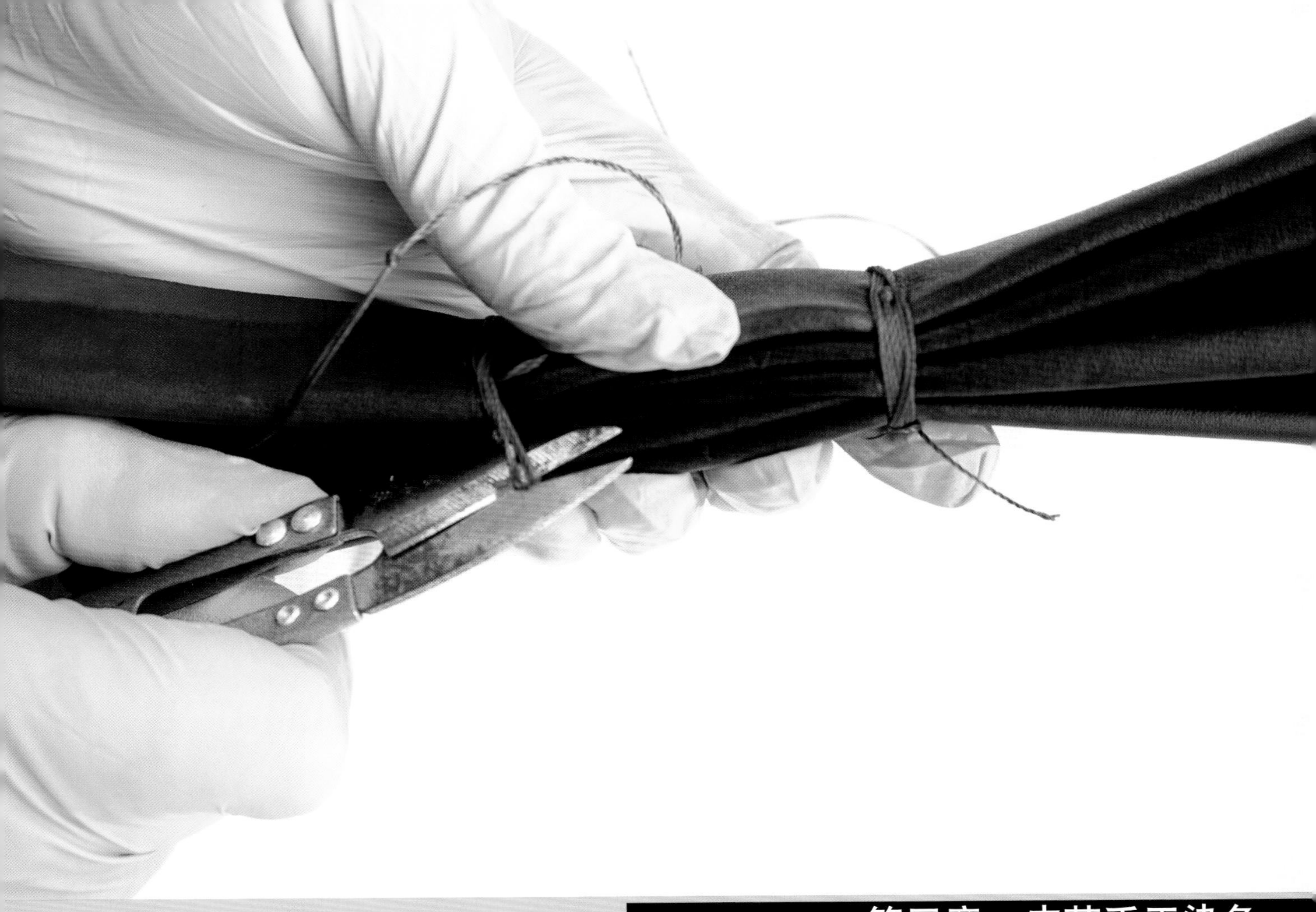

第三章　皮革手工染色

第一节 手工染色基础知识

目前，市场上有染好的皮革材料销售，但是自己动手给皮革染自己喜欢的颜色，乐趣无穷。这是一个将艺术与科技相结合的过程，是一个富有创意创作的过程，是一个寓做于乐的过程。皮革与纸张、面料一样可以手工染色，皮革手工染色一般选择古老技法鞣制的皮革——植鞣革，运用色彩知识，使用各种染料可以得到缤纷的效果（图3–1）。

一、色彩基础知识

色彩是由光的作用而产生的视觉现象，可见光照射在物体然后通过物体的折射到人的眼中而获得感知。光是产生色彩的源头，色彩是眼睛对光的感受。

图 3–1 皮革蜡染作品

（一）标准色与三原色

（1）太阳光的光谱。它是由红、橙、黄、绿、青、蓝、紫七色组成，也有人提出光是由红、橙、黄、绿、蓝、紫六色组成。七色和六色光谱观点，在色彩学中尚无定论。色彩学上将色差最为明显的红、橙、黄、绿、蓝、紫六色称为“标准色”。

（2）原色。色彩中不可分解的颜色称为“原色”，色光中原色只有三种：红、绿、蓝，颜料三原色为红、黄、蓝。色光的三原色可以混合出所有色彩，同时相混得到白光。颜料中的三原色可以调配出其他任何色彩，同时相混得到黑色（图 3–2）。

（二）间色与复色

1．间色

两个原色混合得到的颜色称为间色，颜料的间色也只有三种，一为红 + 黄 = 橙，二为红 + 蓝 = 紫，三为蓝 + 黄 = 绿。

2．复色

颜料的两个间色或一种原色和对应的间色（例如：红 + 绿 + 黄，蓝 + 紫 + 橙）相混合得到复色，复色中包含原有的原色，原色与间色的比例不同，从而形成不同的灰调（图 3–3）。

（三）无彩色与有彩色

1．无彩色

黑、白、灰称为无彩色。它们本身没有色彩倾向，灰是由黑与白混合出来的色彩（图 3–4）。

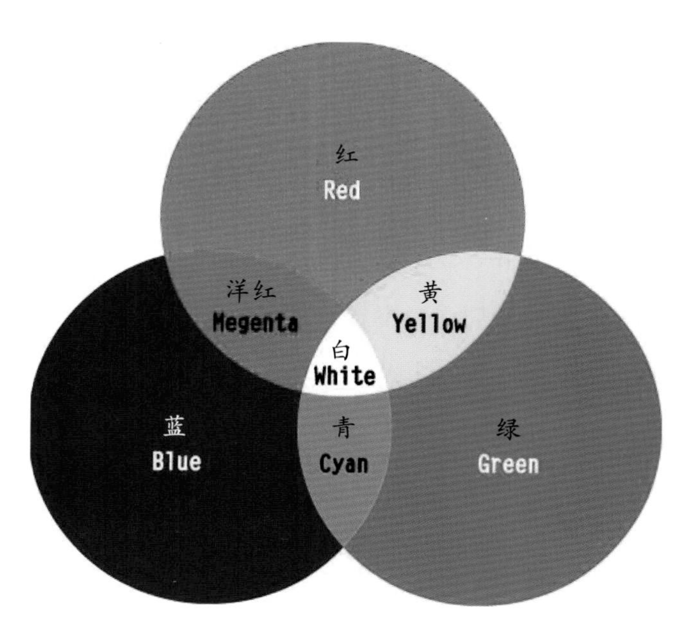

图 3–2 三原色

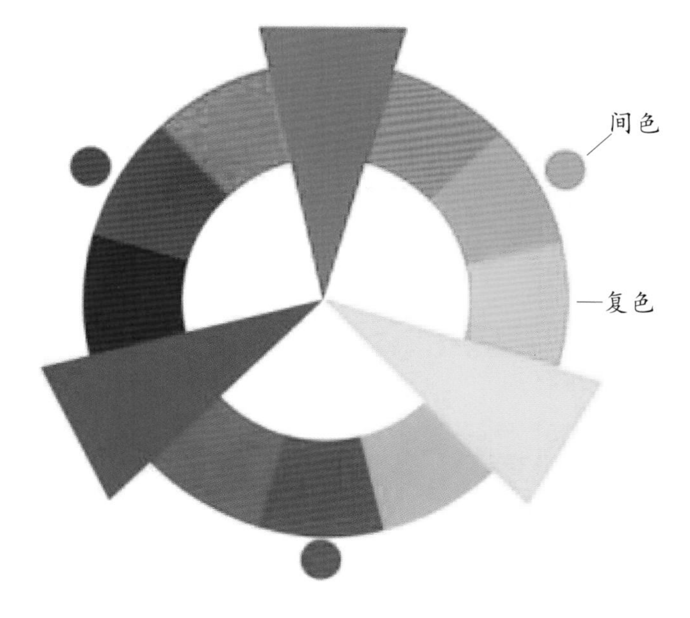

图 3–3 间色、复色

2. 有彩色

可见光谱上所有色（红、橙、黄、绿、蓝、紫），它们相互混合调配得到的色彩，以及它们与无彩色系中黑、白、灰调配得到的各种色彩。

（四）色彩的三要素

色相、明度与纯度统称为色彩三要素，三者是构成色彩关系的三个基本特征因素，众多色彩原理都是由三者之间演变的关系。

1. 色相

色彩的样貌称为色相，色相是区分色彩的主要依据，也是色彩的最主要的显著特征。人的视觉感受到红、橙、黄、绿、蓝、紫不同特征的色彩，人们给出特定的名称称呼这些色彩，称呼这些色彩时就会有一个特定的色彩印象，例如：大红——红中偏橙，玫红——红中偏紫，深红——红中偏黑，上述这些色彩的色相都不同，但都属于“红色系”（图 3–5）。

2. 明度

色彩的深浅和明暗程度称为明度。在无彩系中，明度最高的是白色，最低的是黑色，中间存在一个由明到暗的灰色色阶。自然界中不存在纯粹的黑与白，黑、白、灰都是相对而言。任何一种色彩加黑或者加白都会有深浅的变化，称为明度的变化，其色相无变化（图 3–6）。

3. 纯度

纯度又称为饱和度，主要指色彩的鲜艳程度，颜色中所含有彩色的成分比例的多少，在可见光谱中的色相，任何一个纯色都是纯度最高的，也是色彩的饱和度最高的（图 3–7）。

（五）冷色与暖色

色彩的冷暖是出于人们的生理感觉和感情联想，例如：红、黄、橙等颜色让人联想到太阳、火焰等，故称为暖色；蓝色等让人联想到海水、冰雪等，故称为冷色。

（六）色彩的配色与调和

1. 同一色配色

同一配色指的是在同一个色相中，将色彩的明暗、深浅变化产生的新色彩进行搭配。例如：红色系中，色彩由暗红、深红、大红、粉红等组成一个色系，这样色系之间的颜色搭配比较容易与妥当，但是也容易产生平淡和缺乏活力的感觉。

图 3–4 无彩色

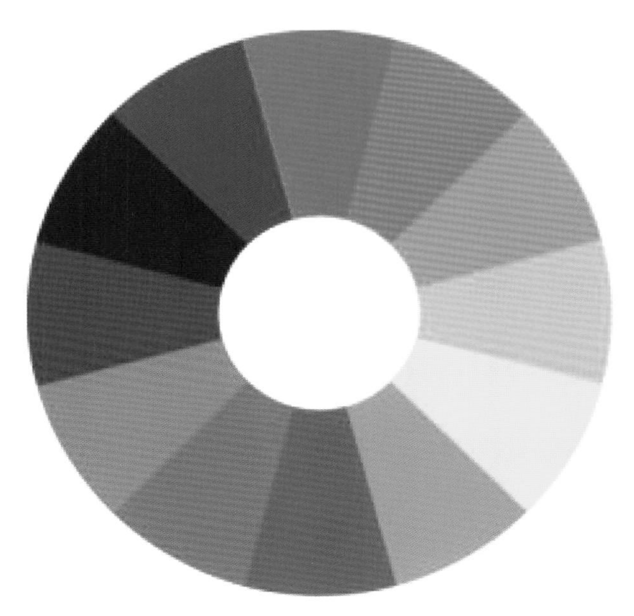

图 3–5 12 色相环

2. 类似色配色与调和

在色环中，相邻的颜色称为类似色，彼此之间拥有一部分共同的色素，因此，在色彩搭配上比较容易调和。类似色的搭配比较生动活泼，色阶清楚，例如：黄 + 橙，蓝绿 + 蓝等。类似色搭配比较注重各类似色之间的饱和度，发挥共同色素颜色的调和作用。

3. 对比色配色与调和

在色环上，成 180° 处于直径两端的色彩称为对比色，对比色之间的色彩搭配如同“水与火”，对比强烈，极难调和，例如：红 + 绿，黄 + 紫，蓝 + 橙等。常用方法有：降低一方的明度与纯度，或者在面积上一大一小等方式。对比色调和配色给人的感觉明朗活泼、富于变化。

4. 多色配色与调和

多个颜色之间的搭配想要达到比较好的效果不太容

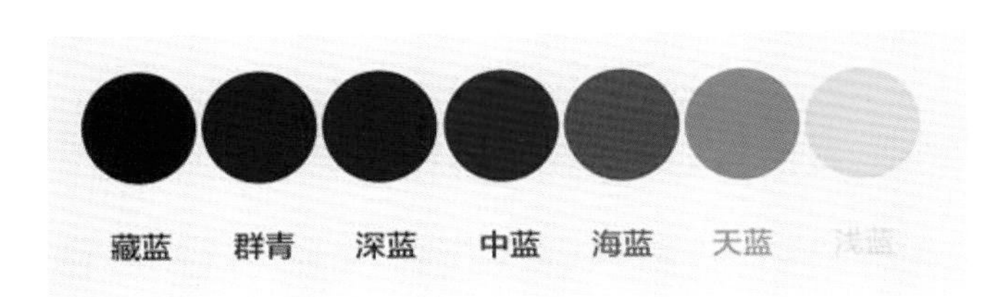

图 3–6 明度

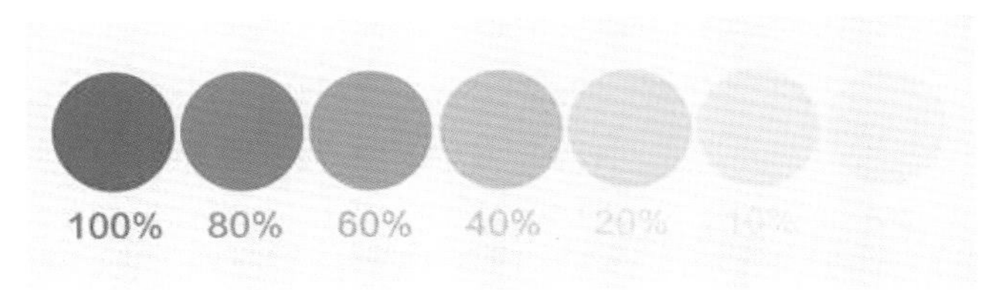

图 3–7 纯度

易，常用方法是以某一种色彩为主其他色彩为辅，形成一种秩序的美感，否则容易杂乱无章。搭配得好的多色配色方案，在视觉上给人丰富多彩充实的感受。

5．无彩色与有彩色配色

无彩色是个性不强的色彩，有极强的包容性。因此在于任何色彩搭配时都容易取得调和的搭配效果。无彩色属于中性色，不偏向于任何色彩特征，因此常在色彩搭配中起到调和的作用。无彩色与有彩色均可搭配，在色彩搭配中无彩色具有不可忽视的作用。

（七）皮革手工染色配色

1．基色

皮革材料的底色称为基色，在手工染色的过程中基色可以保留，作为染色整体效果的一部分；或者被覆盖掉。

2．单色与多色

在皮革手工染色中，选择某一种颜色进行手工染色称为单色染色。选择两种或者两种以上的颜色染色称为多色染色。多色染色需要色彩的搭配设计。同样的几种色彩搭配方式不同所呈现的视觉效果也会大相径庭。

3．主色与辅色

多色手工皮革染色中根据设计所需，要将几个色彩设置主次关系。一般来说主色的纯度高、面积比较大，所处的位置一般处在视觉中心的部位，而辅色的作用是以衬托主色而设计的，主色与辅色形成基本色调。主色与辅色之间的关系既有对比又有调和，相辅相成。常用的手法有4种。

（1）明暗衬托。主色是明亮的色彩，辅色选择暗色衬托主色，或反之。

（2）冷暖衬托。主色选择暖色调，辅色选择冷色调衬托主色，或反色。

（3）灰艳衬托。主色选择纯度高的鲜亮色彩为主色，辅色选择纯度低的灰调，或反之。

（4）简繁衬托。单纯的底色搭配小、碎的其他色彩，例如黑色的底色上搭配亮色小点。

4．点缀色

点缀色是主色与辅色的补充，一般面积较小，具有醒目、活跃的特点，通常起到“画龙点睛”的作用。

手工皮革染色中基色、主色、辅色和点缀色之间相互对比、相互依存，在实际的运用中灵活多变，色彩的搭配可以不拘一格。

二、基础材料

（一）染料

皮革手工染色的染料一般选择低温型染料，皮革专用染料有酒精染料、油性染料、盐基染料。酒精染料属于酸性染料，因含酒精成分故称为“酒精染料”（图3–8），学名为“金属络合染料”，是一种比较环保的染料；这种染料优点易上色，上色快，也容易涂匀，缺点颜色的饱和度低，固色性差，易变色。酒精染料的颜色可以调和或者兑水调浅，适合做透染。油性染料颜色的饱和度高，容易上色，但不太容易涂匀（图3–9）。油性染料之间可以互相调色，但不可与水混合，适合表层染色，不适合做透染。盐基染料是一种碱性染料，着色非常鲜艳，耐牢度高。水性染料，染色均匀，色彩艳丽、明亮，可自由混色调和（图3–10）（这里的酸性染料和碱性染料是生物学中的碱性和酸性，并不是根据pH来定义的）。

（二）皮料

手工皮革染色选择原色植鞣革，外观皮面平整，呈淡淡的米黄色，皮革纤维组织紧实，延伸性小，吸水后有良好的塑形性；皮面手感挺括、丰满有弹性；吸水容易变软，容易手工染色（图3–11）。

（三）蜡

蜡是皮革蜡染工艺中必备的材料，常用的有石蜡、蜂蜡、松香，石蜡是矿物合成蜡，白色透明固体，熔点较低，在58～62℃之间，黏性较小，容易形成裂纹，也比较容易脱蜡，是画蜡的主要材料。蜂蜡，取自蜜蜂的蜂巢，呈

图3–8　酒精染料

图3–9　油性染料

图3–10　盐基染料

图 3-11 植鞣革

图 3-12 蜂蜡、石蜡、松香

图 3-13 已使用过的蜡

图 3-14 恒温熔蜡器

黄色，透明的固体，熔点略高于石蜡，在 62 ~ 66℃之间，黏性很强，且不容易碎裂，多在蜡染画线时用，产生的裂纹较少。松香主要来自松树的松脂，它的作用主要是增加小的冰裂纹，用量少，否则蜡会过于碎裂和剥落。石蜡、蜂蜡、松香三者之间的常用配比为 6 ∶ 3 ∶ 1，可根据蜡染的预期效果调整三者之间的比例关系（图 3-12）。蜡可以反复使用，已经使用过的蜡会带有颜色，每次使用的比例不应过多，一般控制在 10% 比较合适（图 3-13）。

三、基础工具

（一）熔蜡工具—恒温熔蜡器

熔蜡的方式有很多种。直接熔蜡、恒温熔蜡、间接熔蜡都是熔蜡的方法，恒温熔蜡是最理想的方法，它可以很好解决蜡温的问题（图 3-14）。直接熔蜡比较危险，且蜡温不太稳定，会对蜡染效果产生影响，蜡温过低，蜡的附着力小，容易剥落，蜡温过高容易烫伤皮料。恒温条件不具备的情况下，间接熔蜡法是比较好的选择，选择一大一小两种容器，中间注水，借助水温将蜡融化。

（二）绘制、封蜡工具

1. 毛笔

可选择毛质较硬，弹性好的狼毫、鼠须等材料的毛笔，根据笔锋的不同可分大、中、小。可以绘制大面积图案，也可以绘制细节部位（图 3-15）。

2. 排刷

选择毛质较硬的猪毛刷，根据刷头的宽度有大有小，适合大面积的封蜡（图 3-16）。

3. 专用画蜡笔（蜡刀）

蜡刀在我国少数民族地区较为常见，造型有三角形、扇形、船型等，一般由铜或者铝手工打造而成，将数片铜片或者铝片并夹而成，其原理如同鸭嘴笔，蜡液沿着夹缝流出，而铜或铝导热性好、易保温。蜡刀的厚度和片数也有不同，片数最少的有 1 片，厚度不足 0.1cm；片数多的有 7、8 片，厚度在 0.5cm 左右，刀口的宽度差别较大，窄的不足 1cm，宽的则达到 10cm 以上。蜡刀适合点和线条，片数少厚度薄者适合绘制细线和细腻图案，片数多、厚度厚者适合绘制粗线和粗犷的图案（图 3-17）。

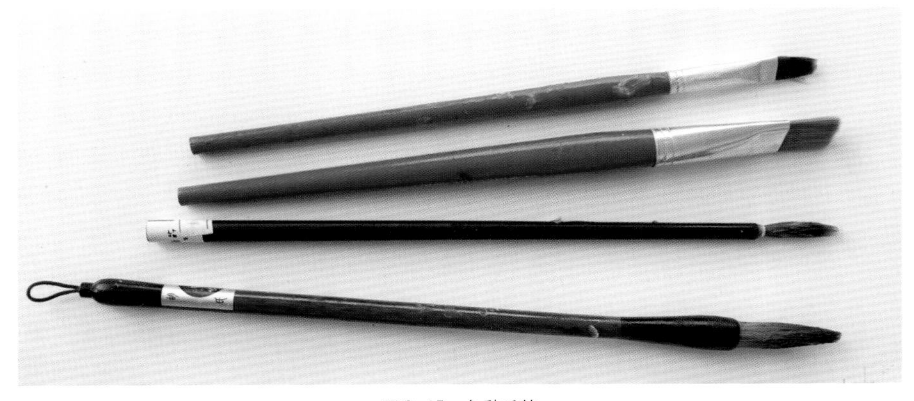

图 3–15　各种毛笔

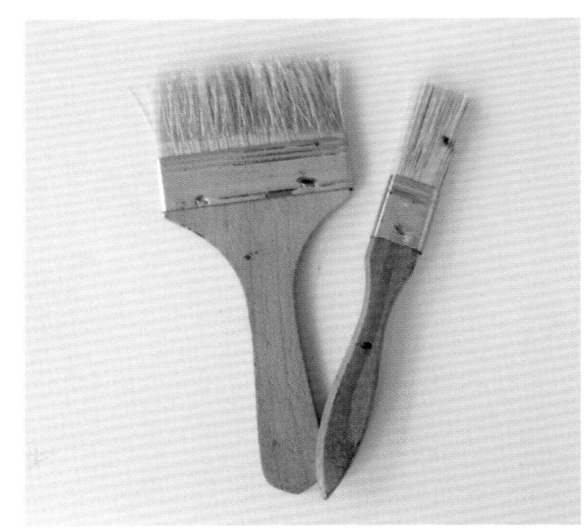

图 3–16　排刷

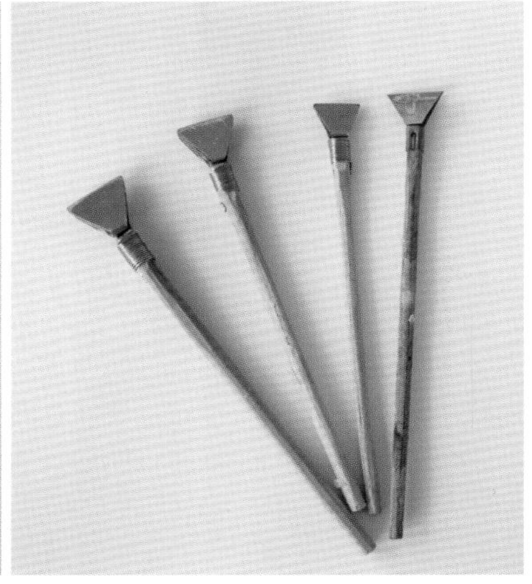

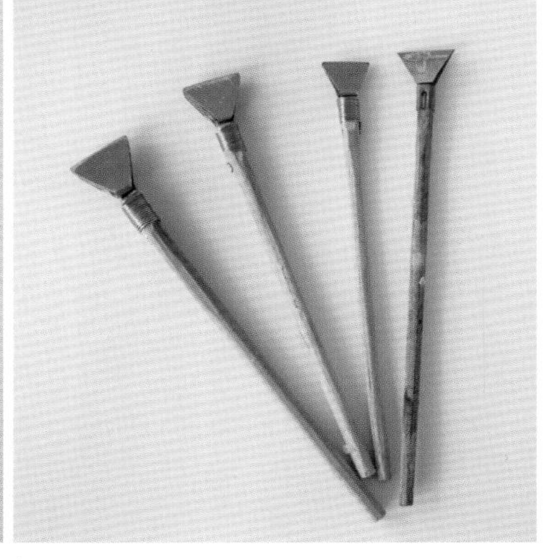

图 3–17 蜡刀

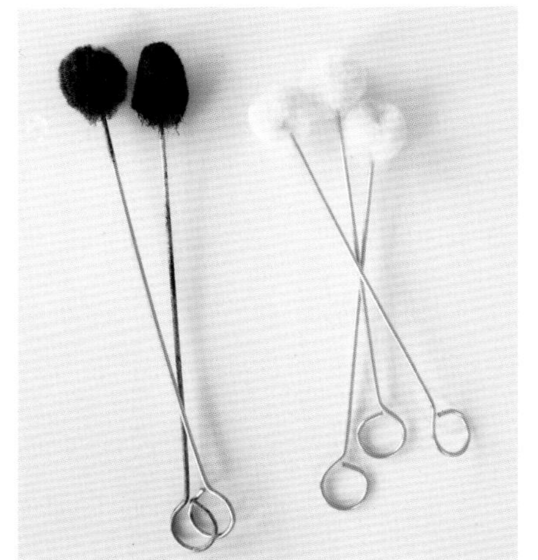

图 3–18　羊毛球刷

除此之外，还有许多其他的笔也可以用来绘蜡、封蜡，如呢绒笔等。

（三）染色工具——羊毛球刷

羊毛球刷是涂抹、刷匀染料的工具，球形，由柔软的羊毛制作而成，吸水效果好，常用在皮革染色中，染色均匀，在大面积染色时能够快速地染色。小细节部分可用棉签代替（图 3–18）。

（四）剥蜡工具——刮刀

刮刀是剥离皮革表面已经凝固蜡的工具，油画绘画工具，圆头，防止伤害到皮革表面（图 3–19）。

（五）打磨及后整理工具

1. 帆布

日常生活中常用的 24 安的帆布材料，主要用于皮料表面的去浮色和抛光（图 3–20）。

2. 固色剂

锁住皮革上染的色彩，使其不易褪色，而且防水防脏（图 3–21）。

3. 马鬃刷

马尾毛制成。主要用于上油，不伤皮面，使皮面平整（图 3–22）。

4. 貂油

从动物身上提取的天然油脂。主要用于保养皮具，其渗透性好，扩散性好，无刺激，易于被皮料吸收。可以滋养皮料、软化皮质、防止干裂、光亮除霉。也可选择其他油脂保养皮革材料，如牛角油（图 3–23）。

（六）其他工具

高密度吸水海绵（用于湿润皮革或者大面积涂抹颜料）、盘（盛放水或颜料）、橡胶手套（保护人的手）、杯子（盛放液体染料）、棉签、绳线（系扎工具）、剪刀、夹子、酒瓶（扎染时所用工具）等（图 3–24 ～图 3–32）。

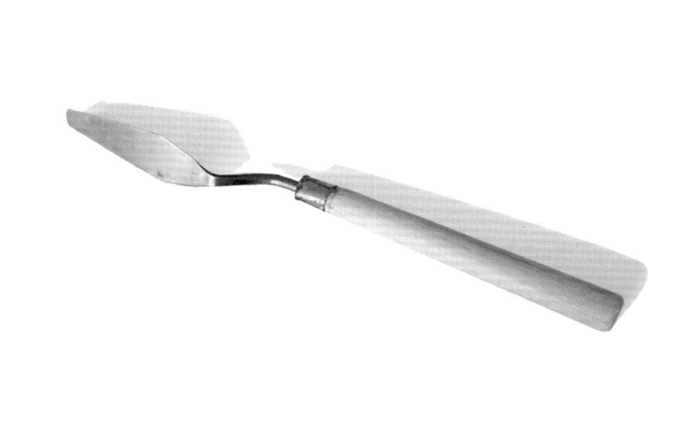

图 3–19 刮刀

图 3–20 帆布

图 3–21 固色剂

图 3–22 马鬃刷、貂油

图 3–23 牛角油

图 3–24 盘

图 3-25 剪刀

图 3-26 棉签

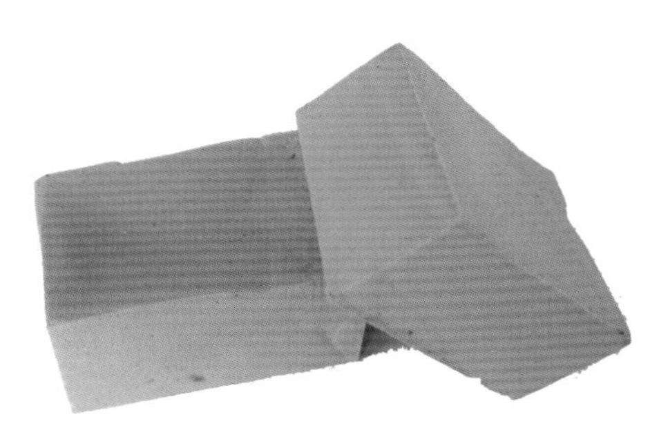

图 3-27 高密度吸水海绵

图 3-28 玻璃杯子

图 3-29 橡胶手套

图 3-30 线、绳

图 3-31 夹子

图 3-32 酒瓶

第二节　常规染色技法

皮革染色是一门趣味十足的工艺，在此介绍两种常见染色方法：单色染色法和复色（渐变）染色法。这两种方法是初学者入门需要掌握的方法。单色染色指的是使用单一色相染料染色方法，这种染色方法要求染色均匀；复色（渐变）染色法指的是使用两种及两种以上色相染料的染色方法，可以做渐变染色。

一、使用工具

染色所用的皮革通常是原色植鞣革，而市面上的染料却种类众多，这里选用可自由混色的皮革专用酒精性染料，其使用方法较简单，对初学者来说容易掌握。工具主要有染料、高密度海绵和盘子、塑胶手套、棉布／帆布、貂油、马鬃刷、玻璃杯／瓷碗、羊毛刷。

二、染色步骤

（一）单色染法

（1）调配颜色（图 3–33）。将染料倒入玻璃杯中，可以加入水稀释使颜色变浅，或者混合其他色相的颜色调色，用羊毛球刷混合搅匀备用。

（2）润湿皮革（图 3–34）。用高密度吸水海绵吸水后，擦拭皮革材料表面。

（3）上色（图 3–35）。羊毛球蘸取染料，以画圈的方式进行染色，反复几次直至染色均匀。

（4）可以在正面、背面、边缘染色，防止在制作时出现原色（图 3–36、图 3–37）。

（5）抛光、保养。皮料干透后，用帆布擦拭浮色、抛光，再用马鬃刷蘸取貂油，涂刷在皮面上，使其更加细腻，有光泽（图 3–38 ～图 3–40）。

（二）复色（渐变色）染法

（1）调配颜色（图 3–41）。染料倒入玻璃杯中，为了取得好的渐变效果，需要稀释颜料，这次选择黄、蓝两种颜色（具体根据个人喜好决定）。

（2）润湿皮革（图 3–42）。用高密度吸水海绵吸水后，擦拭整块皮革材料表面。

图 3–33　备染料

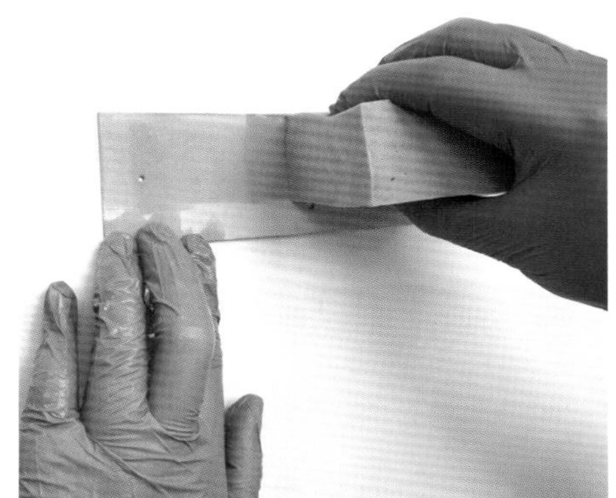

图 3–34　擦拭皮革

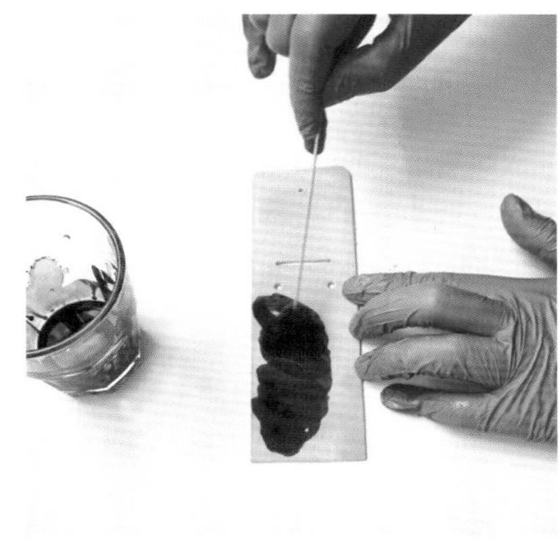

图 3–35　染色

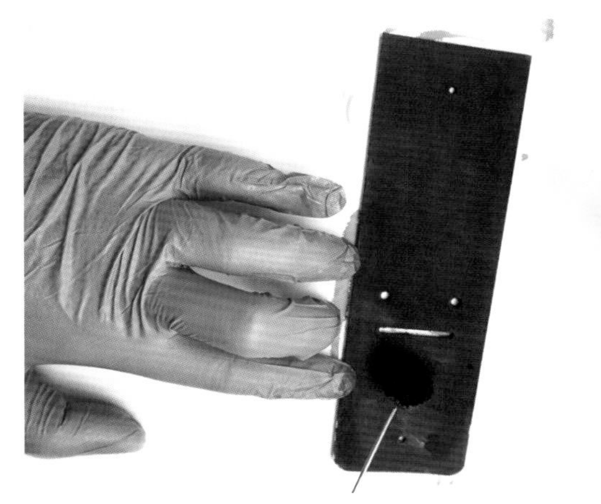

图 3–36　二次染色

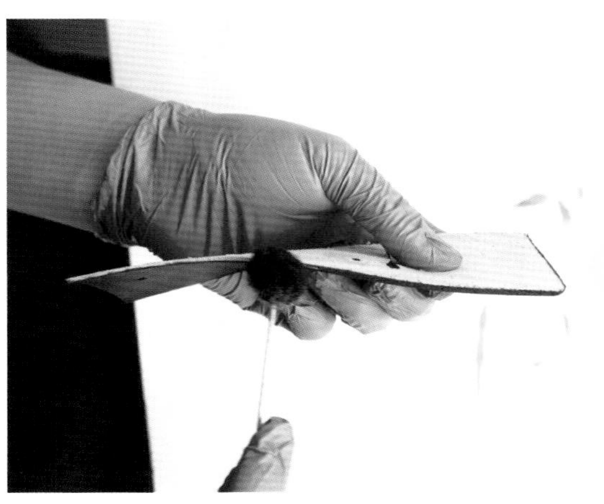

图 3–37　边缘染色

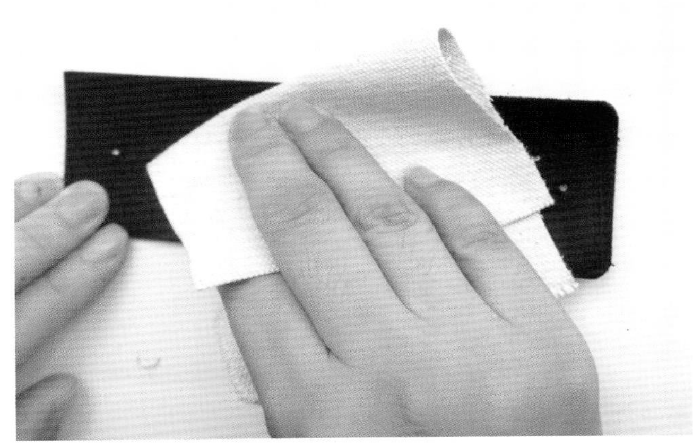

图 3–38　抛光

图 3–39　刷貂油

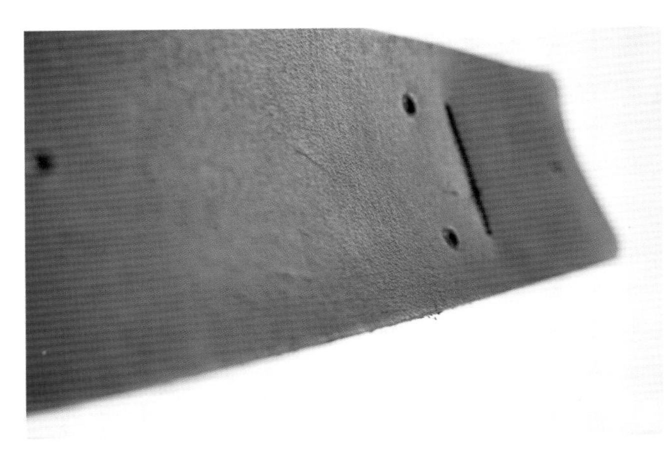

图 3–40　效果

图 3–41　备染料

图 3–42　擦拭皮革

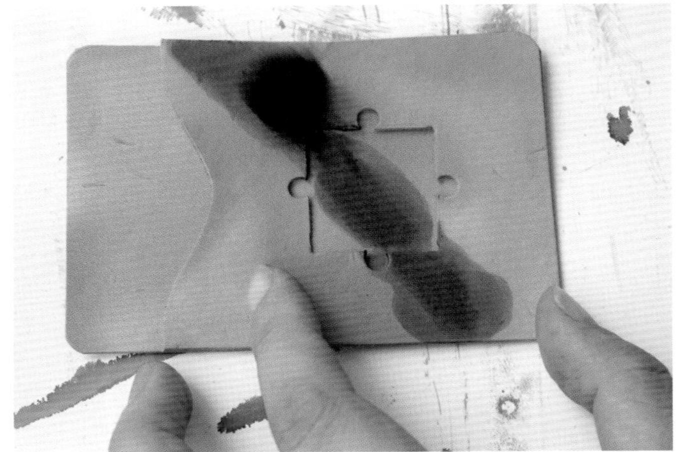

图 3–43　染色

(3) 此次染色的皮料是一个卡包的裁片，裁片有镂空部位，首先将各裁片叠放好，从镂空的部位开始上色，单色色相的颜色由浅入深染色（图 3–43）。

(4) 间隔上色（图 3–44）。染色由蓝色与黄色间隔上色，单色上色要点要由浅及深，不断重复，依次上色。

(5) 补色（图 3–45）。在镂空叠加处，以及各边缘处补上相对应的颜色。

(6) 抛光、保养（图 3–46）。染完后，等皮料干透，用帆布擦拭浮色、抛光，再用马鬃刷蘸取貂油，涂刷在皮面上，使其更加细腻，有光泽。

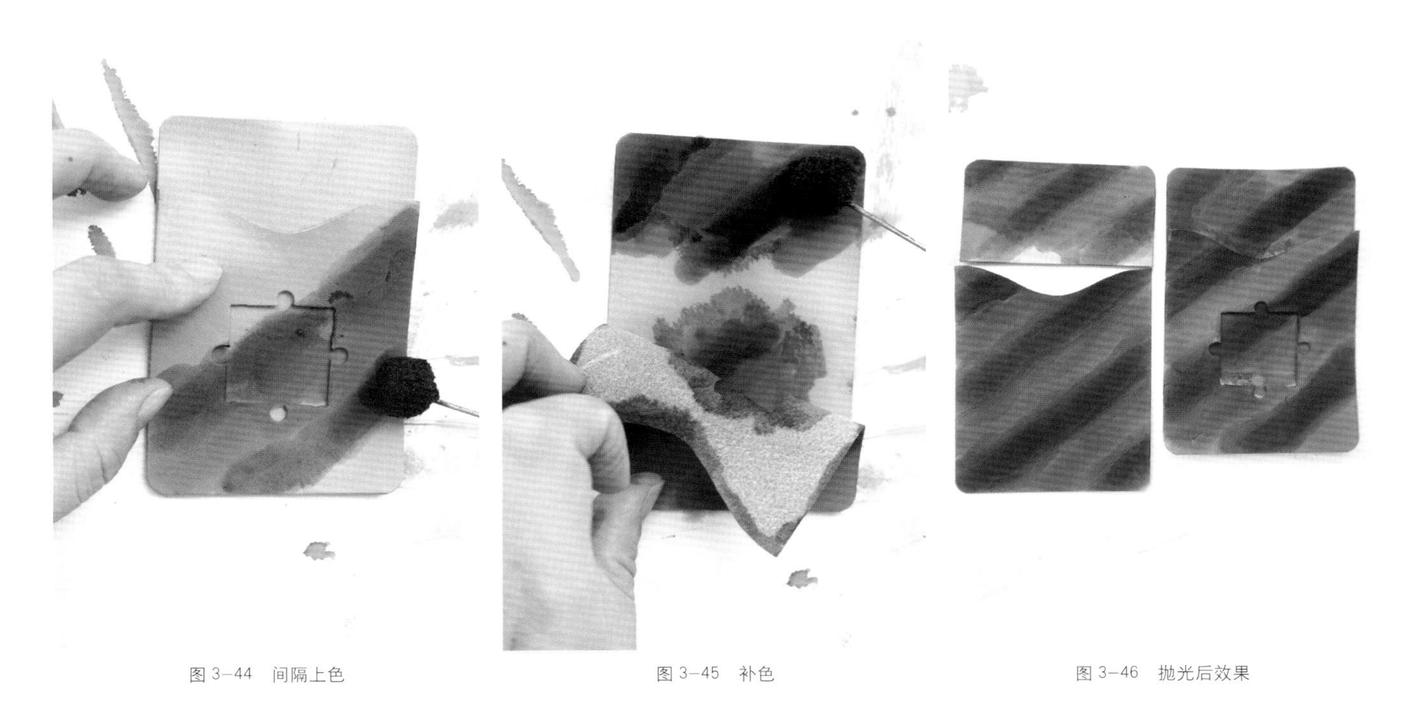

图 3-44 间隔上色　　图 3-45 补色　　图 3-46 抛光后效果

第三节 皮革蜡染工艺

皮革蜡染是通过蜡这一防染剂，形成色差从而获得的一种特殊艺术效果的防染工艺，这种工艺处理过的皮革材料有自己独特的外观，风格明显，且其他方法无法模仿（图 3-47）。

一、皮革蜡染材料与工具

（一）准备材料

植鞣革、皮革专用油性染料、蜡、水。

（二）使用工具

恒温熔蜡器、狼毫毛笔、板刷、专用画蜡笔（蜡刀）、羊毛球刷、吸水海绵、刮刀、帆布、貂油、马鬃刷等。

二、皮革蜡染基础工艺流程

（一）图案设计与构思

皮革蜡染图案应根据其工艺的特殊性完成设计，图案的整体性要强，易于绘制；结构不宜太复杂，简洁明快，适合抽象的处理手法（图 3-48）。

（二）润湿植鞣革

用高密度吸水海绵吸水后，将植鞣革正面的表面均匀润湿。一方面可以使后面的染色均匀，另一方面可以使后面剥蜡时相对比较容易剥落（图 3-49）。

（三）着底色

根据蜡染的设计稿，用画笔或者刷子，或者是羊毛球将皮革专用油性染料绘制在皮面上（图 3-50），如果是底色为单色相对比较简单，如果是多个颜色，应注意色彩之间的关系，比如：蓝色和黄色混合时会产生绿色等情况（图 3-51）。一般在着底色时会选择浅色调或者中间色调。

（四）熔蜡

将固体蜂蜡、白蜡、松香，按照所需比例放在熔蜡器里加热，直至融化成液态，温度控制在 70℃左右比较适宜。温度过高蜡液容易烫伤皮革，温度过低则绘制时过早凝固，不易绘画，起不到封制的效果（图 3-52）。

（五）封蜡

将已经融化好的液态蜡，用笔、刷等工具，绘制在预先设计好的位置上，蜡的厚薄会影响蜡染的整体效果，过厚或者过薄，则蜡容易剥落，起不到封闭的作用；这就会影响蜡染的效果。封蜡时最好一次成行，反复涂蜡，在后期制作过程中也会出现剥落的情况。在封蜡时可以不用拘泥于工具的限制，不同的工具，不同的封蜡方式会产生不同的蜡染效果（图 3-53）。

（六）制作冰裂纹

冰裂纹是蜡染特有的一种效果，有着独特的韵味和美感，起初是在制作时，由于蜡的碎裂而无意中形成的，也可以人为地制作这一美丽的肌理。将封过蜡的皮料反面向上，用手轻轻地揉搓至蜡出现裂纹（图 3-54）。如果还没有达到预想的效果，可用手轻轻地掰裂，制作冰裂纹直至

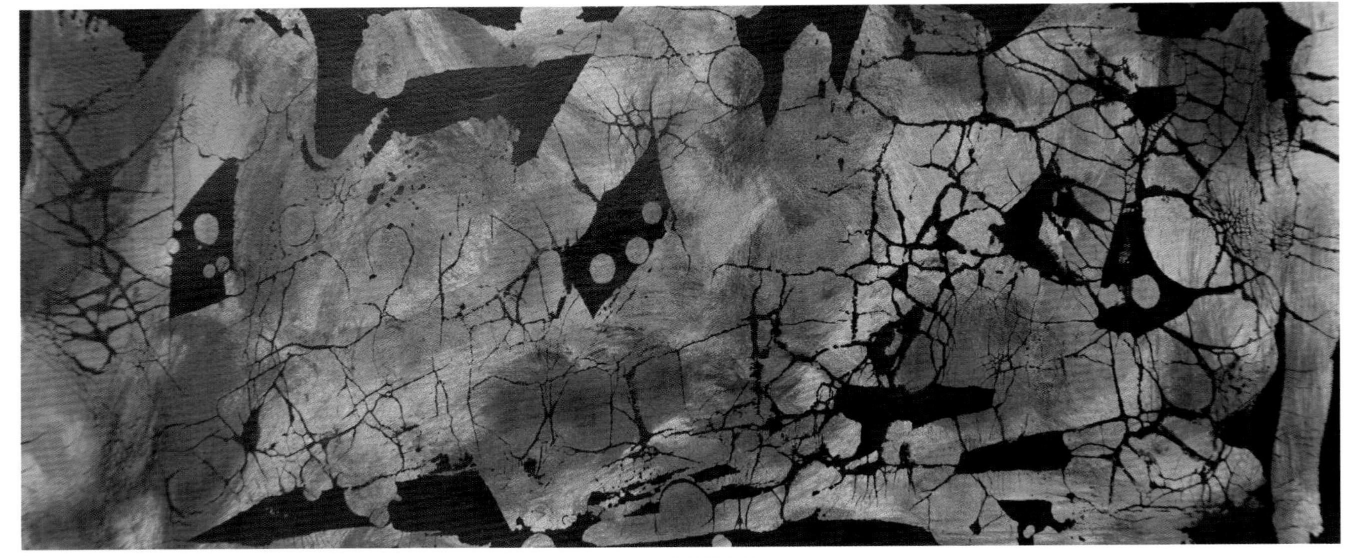

图 3–47　皮革蜡染作品

图 3–48　设计草稿

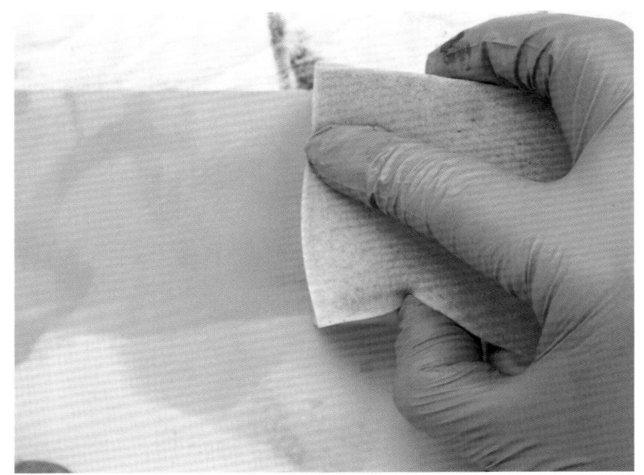

图 3–49　润湿植鞣革

图 3–50　蘸取颜料

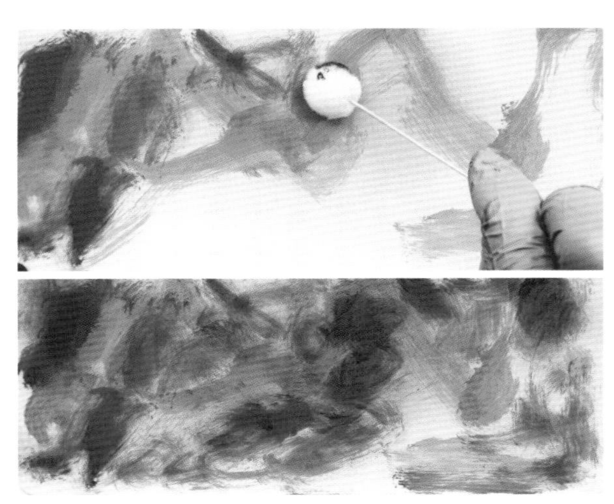

图 3–51　绘制底色

图 3–52　熔蜡

图 3–53　用排刷封蜡

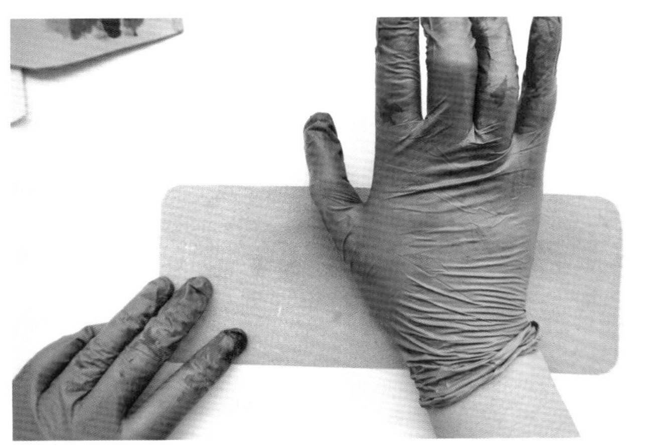

图 3–54　用手按压制作冰裂纹

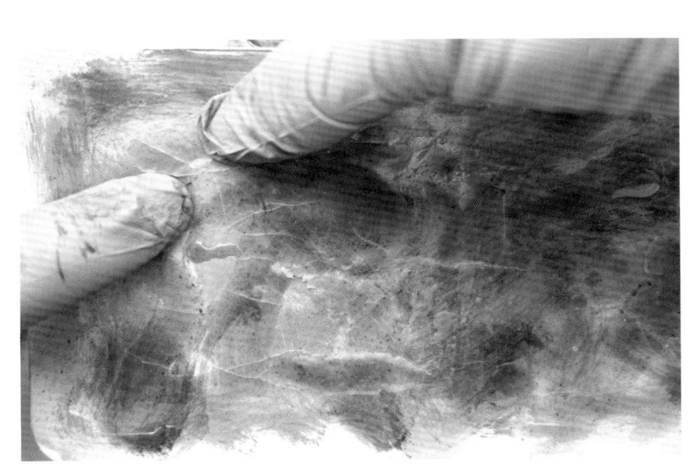

图 3–55　用手掰裂制作冰裂纹

达到预想的效果（图 3–55）。

（七）再染色

用羊毛刷蘸取颜色较重的染料涂抹在封过蜡的皮革上，涂抹时可以反复，以便使染料更好地渗透，形成比较清晰的纹理（图 3–56）。因为蜡有一定的厚度，在染色时可以轻轻地掰开纹理看一下颜料是否渗透到皮革表面，如果染色效果不理想，可以多次染色或者用手指揉搓，直至颜料渗透到皮革材料表面（图 3–57）。再次染色完成后，停留 10 分钟左右，让颜料渗透并固色，然后再进行下一个步骤（图 3–58）。

（八）去浮色

用帆布轻轻地擦拭，将表面的浮色去掉，以免在后面的步骤中出现混色，使亮色颜色变脏，影响画面效果（图 3–59）。

（九）去蜡

先用手将大块的蜡剥离皮革表面，因为前面有将皮革材料的表面润湿，在剥离时会比较轻松，若在没有润湿皮革的情况下封蜡，这时剥离就会比较困难（图 3–60）。小面积的地方用刮刀轻轻地将其剥离掉即可，再用刮刀剥蜡时要注意不要过于用力，以免伤害皮革表面，形成刮痕（图 3–61）。

（十）后整理（打磨、抛光、保养）

去蜡完成后会有少量的蜡附在皮革材料表面，蜡可以与皮料很好地结合，还可以起到防水的作用，所以用帆布打磨均匀即可。再用猪毛鬃刷蘸取少量貂油涂抹在已经染好的皮革材料之上，以达到保养的作用（图 3–62 ～图 3–64）。

三、皮革蜡染基本技法

皮革蜡染使用不同的工具和绘制方法可以得到不同的视觉效果画面，可以是抽象粗旷，也可以是精致唯美，画面效果多样，丰富多彩。在此总结了以下 4 种方法：笔、

图 3-56　蘸取颜料

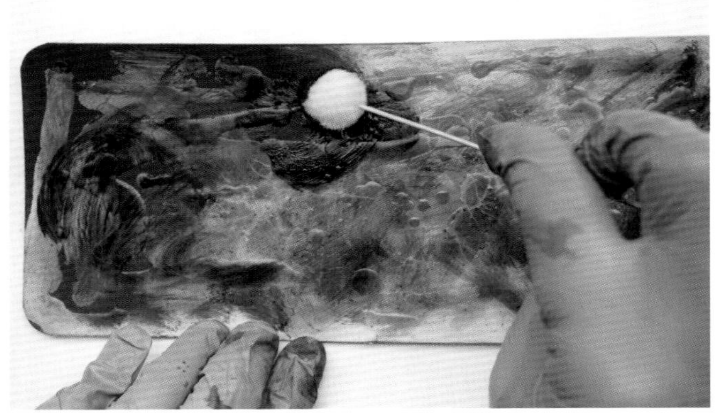

图 3-57　绘制颜料

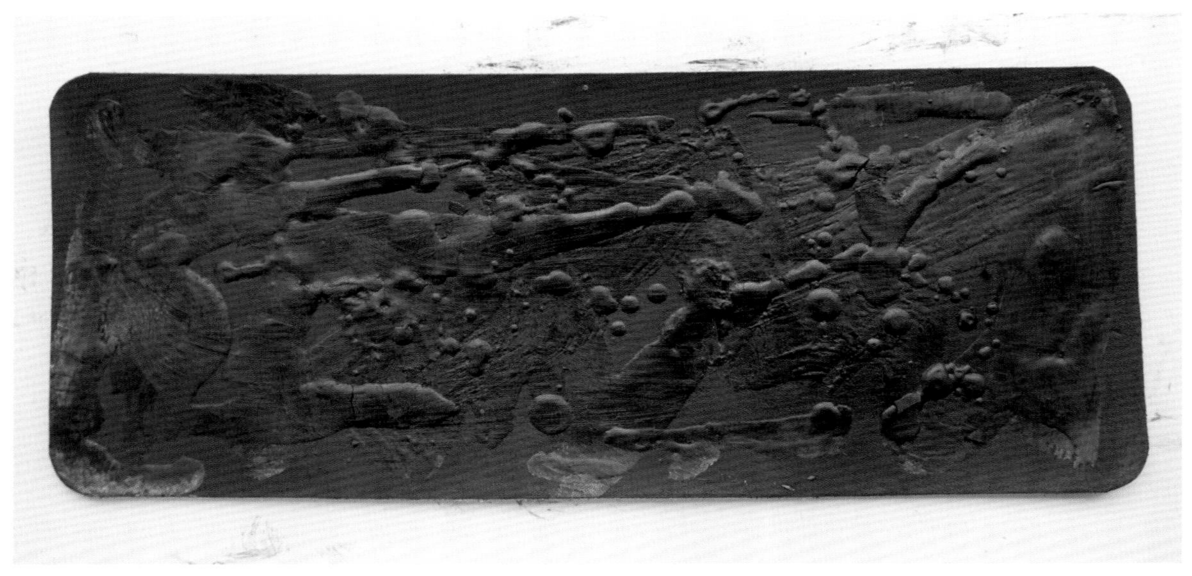

图 3-58　再次染色完成效果

图 3-59　去浮色

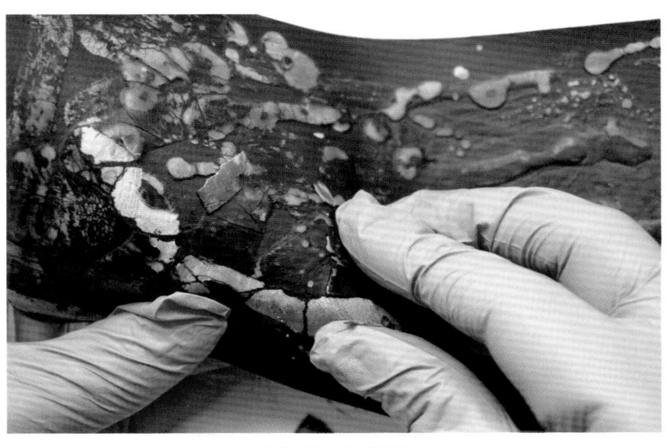

图 3-60　用手剥蜡

图 3-61　刮刀去蜡

图 3-62　帆布打磨

图 3-63　涂抹貂油

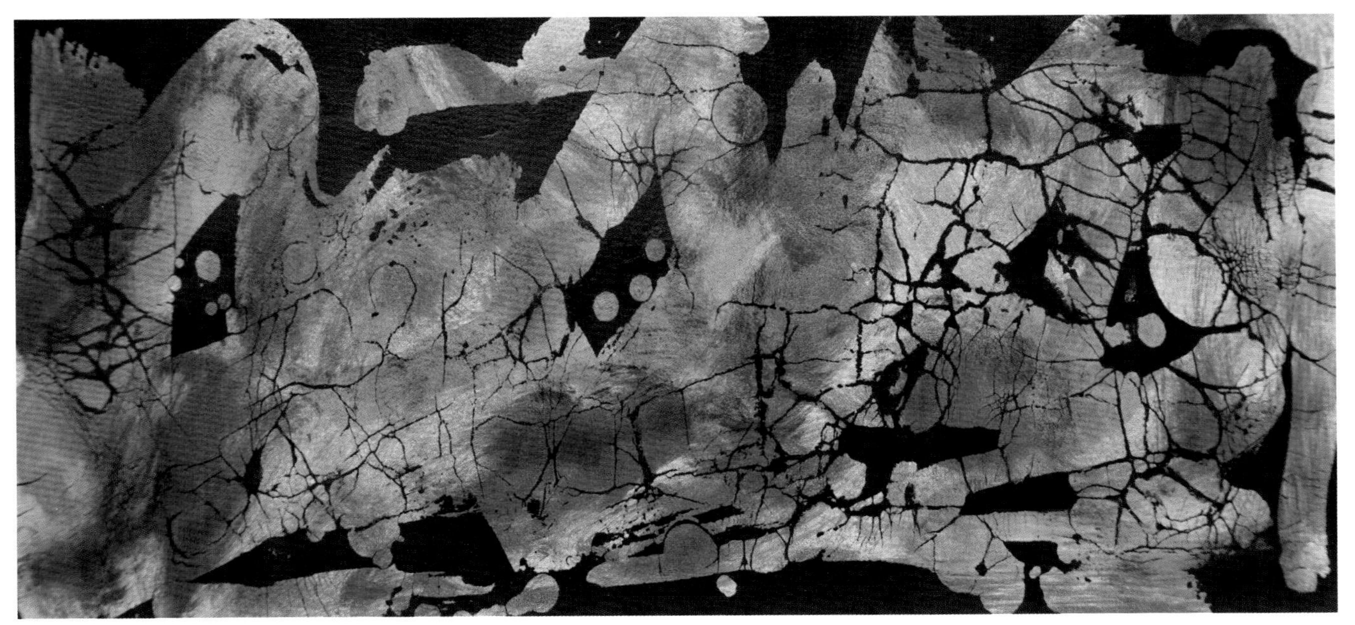

图 3-64　蜡染完成效果

刷绘蜡法；蜡刀画蜡法；刮蜡、刻蜡法；滴蜡法。

（一）笔、刷绘蜡法

选择画笔和笔刷绘制是皮革蜡染工艺中最常用、最方便的一种方法，适合初学着学习和掌握。选择毛质比较硬挺的画笔或笔刷，根据所获的内容在皮革材料上画蜡。此种方法得到的画面效果非常多样，整体风格抽象粗犷。此种方法的步骤在上文中已有描述（图 3–65、图 3–66）。

（二）蜡刀画蜡法

蜡刀画蜡法是传统的绘制方法，这种方法擅长画线。根据蜡刀的厚度和片数可以绘制出各种粗细的线条。此外，还有一种传统绘蜡工具蜡壶，它比较适合绘制细长的线条。这种方法绘制的画面效果比较精致（图 3–67）。

蜡刀画蜡法的基本步骤与上述蜡染制作步骤一致，不同之处在于封蜡的方式不是用笔刷，而是用刀刻，它可以绘制各种图案。

基本步骤如下。

（1）润湿植鞣革，如图 3–68 所示。

（2）着底色。用羊毛刷，蘸取蓝色的油性染料，用打圈的方式，反复涂满整片皮革材料的正面（图 3–69）。

（3）熔蜡、封蜡。将已经配比好的固体蜡用恒温熔蜡

图 3–65　笔刷技法作品 1

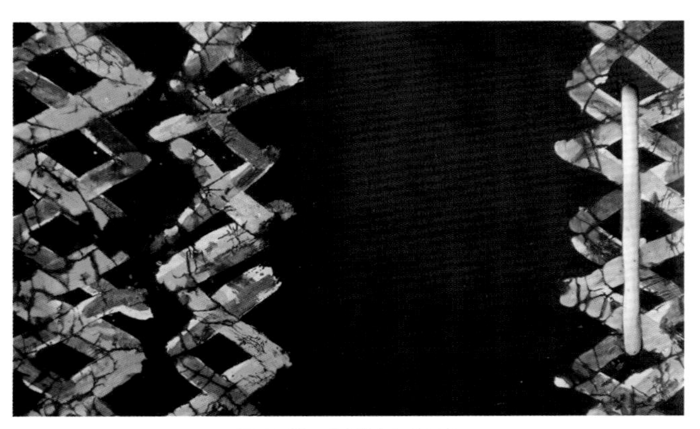

图 3–66　笔刷技法作品 2

图 3–67　蜡刀画蜡技法作品

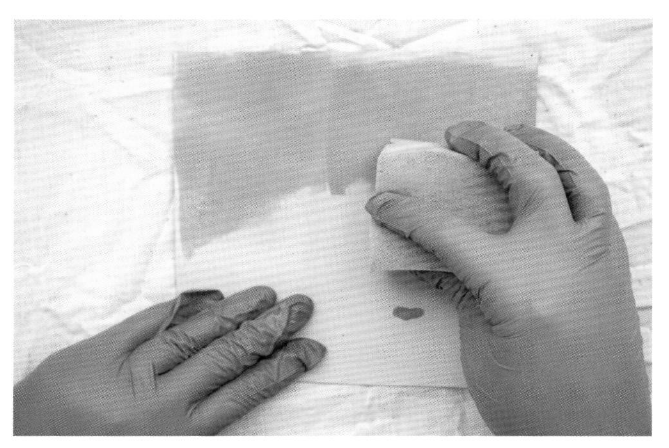

图 3–68　润湿植鞣革

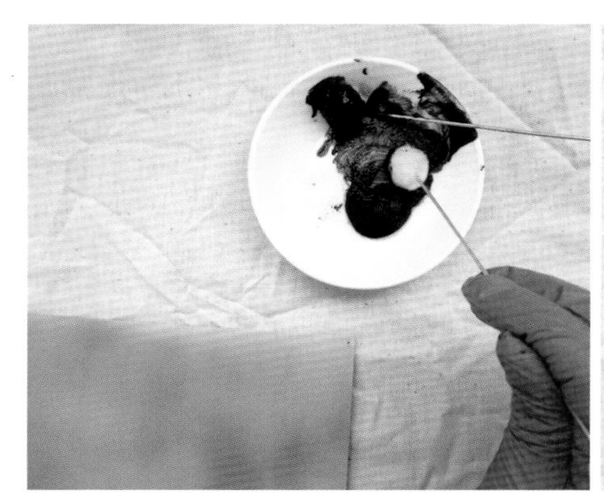

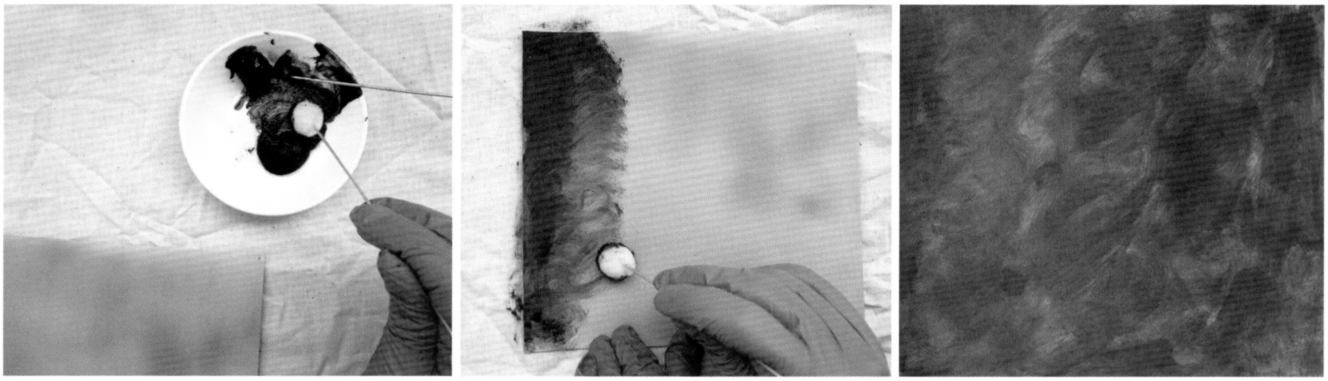

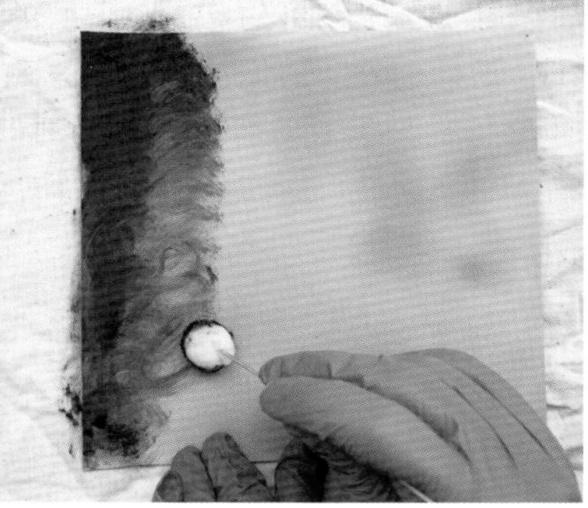

图 3–69　着底色

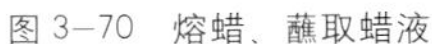

图 3–70　熔蜡、蘸取蜡液

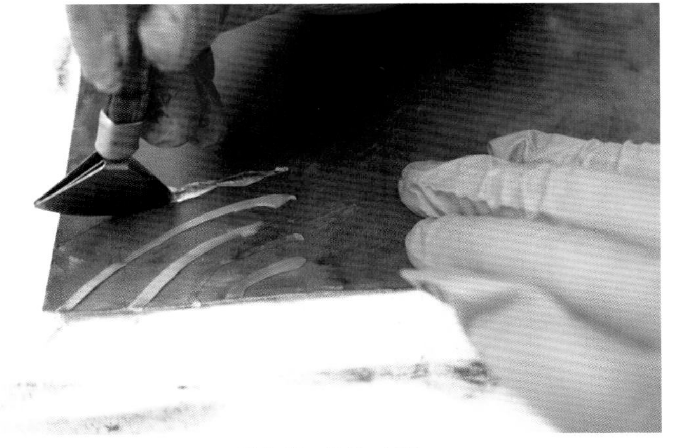

图 3–71　绘蜡、封蜡

图 3–72　封蜡完成图

图 3–73　再着色

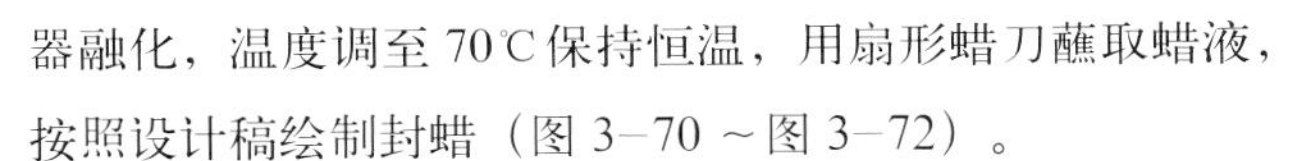

器融化，温度调至 70℃保持恒温，用扇形蜡刀蘸取蜡液，按照设计稿绘制封蜡（图 3–70 ～图 3–72）。

（4）再着色。用羊毛刷蘸取黄色油性染料，以画圈的方式均匀地涂画在已经封好蜡的皮革材料表面，色彩黄色与蓝色混合变成绿色。染好颜色后，等待 10 分钟左右固色（图 3–73、图 3–74）。

（5）去蜡，如图 3–75 所示。

（6）后整理。包括打磨（图 3–76）和貂油保养（图 3–77）等。

（7）最终染色效果，如图 3–78 所示。

（三）刮蜡、刻蜡法

刮蜡、刻蜡法指的是运用一些边缘圆润的刮刀或者其他工具，在封好蜡的皮料上刮、刻、画出肌理，然后再进行染色。使用这种方法会得到类似版画的画面效果（图 3–79）。

图 3–74　再着色完成图

图 3–75　刮刀去蜡

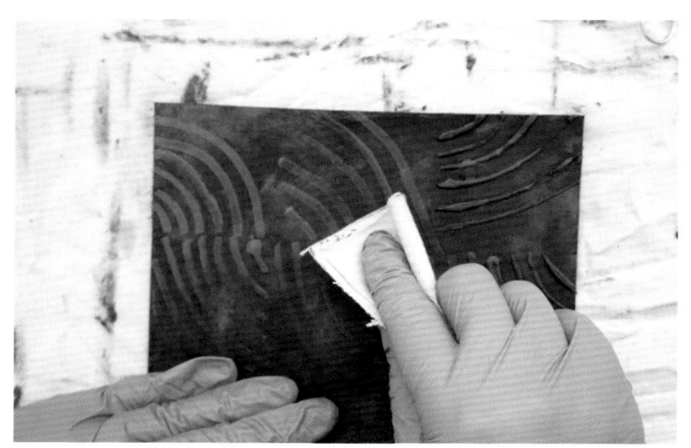

图 3–76　帆布打磨

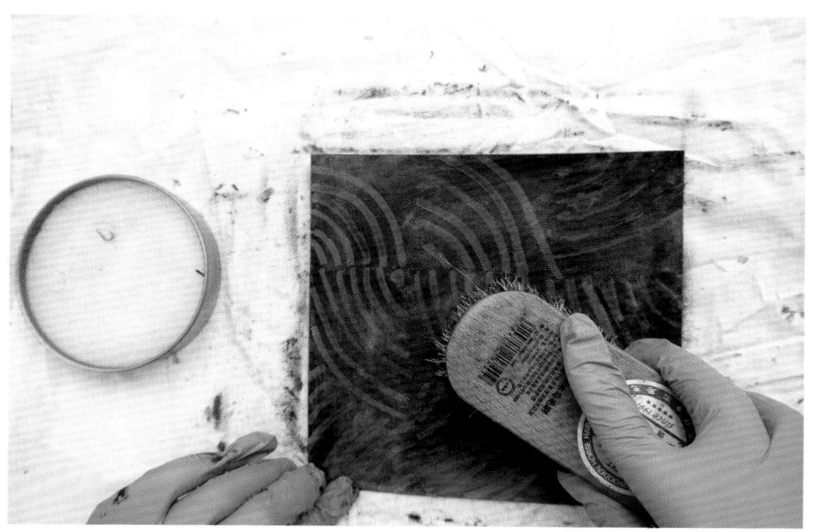

图 3–77　貂油保养

图 3–78　蜡刀画蜡技法效果

图 3–79　刮蜡、刻蜡技法作品

基本步骤如下。

（1）润湿植鞣革（图 3–80）。

（2）着底色（图 3–81）。

（3）封蜡（图 3–82）。

（4）制作冰裂纹（图 3–83）。

（5）刻蜡、刮蜡。用刮刀或者其他利器，按照设计稿，在需要刻画效果的位置刻画线条和块面，在刻画时注意线条的疏密和粗细关系（图 3–84）。

（6）再着色（图 3–85）。

（7）去蜡（图 3–86）。

（8）最终染色效果（图 3–87）。

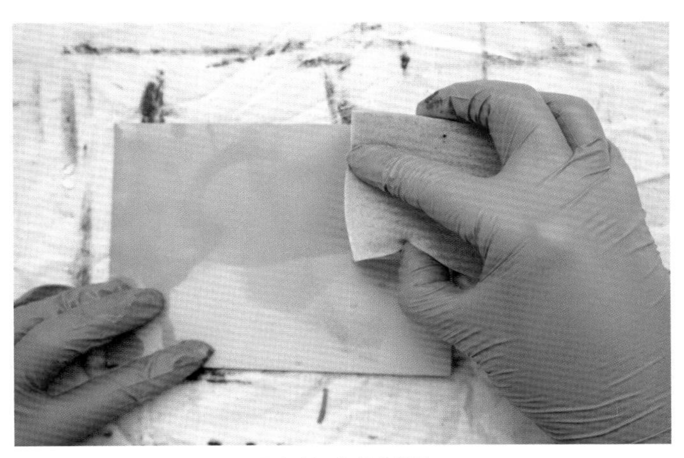

图 3–80 润湿植鞣革

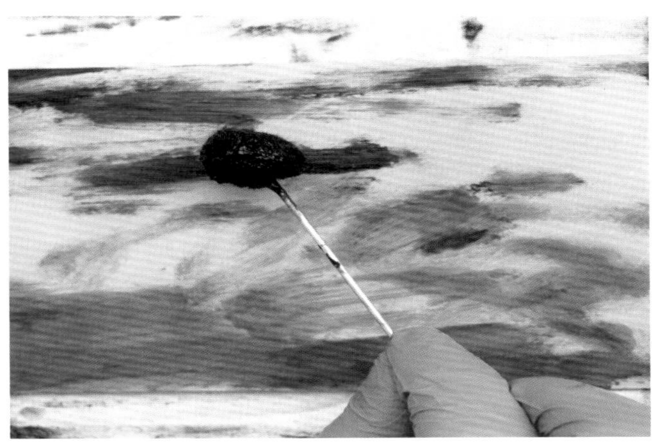

图 3–81 着底色

图 3–82 封蜡

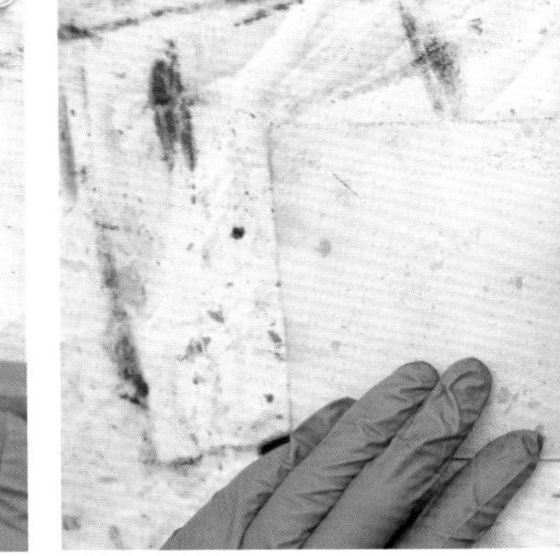

图 3–83 制作冰裂纹

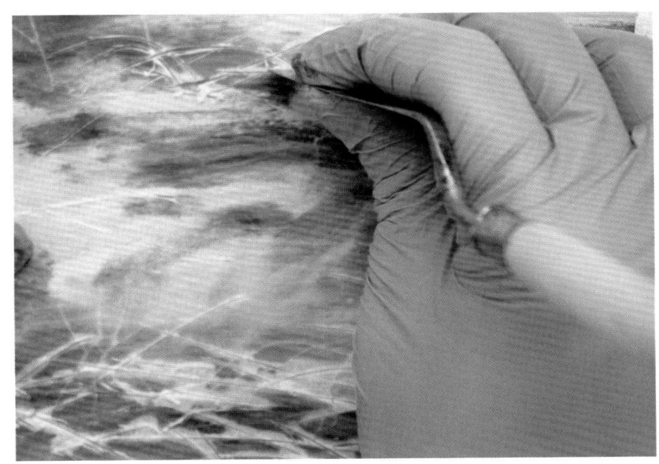

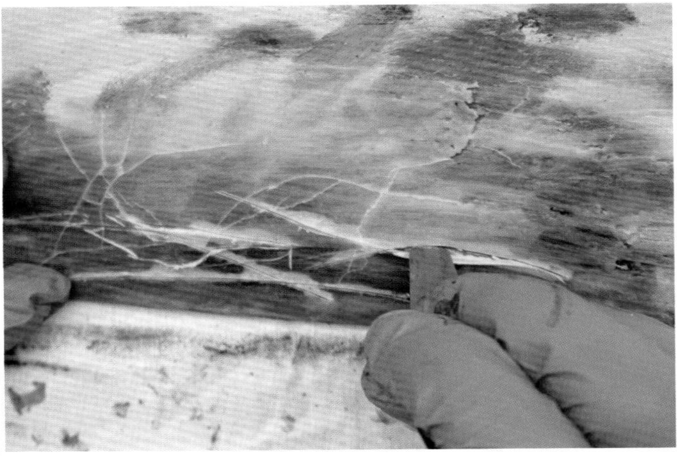

图 3–84 刻蜡、刮蜡

图 3–85　再着色

图 3–86　去蜡

图 3–87　刮刀技法染色效果

（四）滴蜡法

这是一种将蜡液滴在皮料上的制作方法，可以选择用笔或者刷子蘸取蜡液然后洒在皮料上形成细密的点状花纹，也可以选择点燃蜡烛，将蜡液滴在面料上形成花纹（图 3–88）。

基本步骤如下。

（1）润湿植鞣革（图 3–89）。

（2）画蜡。用蜡刀蘸取蜡液，先在皮革材料上画出图案（图 3–90）。

（3）滴蜡。用笔或者刷蘸取融化的蜡液，按照画面设计的效果，将蜡液滴在画面之上，也可以用手震动笔刷让蜡液滴落更均匀（图 3–91、图 3–92）。

（4）着色。先用羊毛刷蘸取蓝色，大面积涂画，再蘸取棕色涂画在画面四边（图 3–93、图 3–94）。

（5）去蜡（图 3–95）。

（6）后整理（图 3–96、图 3–97）。

（7）最终染色效果（图 3–98）。

图 3–88　滴蜡技法作品

图 3–89　润湿植鞣革

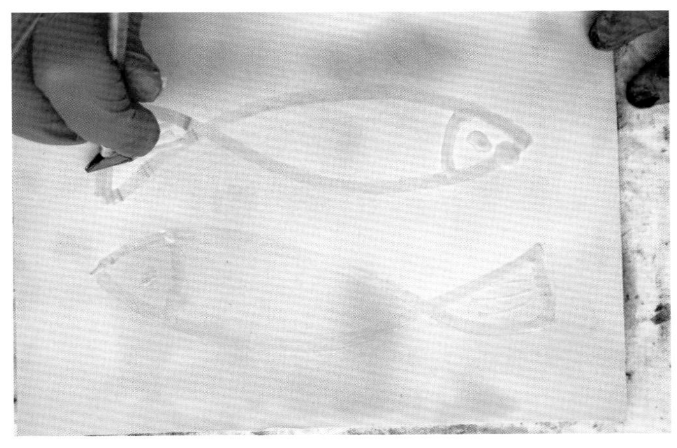

图 3–90　画蜡

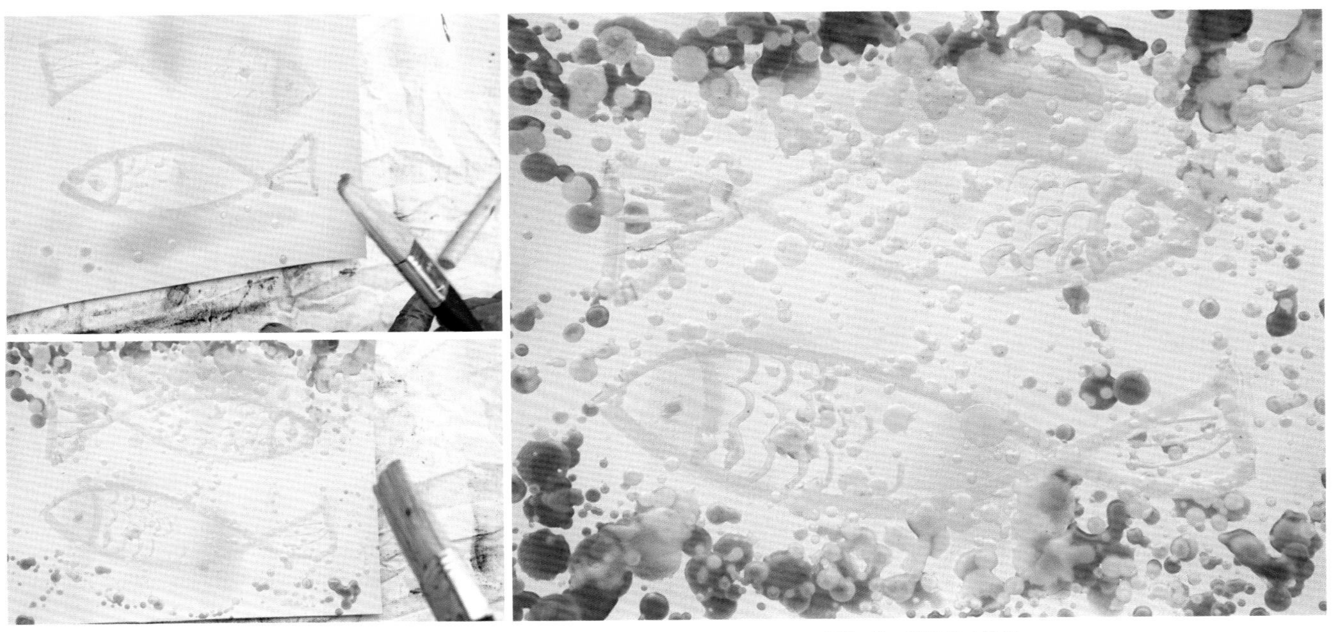

图 3–91　滴蜡

图 3–92　滴蜡完成效果

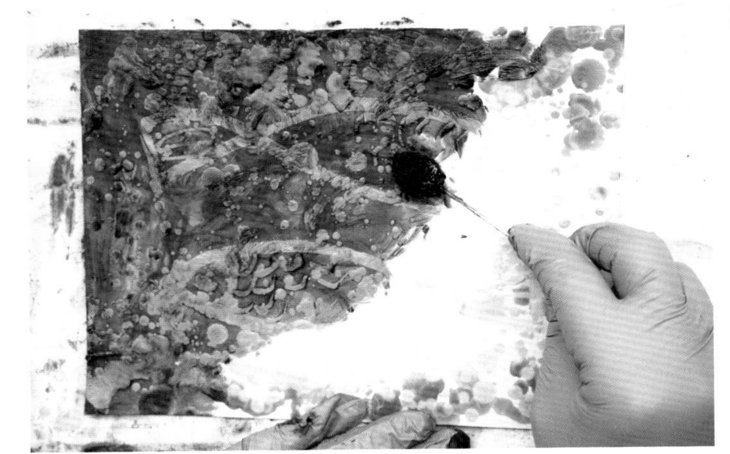

图 3–93　着色

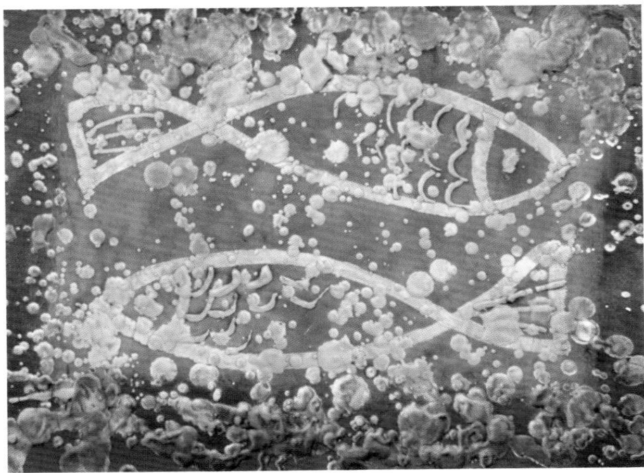

图 3–94　着色完成效果

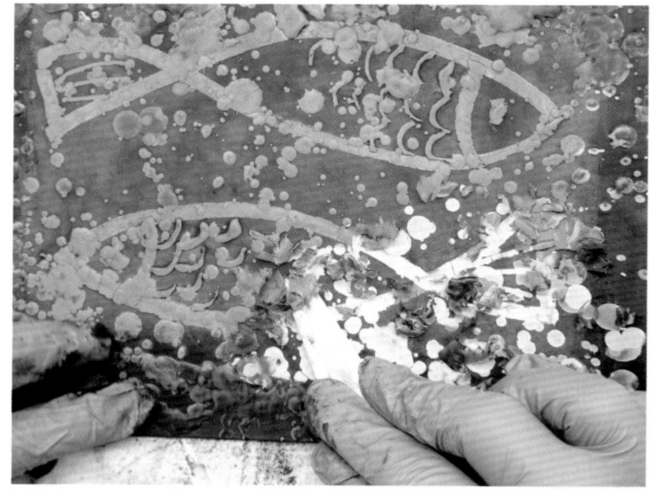

图 3-95　刮刀去蜡

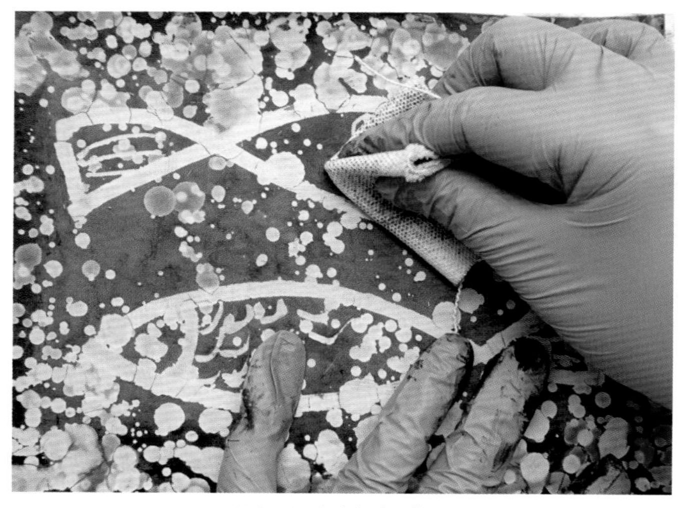

图 3-96　帆布打磨、抛光

图 3-97　貂油保养

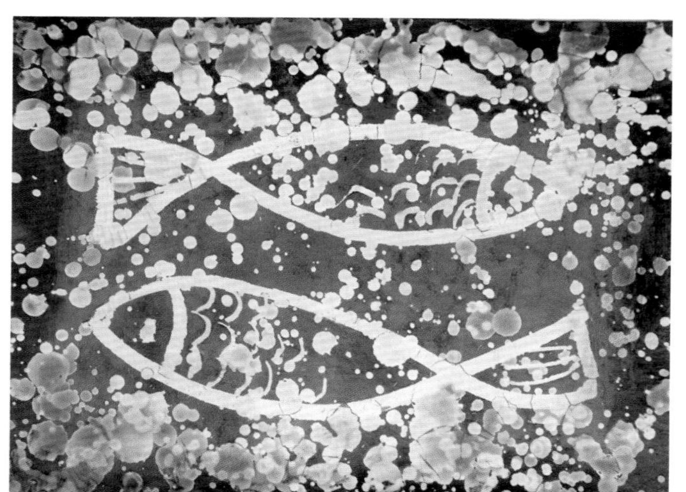

图 3-98　滴蜡法染色效果

第四节　皮革扎染工艺

扎染是一种古老的染色工艺，属于防染工艺，常见于纺织品印染中，中国古代的扎染称为“绞缬”或者“绞染”。主要是用线、绳对织物进行系、扎、结、捆绑、缝扎，然后放在染液中染色，系、扎的位置难于染上颜色，拆线后出现留白的效果，形成图案。皮革扎染是将植鞣革用线、绳对织物进行系、扎、结、捆绑、缝扎，然后放在染液中染色。

一、皮革扎染材料与工具（图 3-99）

（一）准备材料

植鞣革、皮革专用酒精染料、水、防染剂。

（二）使用工具

绳、线；针；皮筋；夹子；羊毛球刷；吸水海绵；橡胶手套；木棍、酒瓶；帆布、貂油、马鬃刷；托盘、盆子等。

二、皮革扎染基础工艺流程

（一）裁剪皮料

用裁刀裁剪好皮料（图 3-100），详见裁剪工艺。

（二）润湿皮料

将植鞣革的正、反两面浸湿，用高密度海绵擦试，也可以是浸湿，润湿皮革可以使染料浸湿得比较均匀（图 3-101）。

（三）折叠皮料

将植鞣革折叠，可以是像折折扇一样正反折叠，也可以有其他的方式折叠，但是皮料相对硬挺，且比较厚，不易折叠得过多（图 3-102）。

（四）系扎

用皮筋或者是绳线在预计的位置反复缠绕、系扎。缠绕、系扎的位置是将来留白的位置，皮革蜡染的系扎不要

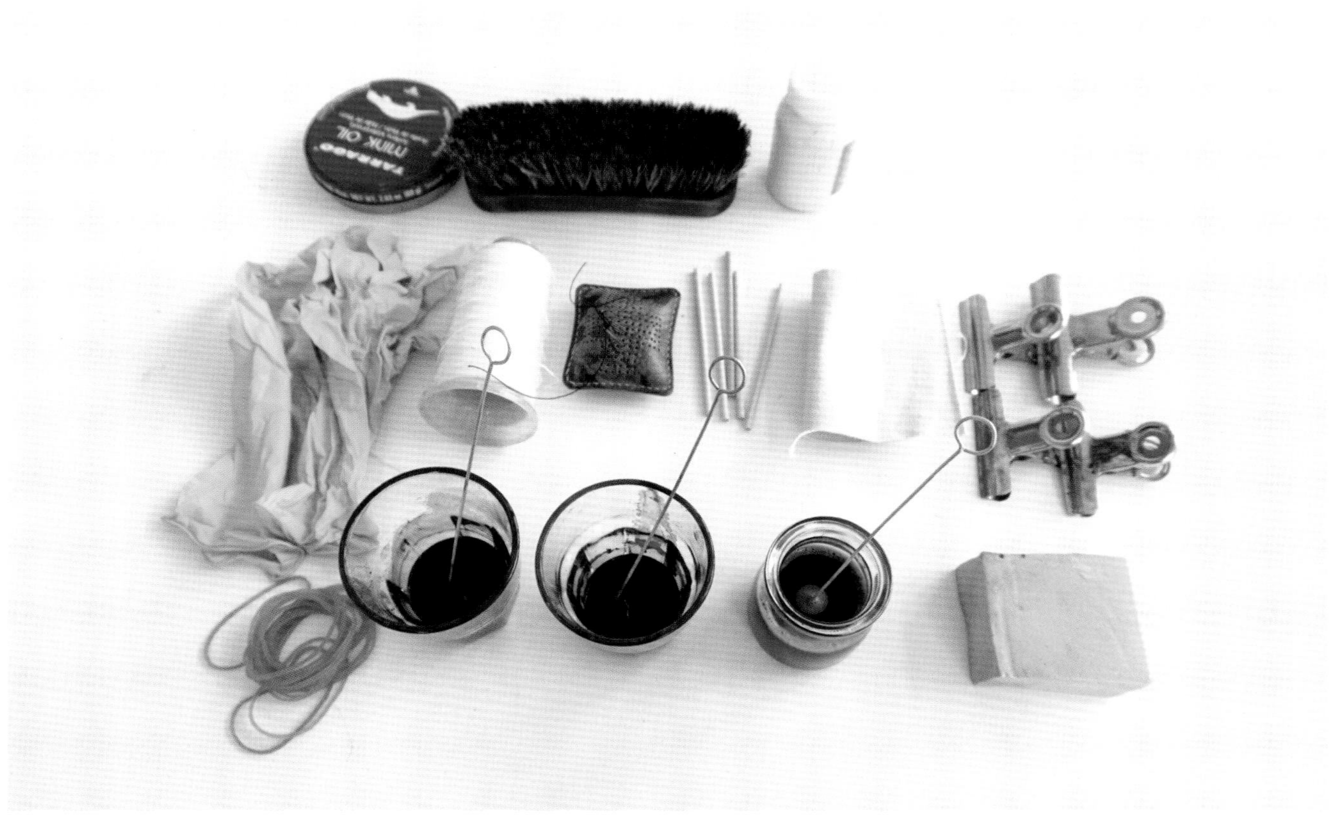

图 3–99 工具

图 3–100 裁剪皮料

图 3–101 润湿皮料

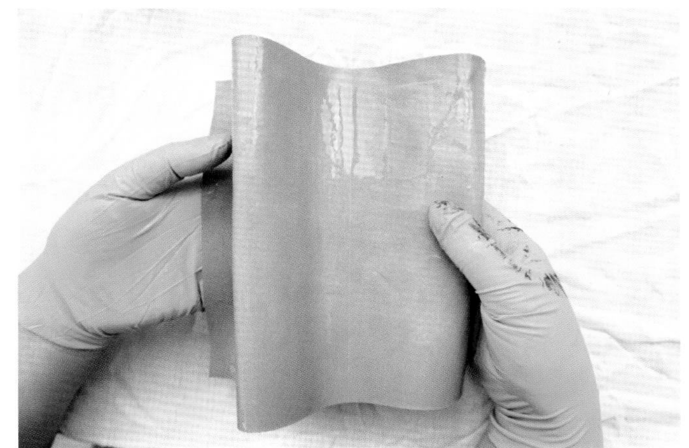

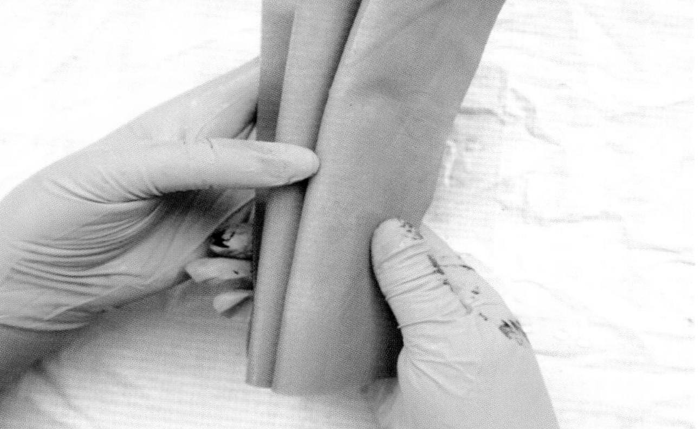

图 3–102 折叠皮料

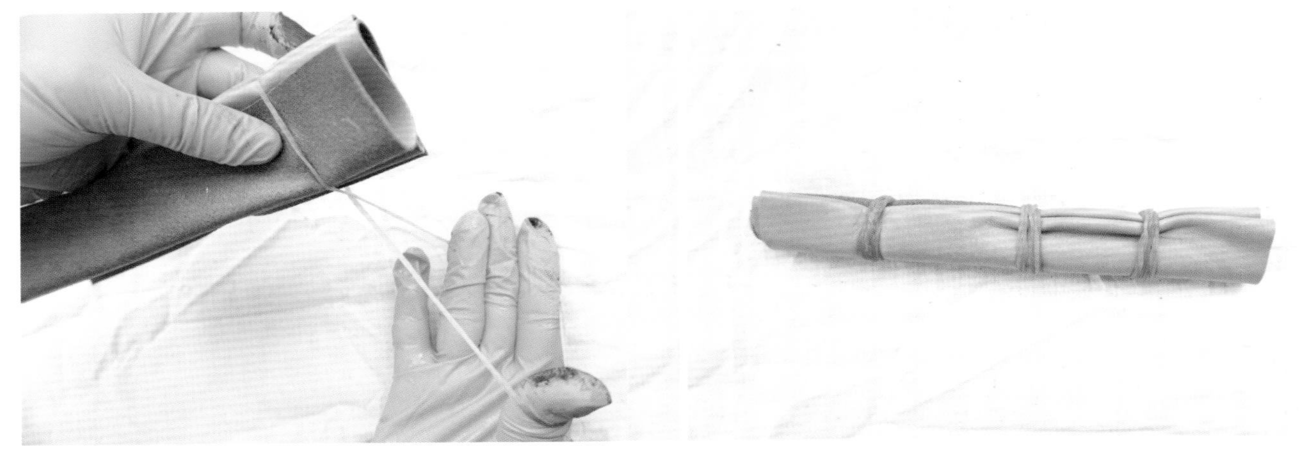

图 3-103　系扎

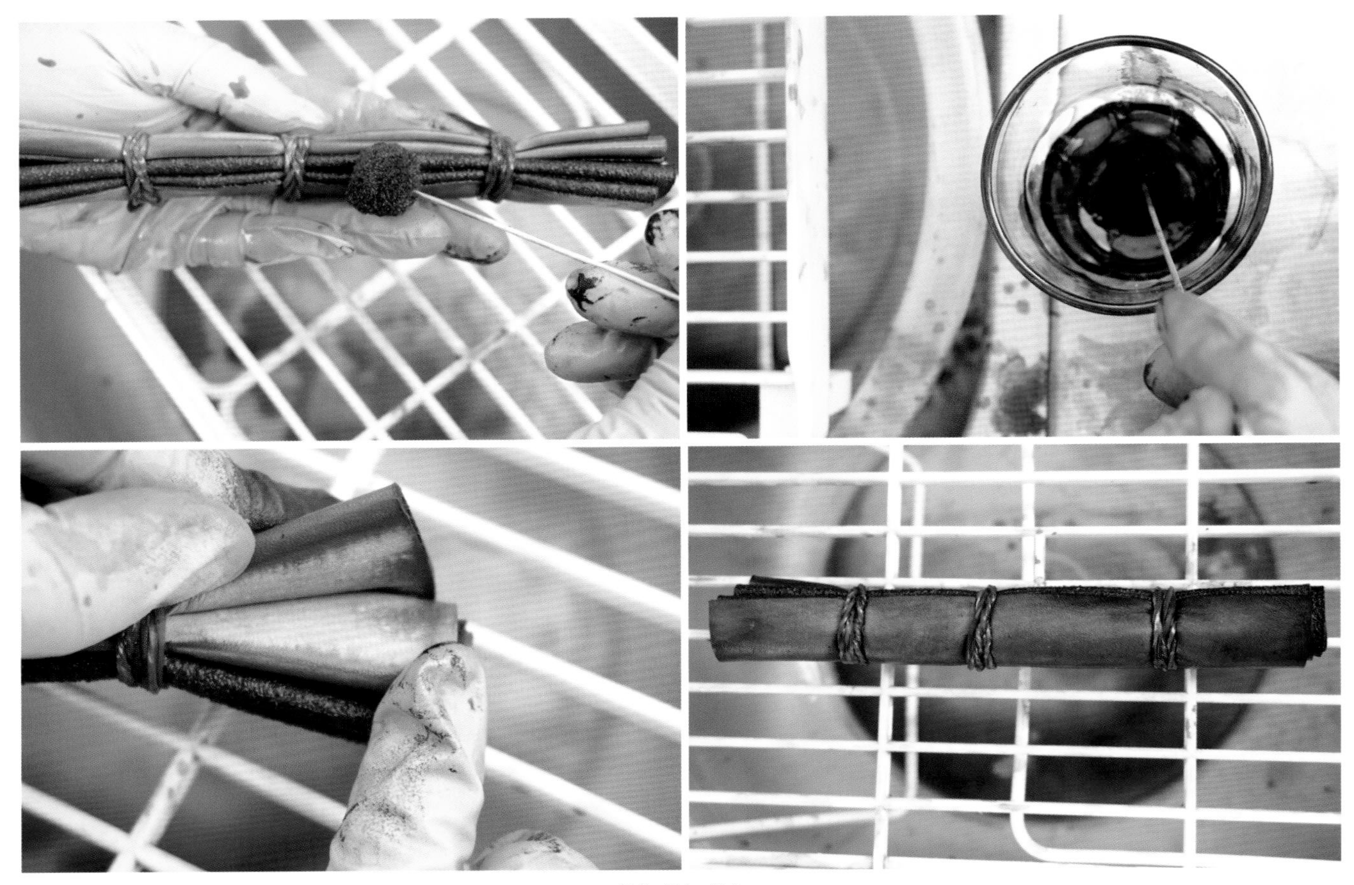

图 3-104　染色

过于紧实，否则染料很难上色（图 3-103）。

（五）染色

用球形羊毛刷蘸取皮革专业酒精颜料，将其均匀地涂抹在已经系扎的皮革材料上，皮革材料比较难吸收颜料，需多角度、反复地涂抹颜料。为了让染色效果丰富，可以将颜料用水稀释成浅淡两种或者多个层次，由浅入深地进行染色。染色的过程中可以用手翻看皮料的染色效果，如果还没有达到理想效果，再多染色几次；还可以在染色的过程中，反复地揉捏，使皮料更好地吸收颜料，直至完成预想效果（图 3-104）。

（六）拆线

在拆线前，先用力将颜料挤干，然后再将皮筋或者绳线解开。由于皮料染色比较困难，拆解开的材料很难达到预计的效果，还需再次进行染色（图 3-105）。

（七）再折叠、系扎、染色

将前面的折叠、系扎、染色三个步骤再重复一遍（图 3-106 ~图 3-108）。

（八）拆线完成（图 3-109、图 3-110）。

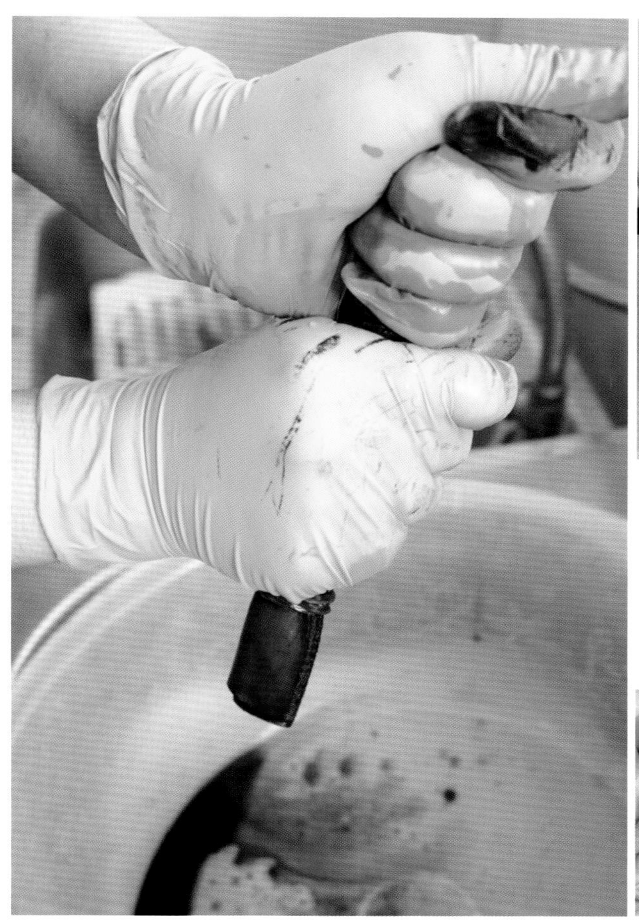
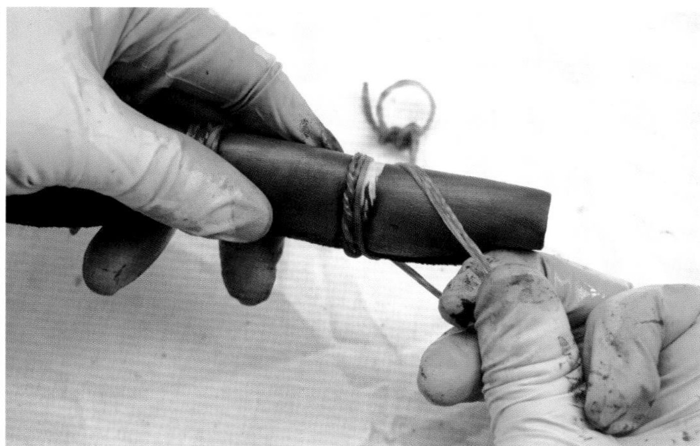
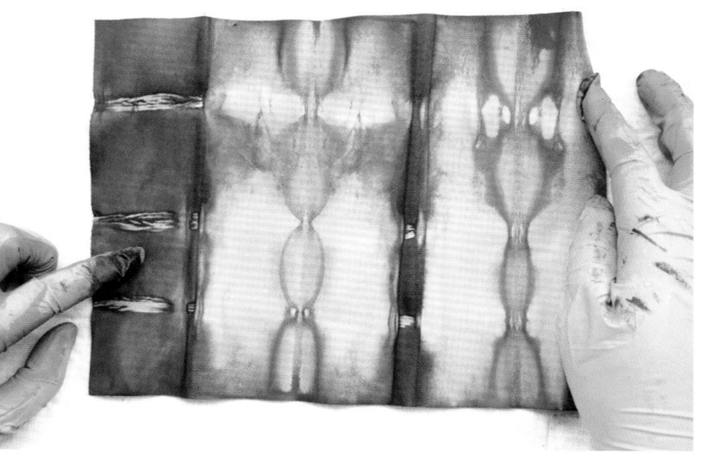

图 3–105 拆线

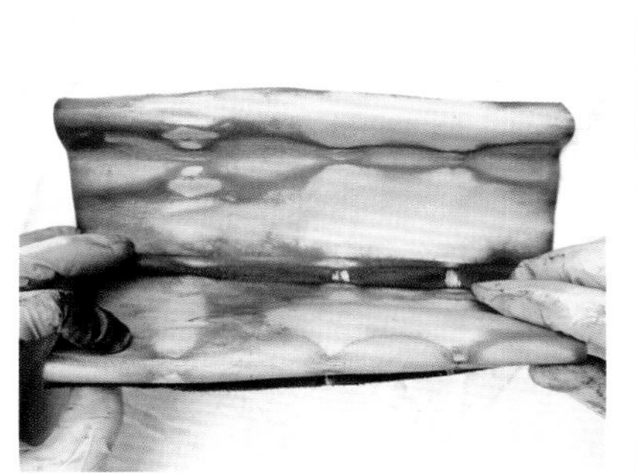

图 3–106 再折叠

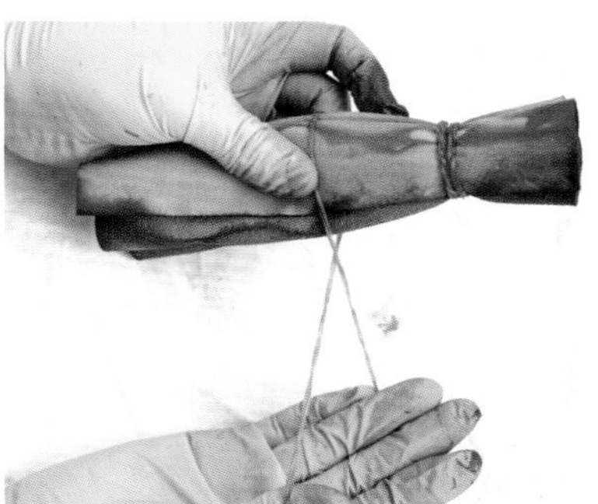

图 3–107 再系扎

图 3–108 再染色

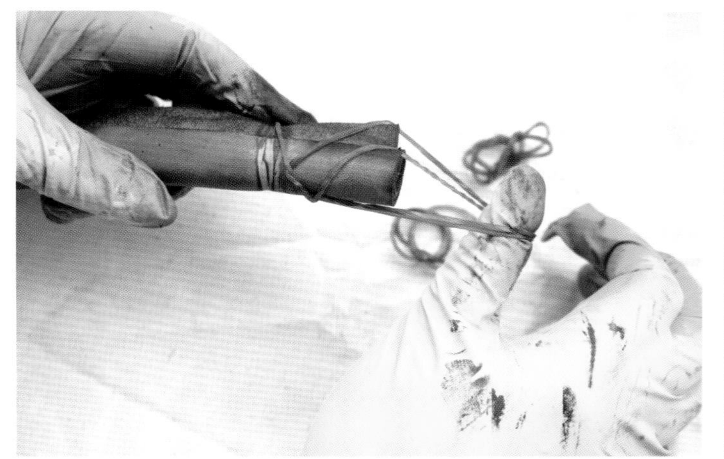

图 3–109 再拆线

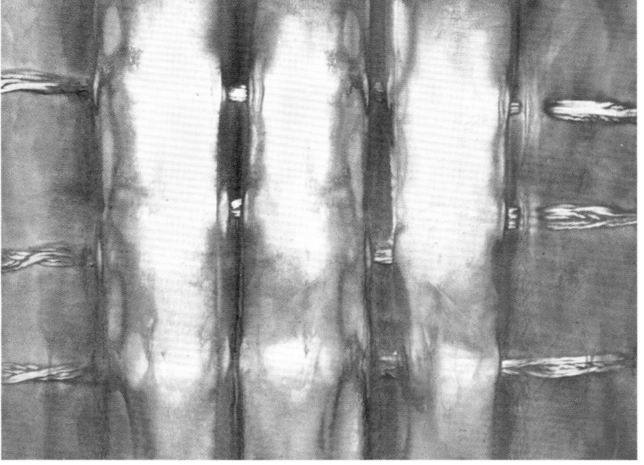

图 3–110 效果

三、皮革扎染基本技法

（一）捆绑系扎法

这是一种自由的扎染方法，不必事前设计图案，只需要将皮料自由地折叠，用绳线或者皮筋系扎、捆绑。

1. 单色扎染

在染色过程中，由一种色相颜色浸染的扎染。单色扎染具有含蓄且丰富的视觉效果。具体过程见上述扎染基本步骤。

2. 多色扎染

由两个或两个以上的色相颜色浸染的扎染称为多色扎染。多色扎染色彩更加丰富多彩，视觉效果色彩斑斓。具体制作步骤如下。

（1）润湿皮革。用高密度吸水海绵将正、反两面均匀地润湿（图 3–111）。

（2）折叠皮革（图 3–112）。

（3）系扎皮革。用涤纶线由一端向另一端缠绕，缠绕的过程中注意疏密关系，可以疏密结合。缠绕的松紧程度不宜过紧。最后打结完成系扎（图 3–113）。

（4）染色。将系扎好的植鞣革，用球形羊毛球蘸取蓝色酒精染料，由浅及深多次染色，再蘸取黄色酒精染料再点缀染色，黄色遇到蓝色会变成绿色，染色完成后会有蓝、黄、绿三种色彩（图 3–114）。也可用羊毛刷蘸取蓝色酒精染料，涂抹在已经系扎好的植鞣革上，蓝色是这次染色的主色，在面积上是最大的；再用羊毛刷蘸取黄色涂抹在局部位置，作为辅色；用羊毛刷蘸取红色点缀的涂抹在少量位置，作为点缀色。各色之间会互相融合，色彩会非常丰富（图 3–115）。

（5）拆线。用小剪刀剪断涤纶，拆解完成（图 3–116 ～图 3–118）。

（二）针缝法

针缝法是用针一针一针手工缝纫，缝好后收紧缝线，系扎，然后进行染色。缝纫方法可以是平针，也可以是绕针；

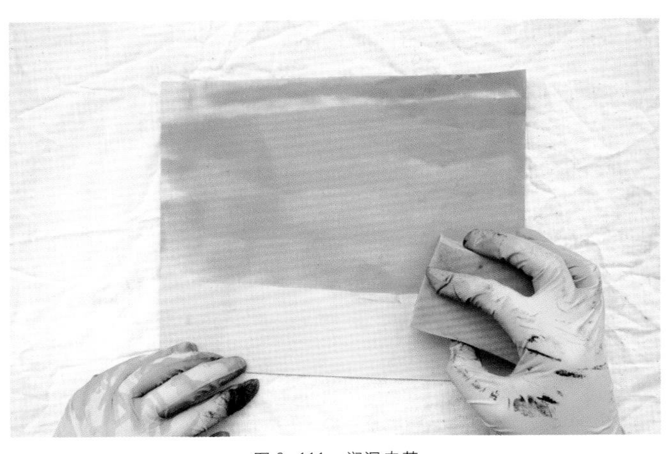

图 3–111　润湿皮革

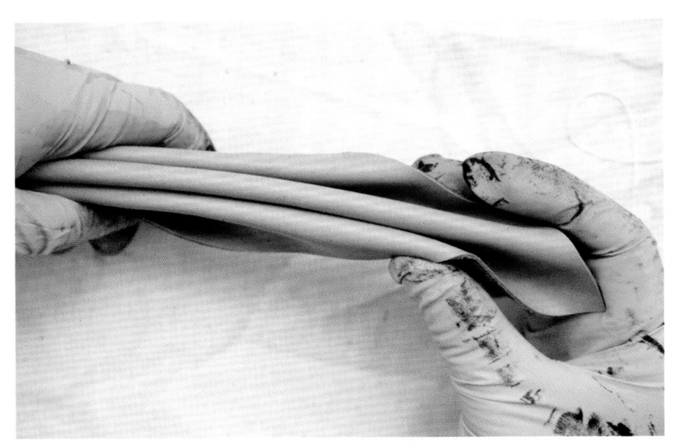

图 3–112　折叠皮革

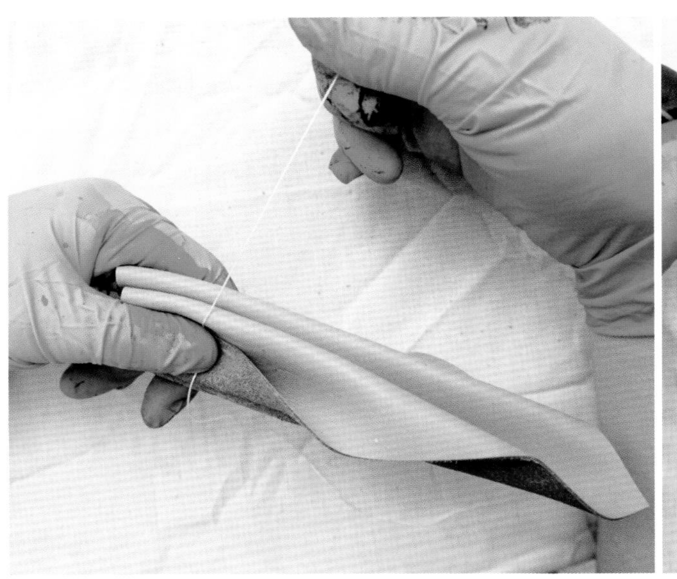

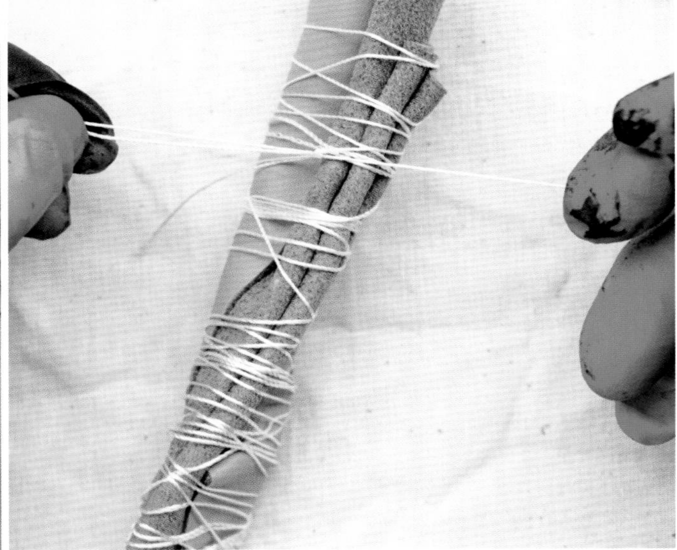

图 3–113　系扎皮革

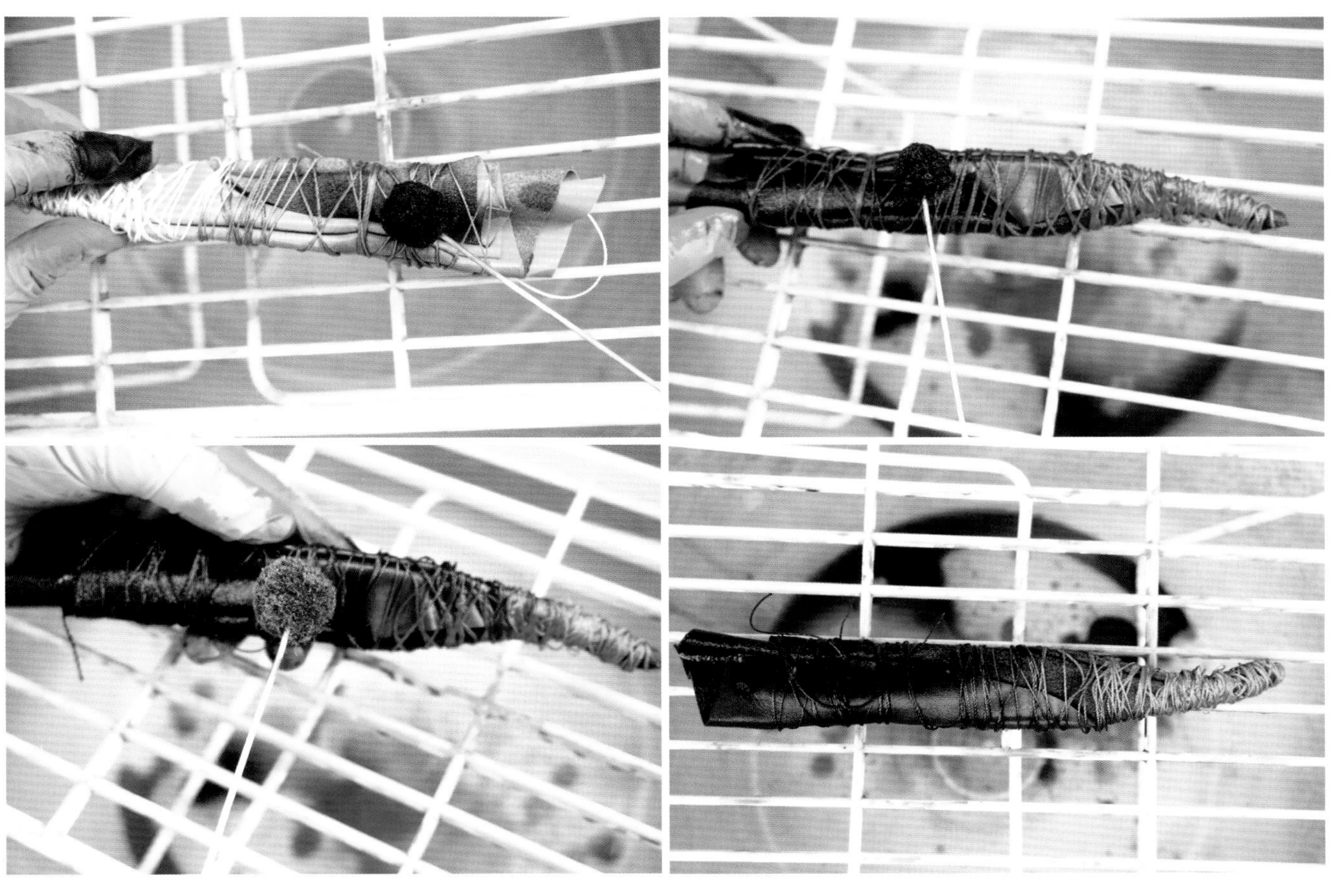

图 3–114 染色 1

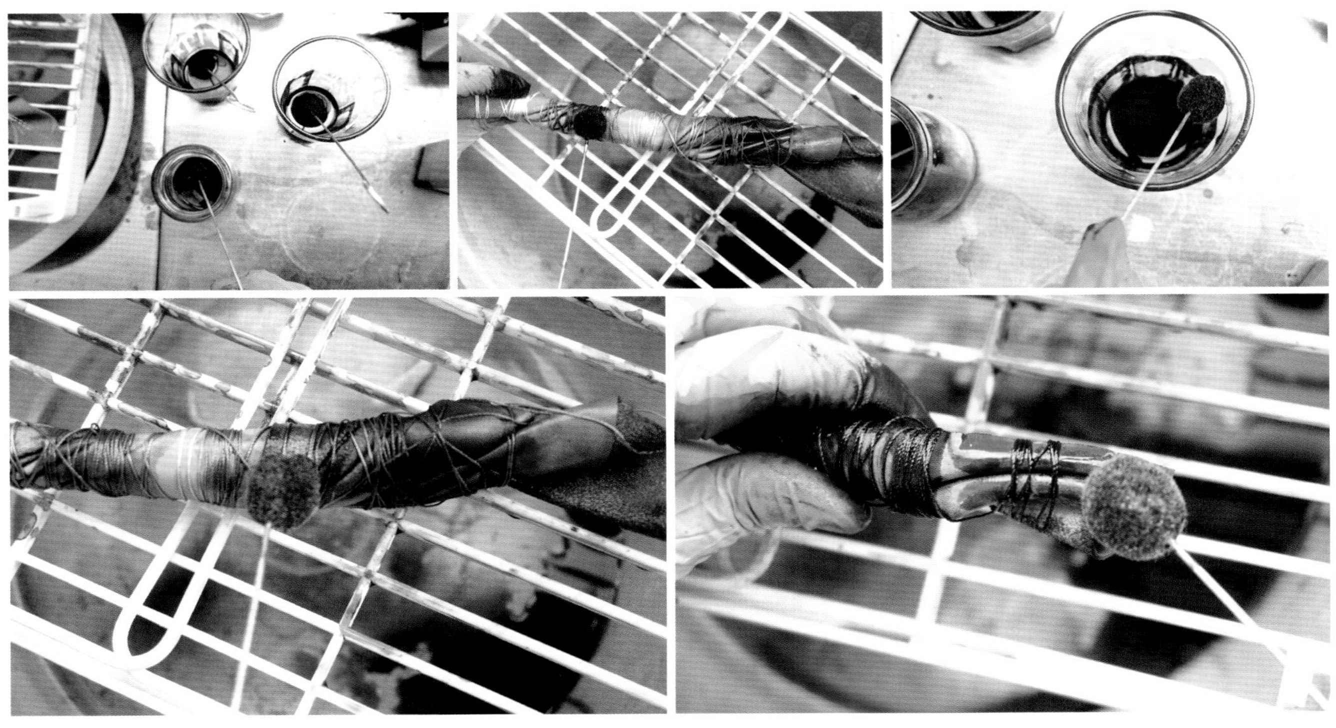

图 3–115 染色 2

图 3–116　拆线

图 3–117　染色效果 1

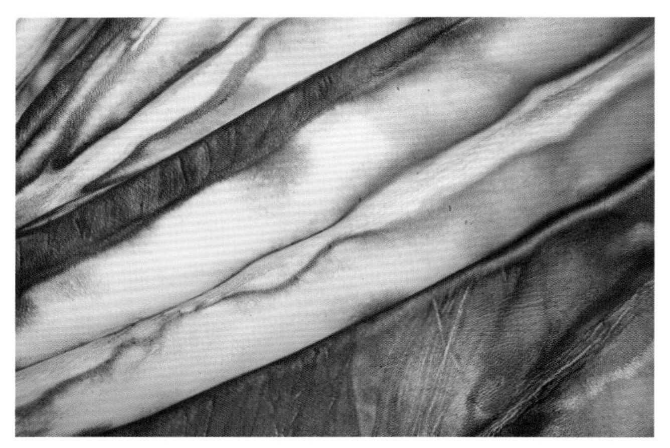
图 3–118　染色效果 2

针孔会对皮革材料造成破坏，且不能复原，故针距不应太小，一般在 2cm 以上；皮料比较硬挺，缝合的线迹不应过于复杂。

1. 划线

用银笔在皮料上划线，并标识出针距之间的距离，针距为 2cm（图 3–119）。

2. 打孔

用锥子（千枚通）对准每个针距的位置，用胶皮锤打穿皮料（图 3–120）。

图 3–119　划线

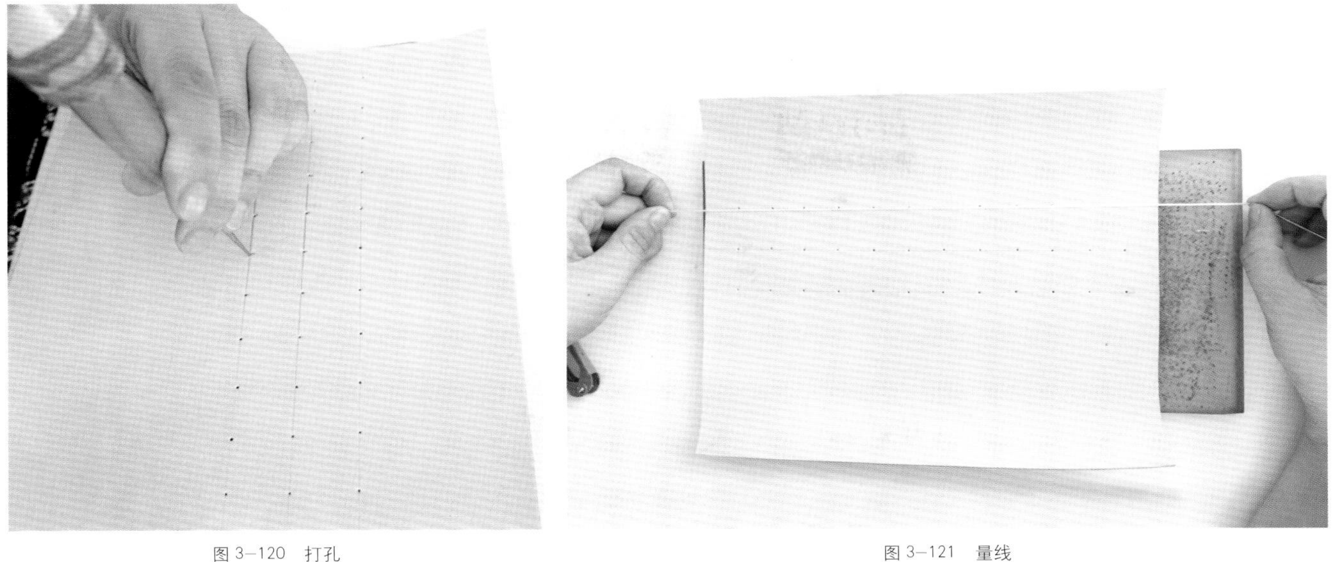

图 3–120 打孔　　图 3–121 量线

3. 量线

将线在需要缝合的位置上量出所用线的尺寸（图 3–121）。

4. 缝

用皮革缝合专用圆头针，采用平缝法依次穿过各针孔，在线的头和尾各自要打结固定。如果针孔过大，打结也不能固定线迹，可以加入小木棍帮助固定（图 3–122）。

5. 系扎

将每一根线抽紧，然后绕线几圈打结固定（图 3–123）。

6. 润湿皮料（图 3–124）

7. 染色

将润湿的皮料浸在蓝色的酒精颜料中，不断地揉捏让皮料充分地吸收颜料（图 3–125）。

8. 拆线（图 3–126、图 3–127）

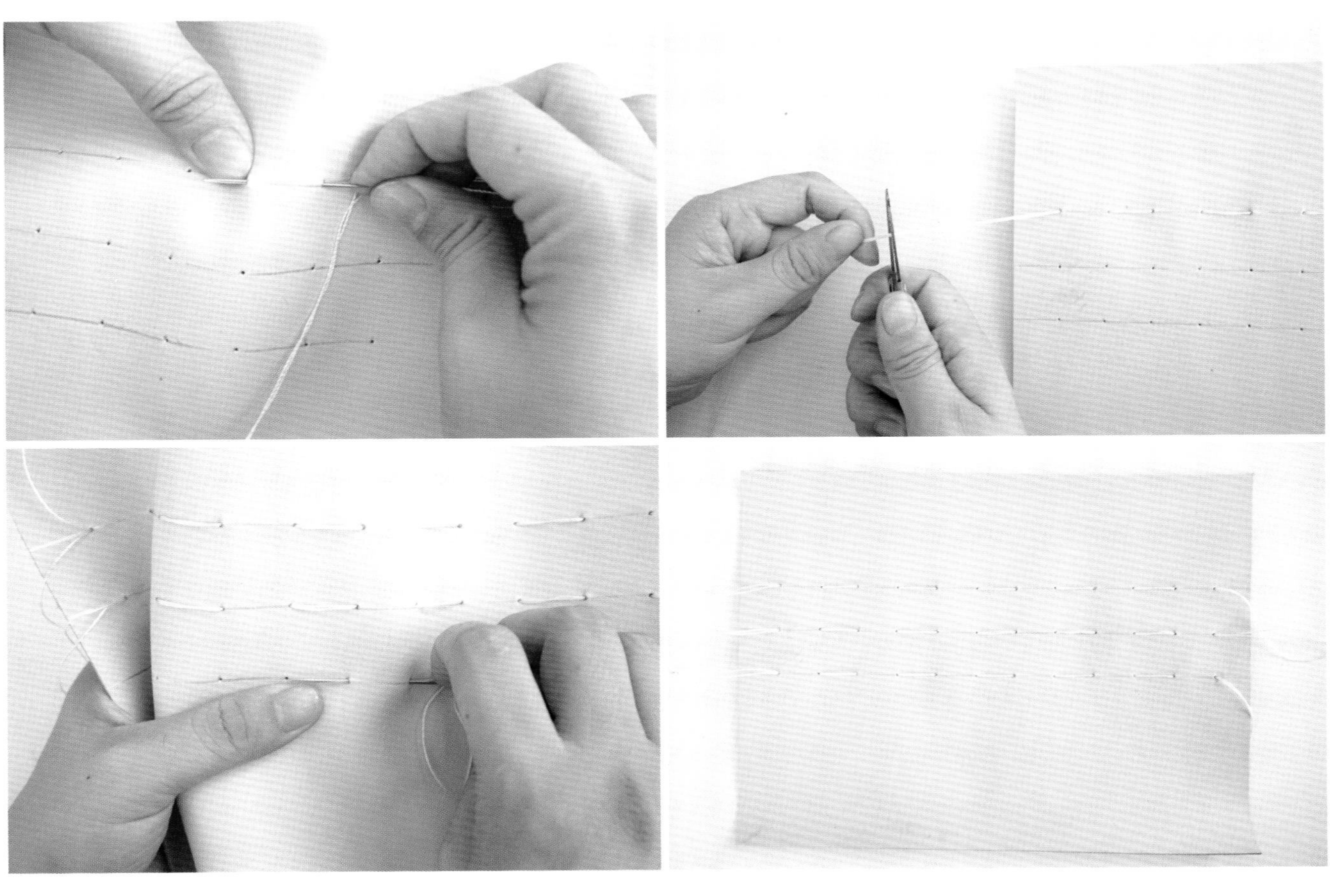

图 3–122 缝线

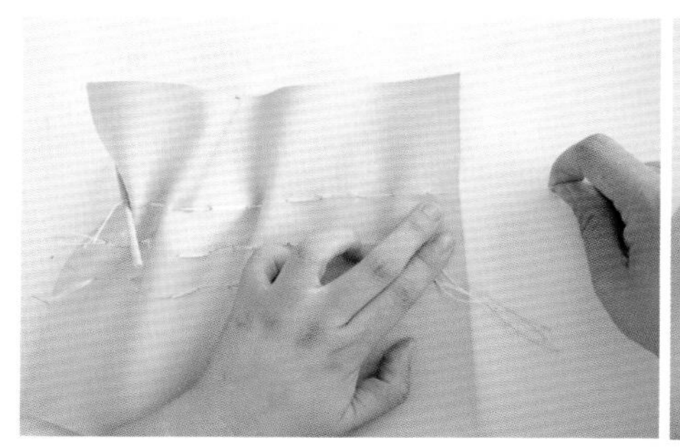
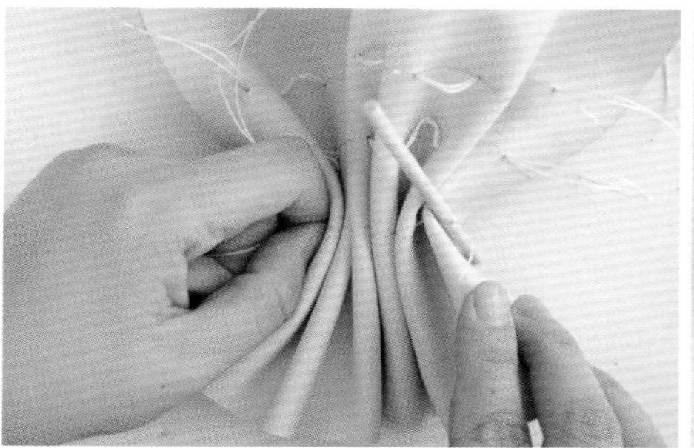

图 3-123 系扎

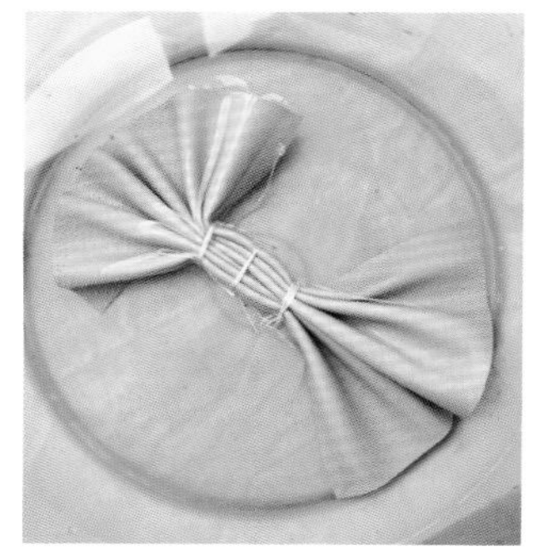

图 3-124 润湿皮料

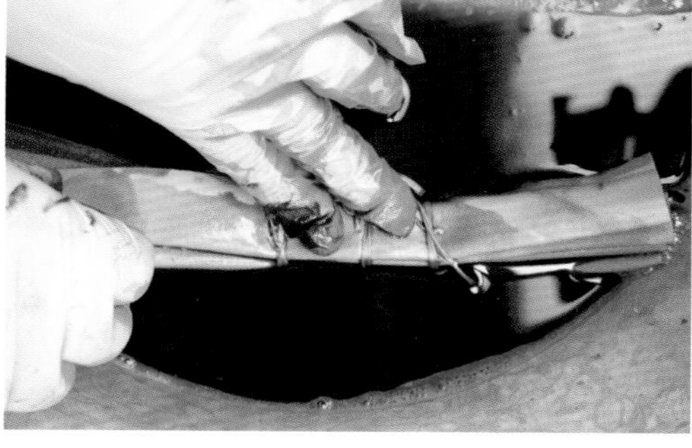
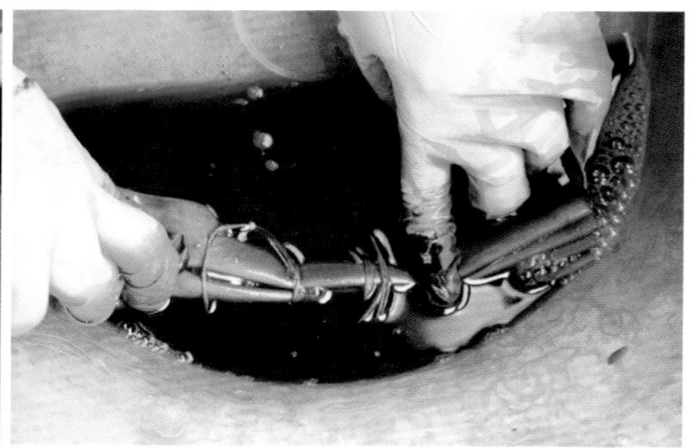

图 3-125 染色

（三）器具辅助扎法

在皮革扎染中可以创造性地利用各种器物作为扎染的辅助物品，染色后会出现一些独特的图案。常见的辅助物有红酒瓶、夹子、板条等。

1. 润湿皮革（图 3-128）

2. 包裹

把润湿的皮革包裹在红酒瓶外，不需要特别的匀称（图 3-129）。

3. 系扎

用涤纶绳系扎，线迹可以有疏密分布（图 3-130）。

4. 染色

用球形羊毛刷涂刷上蓝、黄、红三个颜色，整体画面会有红、黄、蓝、绿四个颜色。蓝色是主色调，其他颜色为辅色（图 3-131、图 3-132）。

5. 拆线、完成（图 3-133）

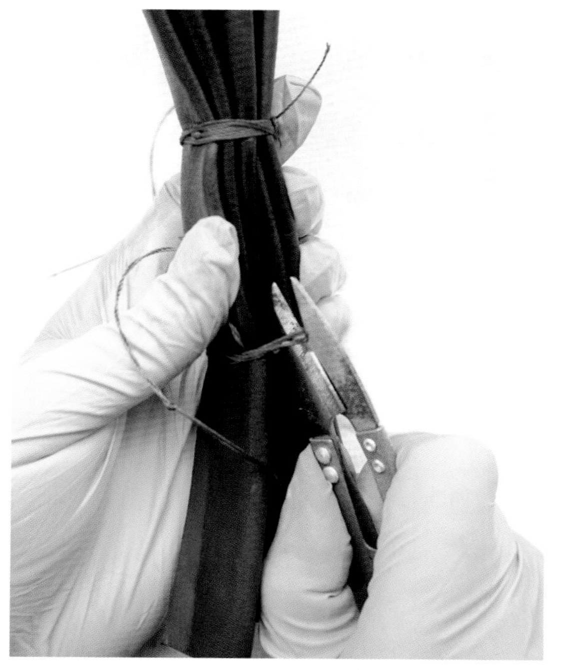

图 3-126 拆线

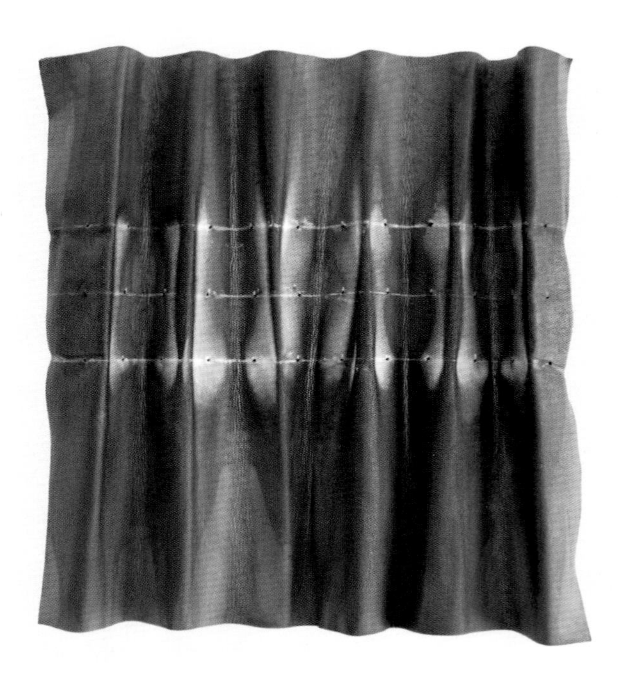

图 3-127 染色效果

图 3–128 润湿皮革

图 3–129 包裹

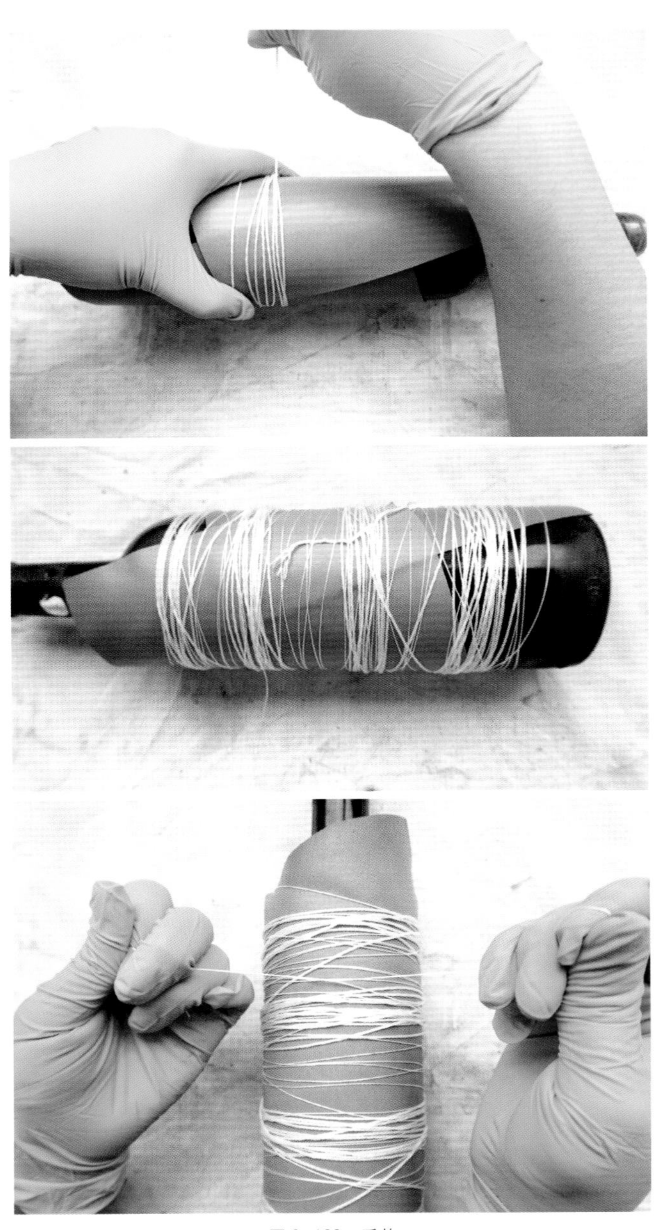

图 3–130 系扎

图 3–131 染色

图 3–132　染色完成图

图 3–133　染色效果

第五节　皮革糊染工艺（大理石纹）

皮革糊染又称皮革大理石纹印染，因为这种染色方法染出的图案极像石材大理石的纹理故称为“大理石”花纹印染。为了得到这种图案效果，需提前准备浆料溶液，染液选择皮革专用盐基染料，通过工具的拖拉形成图案。

一、皮革糊染材料与工具（图 3–134）

（一）准备材料

植鞣革、皮革专用盐基染料、CMC 粉、水。

（二）使用工具

托盘或者盆；竹签；板刷；橡胶手套；帆布、貂油、马鬃刷等。

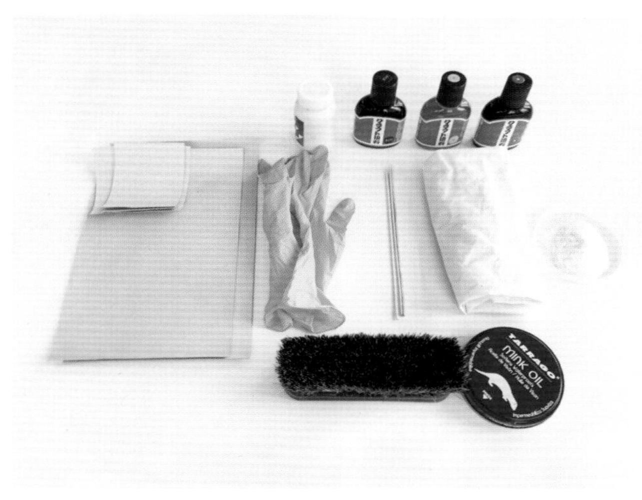

图 3–134　材料、工具

二、皮革糊染基础工艺流程

（一）溶解 CMC 粉，制作浆料（图 3–135）

在托盘中用水溶解 CMC 粉，将 CMC 粉与水混合，充分搅拌，成果冻状，不应过稀，太稀薄则无法托住颜色，颜色会快速下沉，染色失败而造成 CMC 粉比较难以溶解，需要长时间的搅拌，和静置一段时间（2 个小时以上），尽可能地挤压掉气泡。在做糊染前一般会提前准备好 CMC 溶液。

小贴士：可以在托盘中直接溶解 CMC 粉，也可以在其他容器中溶解后倒入托盘，但是，制作糊染的 CMC 溶液深度在 3 ～ 6cm 之间为宜。

（二）滴颜料（图 3–136）

滴入第一种颜色（蓝色），用颜料瓶一滴滴将颜料滴入设计好的部位，其他几种颜色也是如此，依次是黄色、红色、黑色。滴颜料的过程要快，否则颜料很快会渗透到 CMC 溶液中，而无法染色。

小贴士：滴颜料时手应贴近溶液表面，这样可以缩短时间，还可以减少重力对溶液表面的冲击，使染色更容易成功。另外，滴颜料时不宜过多，否则颜料会飞溅。

（三）绘制大理石纹（图 3–137）

将竹签伸到溶液里，先经过各个溶液点画圈，再在中间画“米”字，再在内部画一些纹理。

小贴士：绘制大理石纹理时要快，线条可以是直线，也可以是曲线。

（四）转印图案（图 3-138）

将皮料从一边慢慢地放下，然后缓缓放下另一边，尽量避免有空气存留在皮料与染料之间。当皮料完全放下后，用手指轻轻地弹皮革的各个角度，让转印的图案更加清晰。

图案转移的时间很短暂，只有1分钟左右。1分钟过后，从一边轻轻拎起皮料离开溶液。此时皮料上还有溶液黏贴在上面，将皮料拿到水龙头下冲洗，将皮料上的CMC溶液冲洗干净（图 3-139、图 3-140）。

（五）吸水

将湿皮料夹放在棉布上，用手轻轻地按压，挤干水分。皮料微湿，放置在通风处阴干（图 3-141）。

图 3-135　溶解 CMC 粉

图 3-136　滴颜料

图 3–137　绘制大理石纹

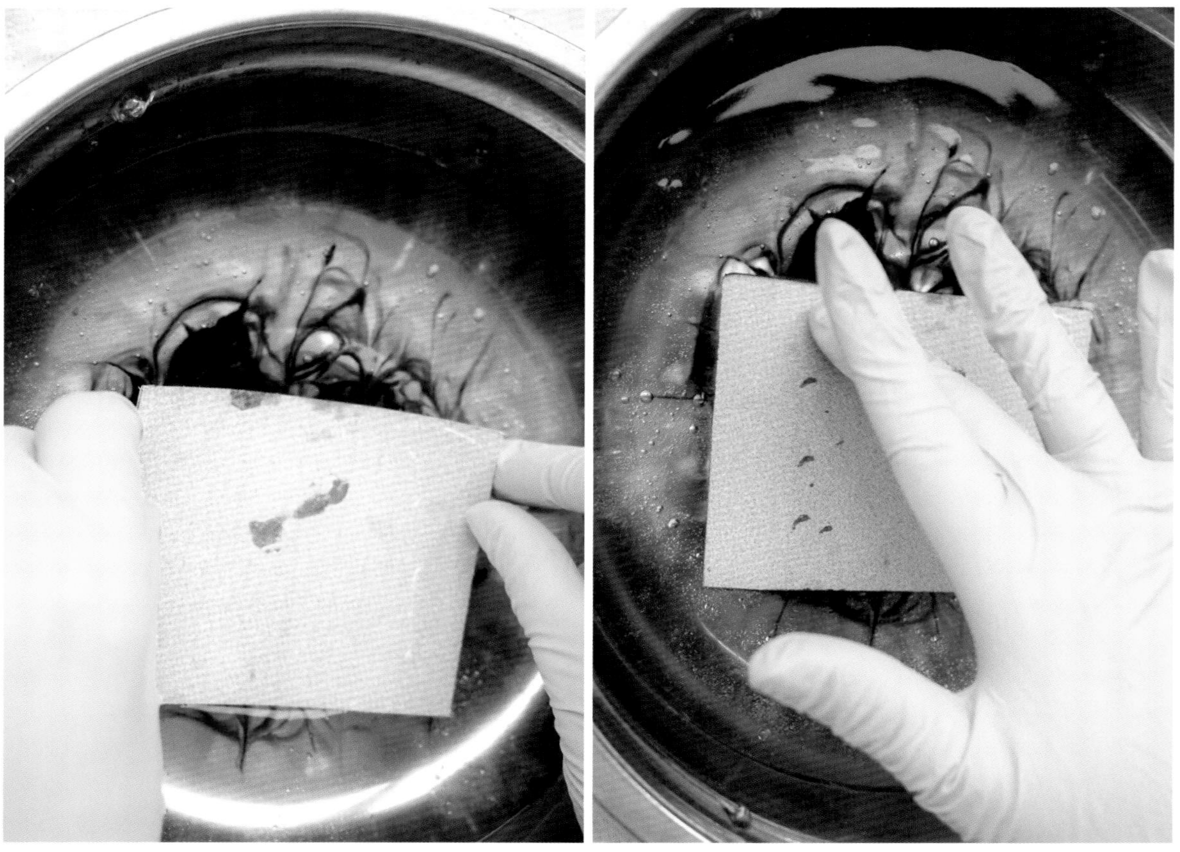

图 3–138　转印图案

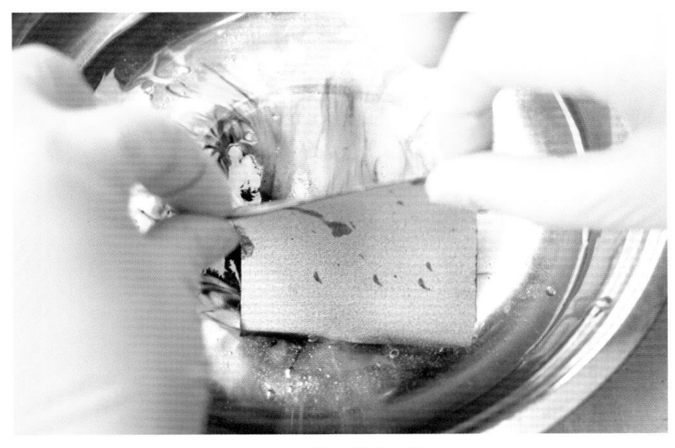

图 3-139 拎起皮料

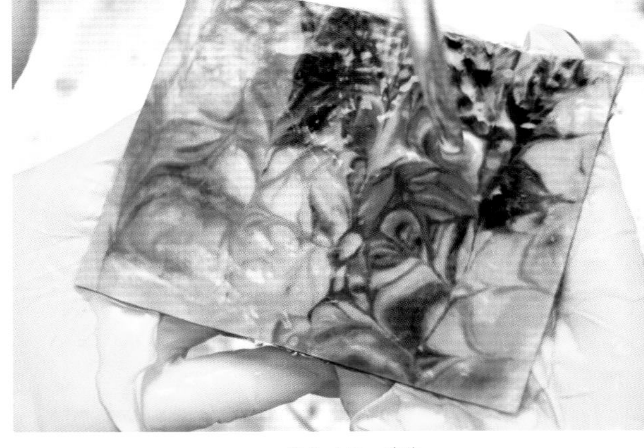

图 3-140 冲洗

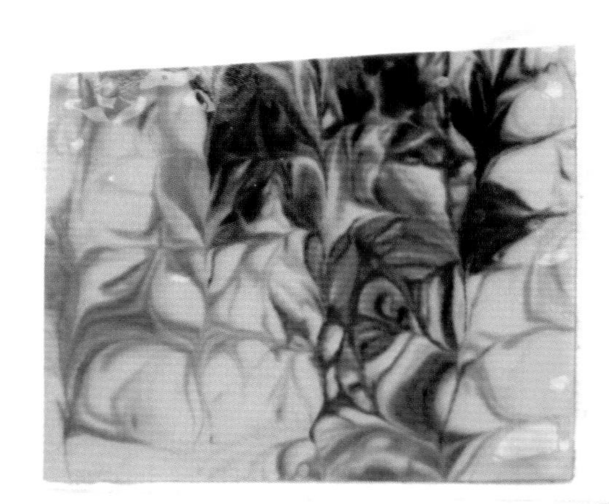

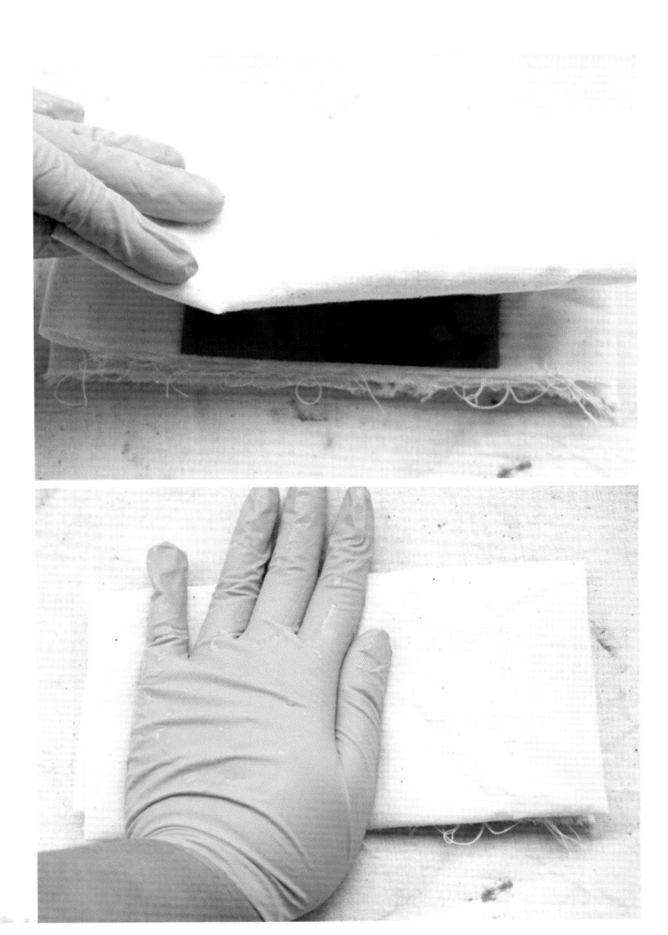

图 3-141 吸水

三、大理石花纹作品展示（图 3–142 ～图 3–144）

图 3–142　大理石花纹作品 1

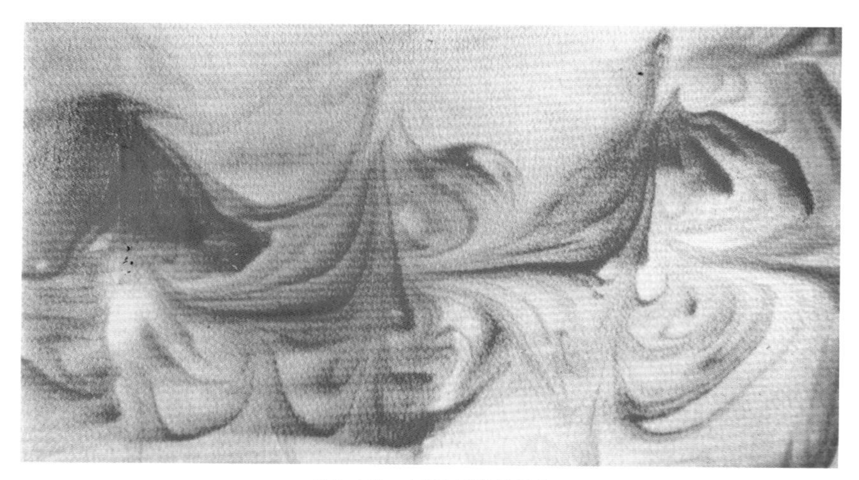

图 3–143　大理石花纹作品 2

图 3–144　大理石花纹作品 3

第四章　皮具制作案例

图 4–1　针包

第一节　针包的制作

针包设计简单，耐看又实用（图 4–1）。针包的制作包含了绘线、打孔、缝合、打磨等一些手工皮具的基础制作流程，即使是初学者也能轻松掌握其制作方法。

一、训练目标与要点

（一）基础工艺

裁切皮料、直线缝合、倒圆角、黏合工艺、植鞣革封边等。

（二）冲孔方法

（三）填充材料

二、材料与工具

（一）材料

植鞣革、棉花。

（二）工具

（1）裁切工具。锥子、钢尺、裁皮刀、半圆冲、圆冲、绿垫板。

（2）修边工具。削薄刀、粗砂条、封边液、棉签、细砂纸、木制打磨棒、封边蜡、棉布。

（3）打孔工具。划线器、菱斩、橡胶锤、牛筋垫板。

（4）黏合工具。白乳胶、上胶棒 / 竹签、夹子。

（5）缝合工具。手缝针、橡胶指套、圆蜡线、线剪、打火机。

三、针包纸格（图 4–2）

四、针包制作步骤

（一）裁皮

根据制版在皮革上做出标记线。同时定出针包上的插针孔。用美工刀将针包上下片沿着标记直线裁切出来，倒角先不裁切。选弧度合适的半圆冲，将倒角沿着标记线裁出（图 4–3）。

（二）划线、打斩、冲孔

用间距规划出针脚缝位，边距为 3mm（图 4–4）。沿着标记线打斩，四个拐角的顶点要处先打孔，这样保证孔位接近，且拐角针脚是弧线（图 4–5）。根据之前在针包上片做的插针孔标记点，用 1 号圆冲冲出孔型（图 4–6）。

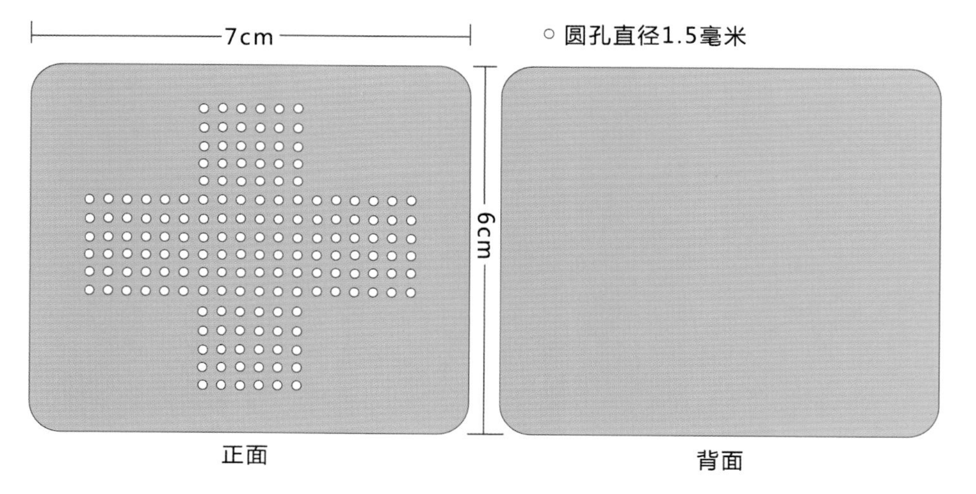

图 4–2　纸格

图 4–3　裁皮

图 4–4　划线

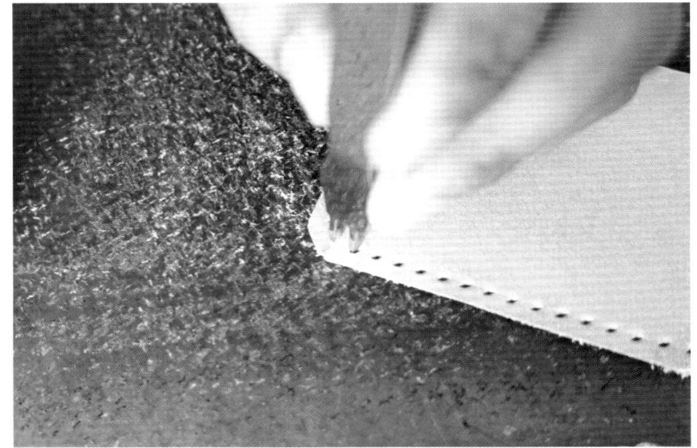

图 4–5　打斩

图 4–6　冲孔

（三）黏合

将皮背面用粗砂棒打磨起毛。然后在边缘上白乳胶，一圈不上满，留下 2 ~ 3cm 的开口。上下片黏合，用夹子固定（图 4–7）。

（四）缝合

从开口处起缝，从一边缝到另一边，开口最后缝合。将准备好的棉花塞进针包，尽量多塞一点，使针包饱满。缝合开口，最后起缝的针脚处再绕缝一遍加固。收尾，剪短多余的线头，留 2mm 即可。用火将剩余线头燎一下，火不可太大也不可停留太久，以免烧伤皮革或烧断针脚缝线（图 4–8）。

（五）打磨、抛光（图 4–9）

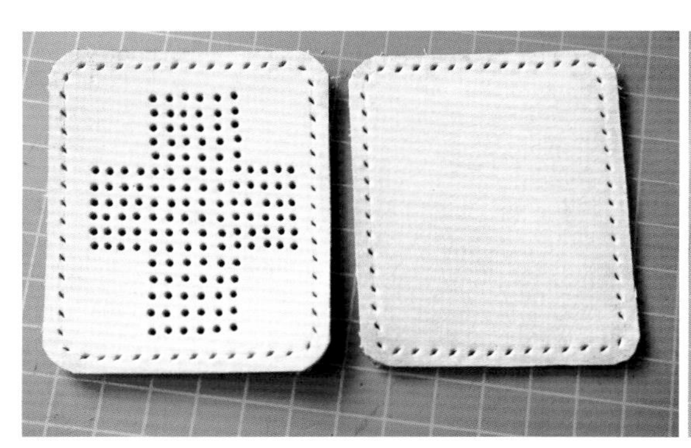

图 4–7　黏合

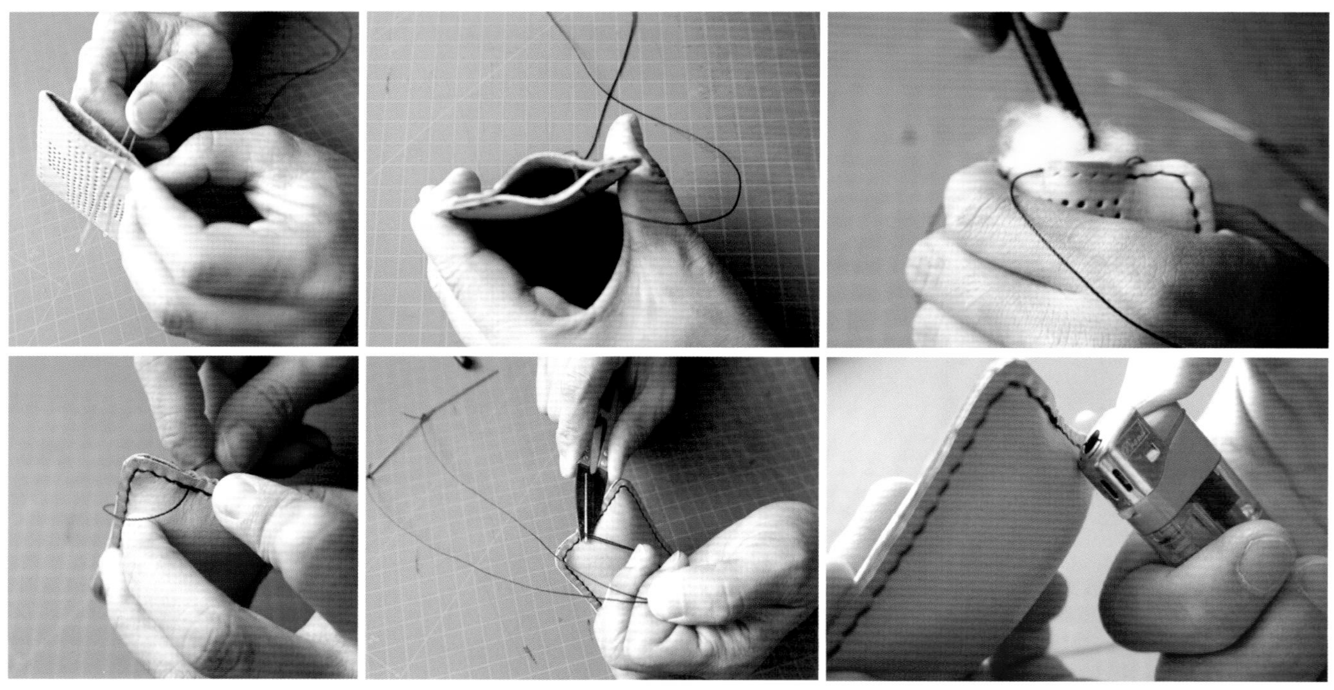

图 4–8　缝合

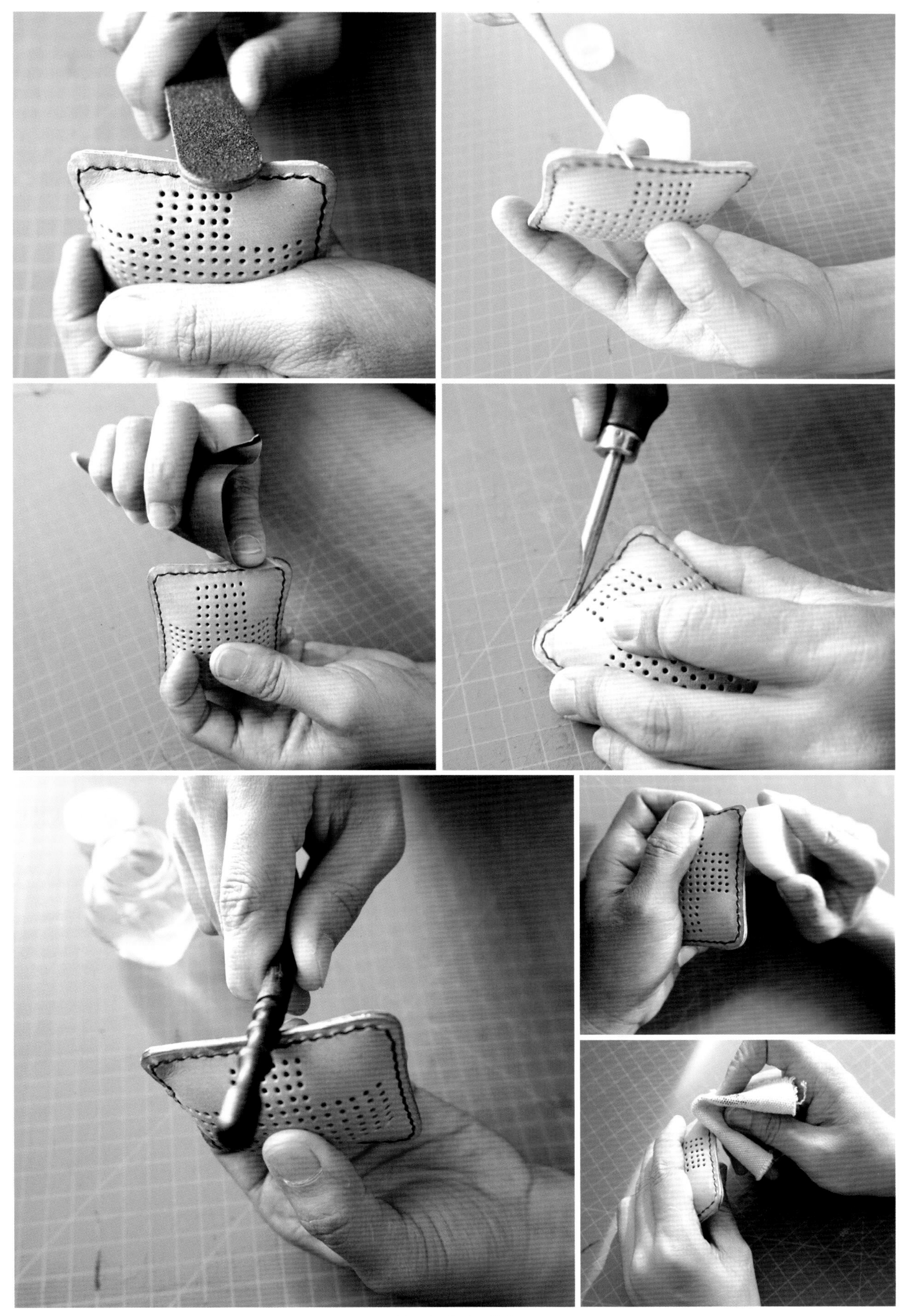

图 4–9　打磨、抛光

第二节　卡包的制作方法与步骤

卡包示例如图 4-10 所示。

一、训练目标与要点

（一）基础工艺

裁切皮料、直线缝合、倒圆角、黏合工艺、植鞣革封边、铲薄工艺等。

（二）裁切造型

（三）安装五金（针扣）

二、材料与工具

（一）材料

植鞣革（厚度 0.8 ~ 1.2mm）、五金针扣。

（二）工具

（1）裁切工具。锥子、钢尺、裁皮刀、半圆冲、圆冲、绿垫板。

（2）修边工具。削薄刀、修边器、粗砂条、封边液、棉签、细砂纸、木制打磨棒、封边蜡、棉布。

（3）打孔工具。划线器、菱斩、橡胶锤、牛筋垫板。

（4）黏合工具。白乳胶、上胶棒 / 竹签、夹子。

（5）缝合工具。手缝针、橡胶指套、圆蜡线、线剪、打火机。

三、卡包纸格（图 4-11）

四、卡包的制作步骤

（一）裁切皮料

将图 4-12（a）中所示的所有皮料都染成图 4-12（b）中所示的纹理。

（二）划线、打孔、打磨

使用间距规划出打孔的基准线（图 4-13)。顺着基准线打孔（图 4-14）。单片边缘打磨，将受限的重叠部分先打磨。如图画红线部分，以及整条皮带条的边缘。 打磨的

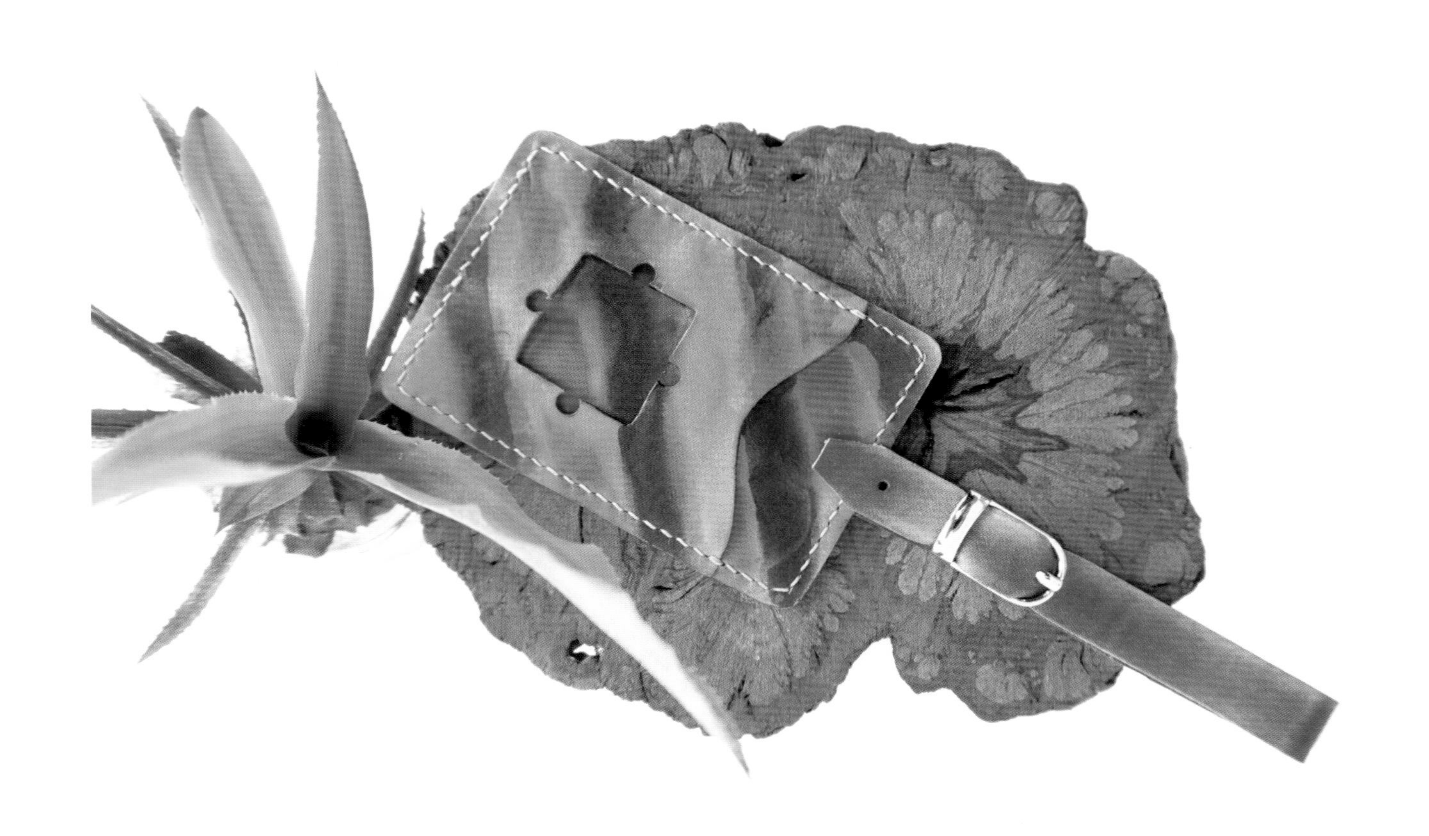

图 4-10　卡包

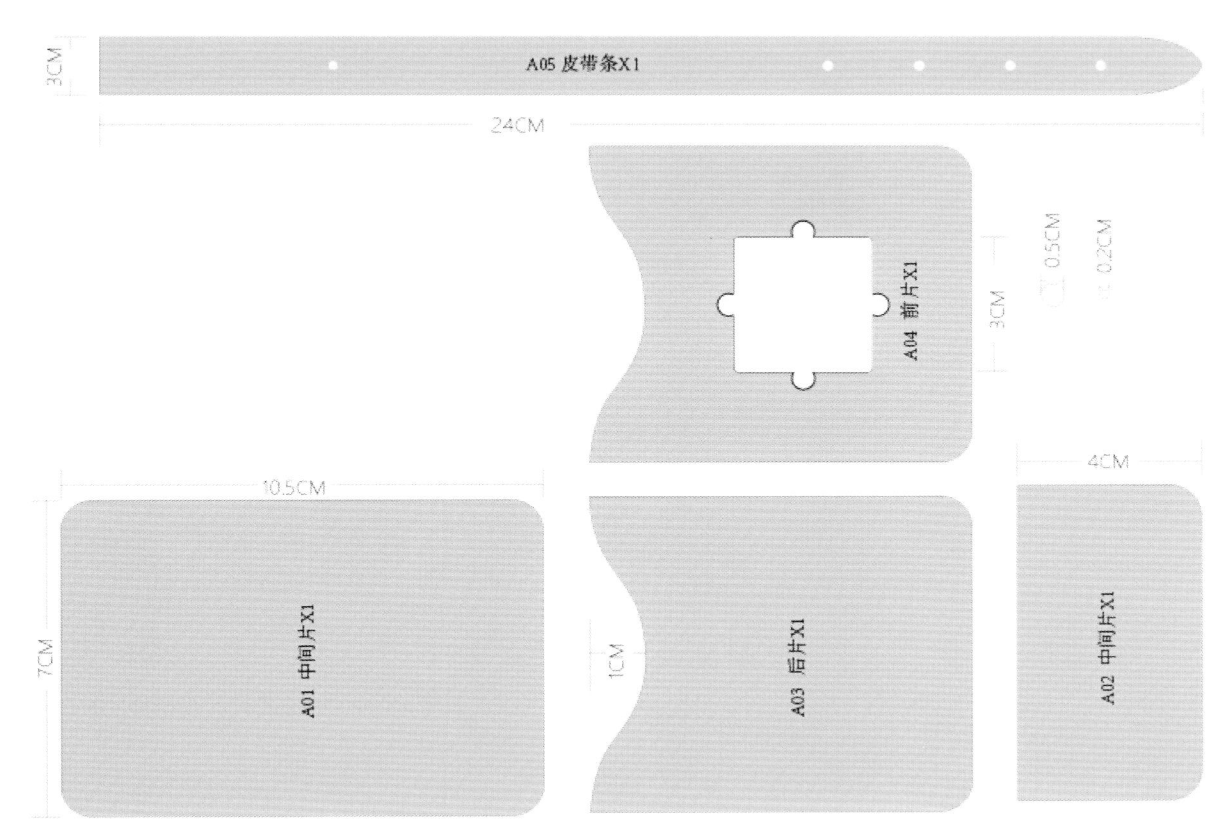

图 4—11　纸格

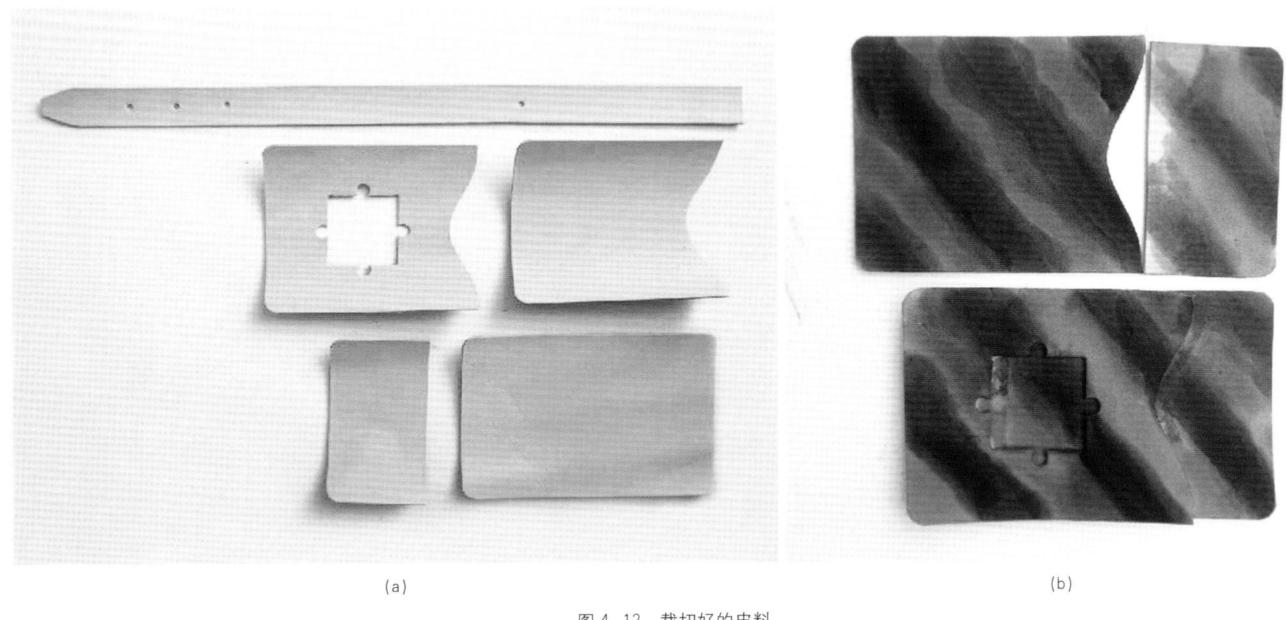

(a)　　(b)

图 4—12　裁切好的皮料

详细步骤见基础工艺（图 4—15）。

（三）铲薄、创面处理

皮带条黏合部位的铲薄处理（图 4—16）。皮带条背面均匀涂抹上创面处理剂（图 4—17）。

（四）黏合

皮带条铲薄部位均匀抹上白乳胶。皮带头背面朝上，与最大的那块皮相黏合。黏合时注意卡包包身皮片的朝向，皮带条黏合在包身皮片上方的正中间。中间片 A02 四周涂抹白乳胶。中间片 A01 与 A02 进行黏合，将两片的上端相黏，同时把皮带条正面朝向 A02 黏在两片中间。黏好无误后，用锤子敲击皮料边缘，使黏合更牢固（图 4—18）。

图 4–13 划线

图 4–14 打孔

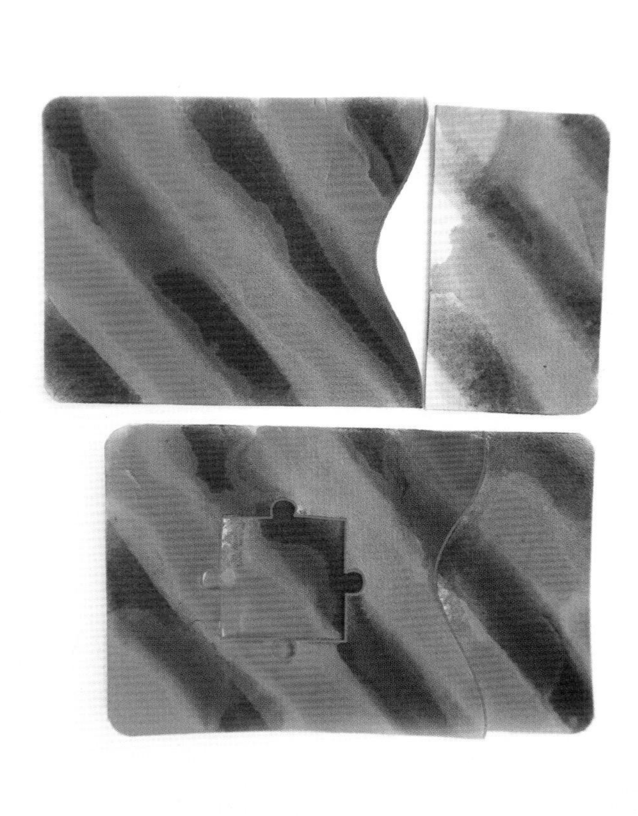

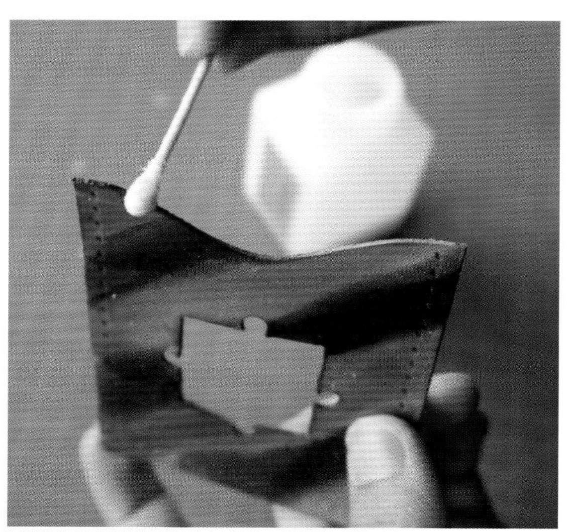

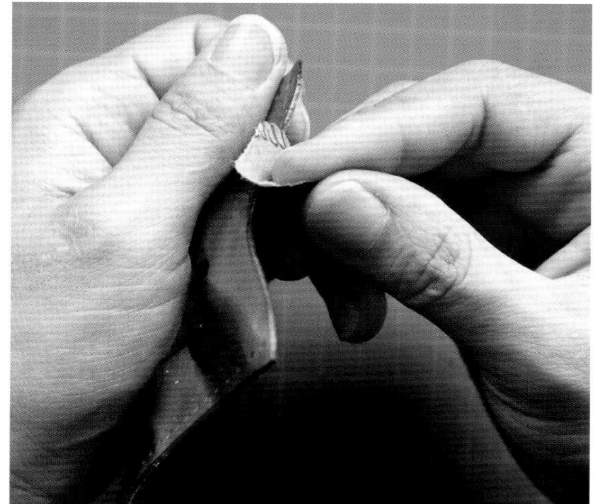

图 4–15 打磨

图 4–16 铲薄

图 4–17 创面处理

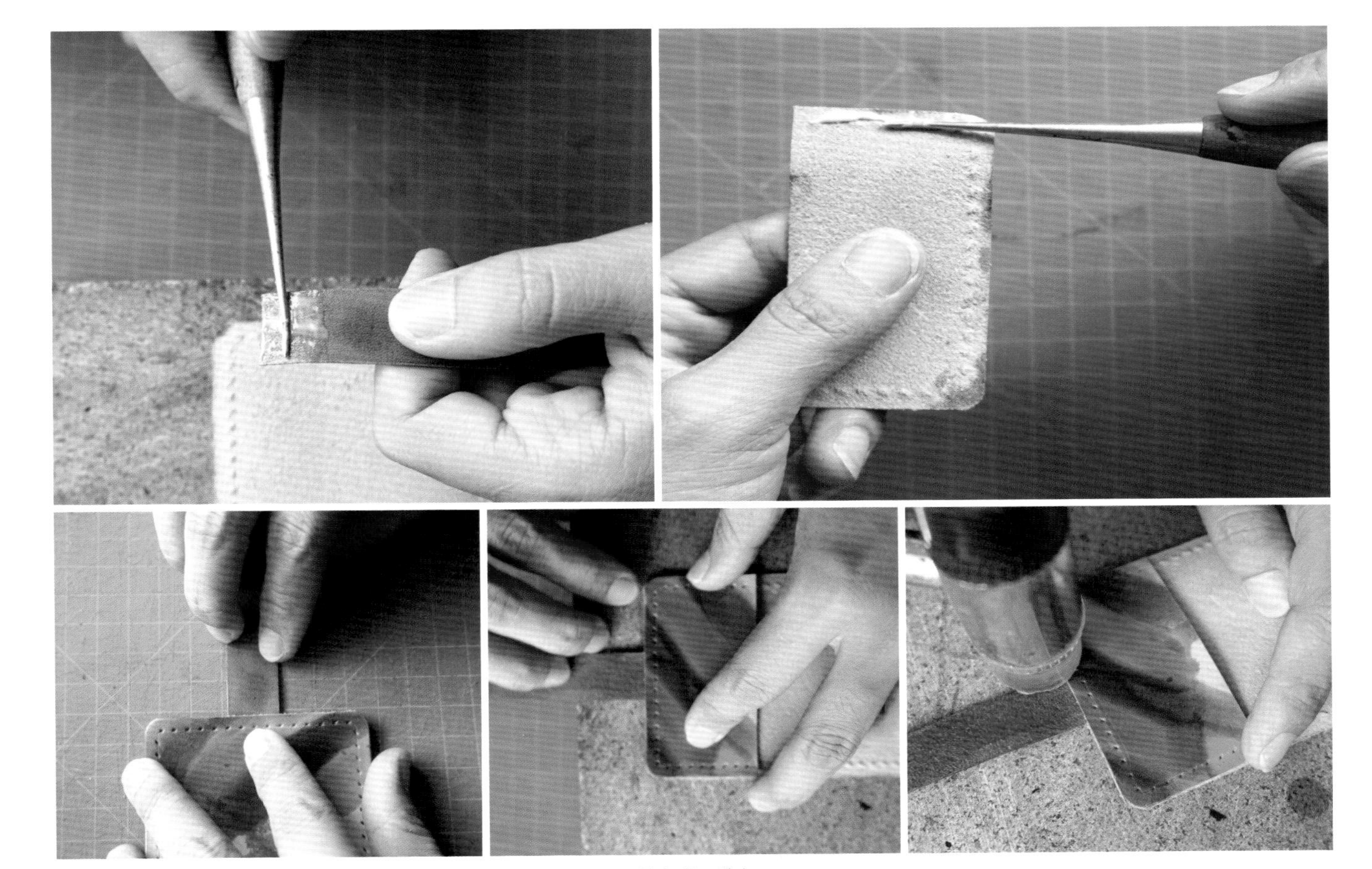

图 4–18 黏合

（五）缝合

起针，先从卡包的底部起缝。将穿过的线向上拉紧，使两边的缝线等长。缝到前后片与中间片的边缘叠加处时，将缝针再穿回前后片最后一个缝孔，使叠加处的缝线绕缝两次进行加固。要得到叠加处缝线收紧后的效果，则一直缝至皮革底部最后一个缝孔，然后继续穿过起始缝孔及第二个缝孔，使两针在皮革两侧收紧，最后收尾。用锤子将针脚敲平整（图 4–19）。

（六）打磨、抛光（图 4–20）

（七）安装针扣

针扣正面朝向与卡包一致，皮带条从针扣的背面下方往前穿过，将皮带条最靠近包体的针孔穿过针孔的针，皮带头再从针扣的上端往后穿，使第一个针孔扣牢。再将皮带条向前翻折，从上一步的位置重新穿回针扣前面，并使针穿过尾端第二个孔。最后将皮带条尾部穿入针扣下方横杆固定住（图 4–21、图 4–22）。

图 4-19　缝合

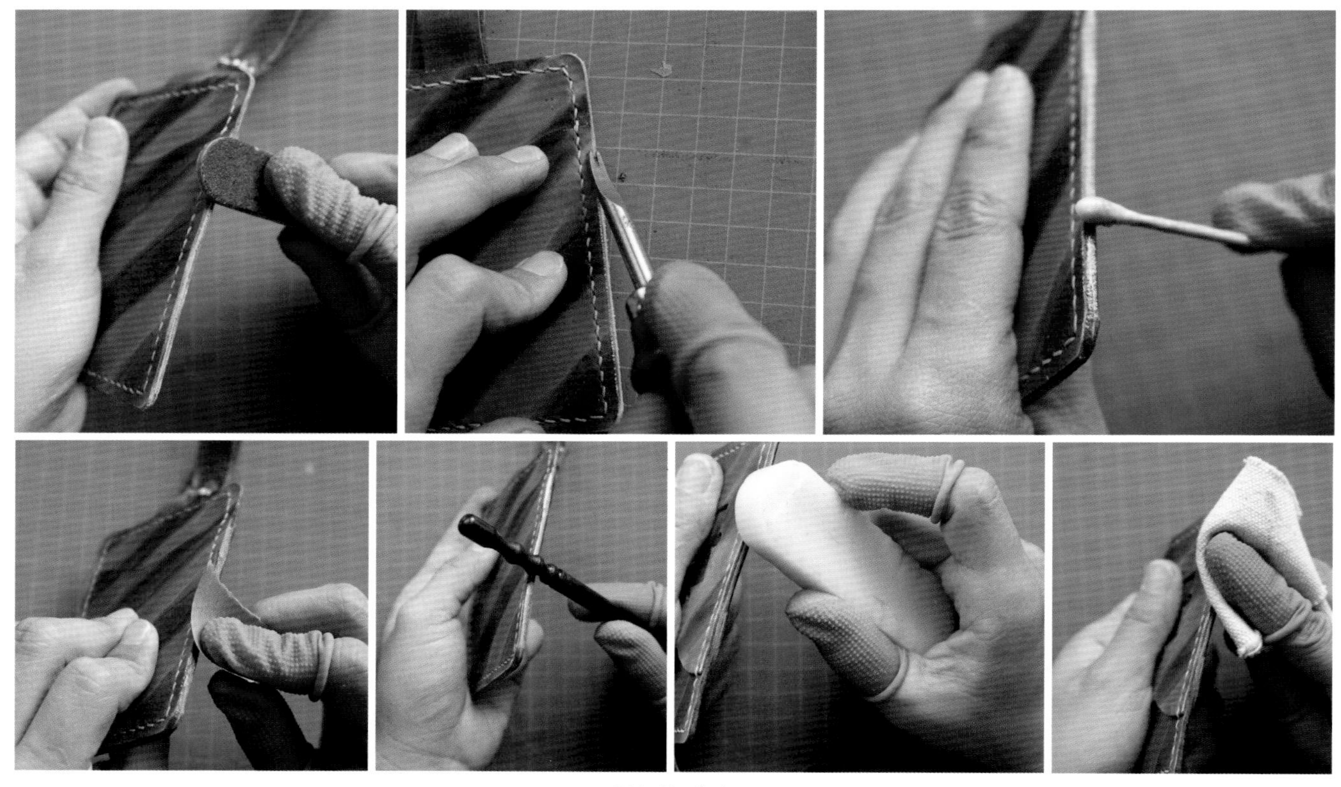

图 4-20　打磨

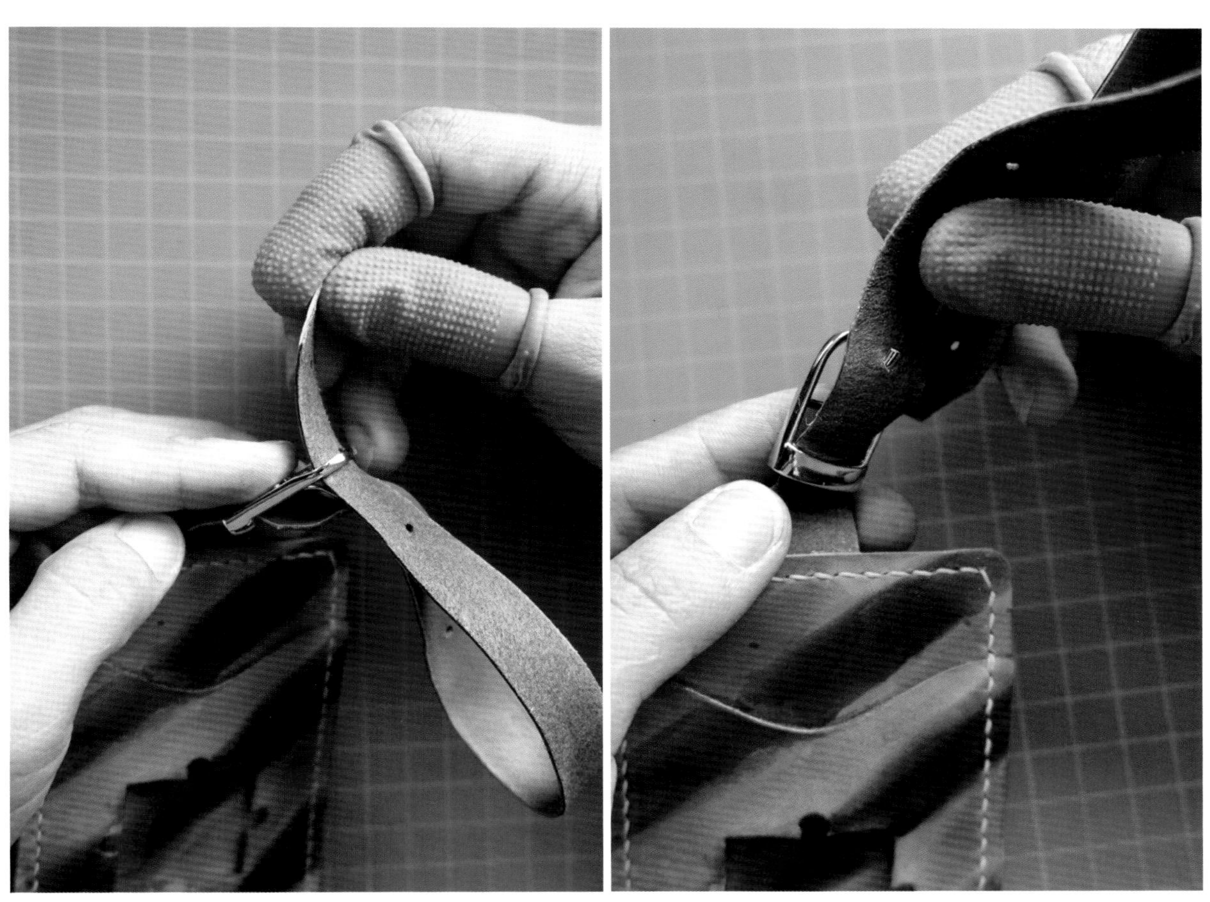

图 4—21　装针扣

图 4—22　卡包

图 4–23　零钱包

第三节　零钱包的制作方法与步骤

零钱包示例如图 4–23 所示。

一、训练目标与要点

（一）基础工艺

裁切皮料、倒圆角、黏合工艺、植鞣革封边、铲薄工艺等。

（二）曲线缝合

（三）安装五金（和尚头）和皮绳

二、材料与工具

（一）材料

植鞣革（厚度 2.0mm）、五金（和尚头）、皮绳。

（二）工具

（1）裁切工具。锥子、钢尺、裁皮刀、半圆冲、圆冲、绿垫板。

（2）修边工具。削薄刀、粗砂条、封边液、棉签、细砂纸、木制打磨棒、封边蜡、棉布。

（3）打孔工具。划线器、菱斩、橡胶锤、牛筋垫板。

（4）缝合工具。手缝针、橡胶指套、圆蜡线、线剪、打火机。

三、零钱包纸格（图 4–24）

四、零钱包的制作步骤

（一）裁皮

用 2mm 厚的原色植鞣皮，根据纸型裁出皮料。皮革

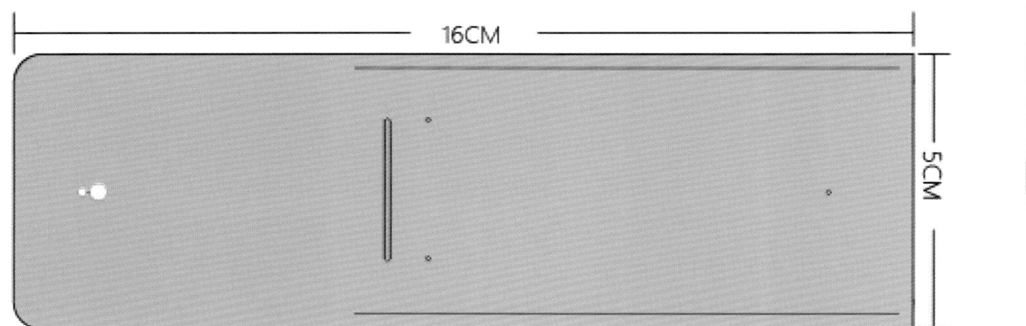

图 4–24　纸格

染上自己喜欢的颜色，染色步骤见第三部分第二节单色染法。静待皮料干后实施下面的步骤（图 4–25）。

（二）对钱币入口进行打磨（图 4–26）

（三）划线

间距规调 3mm 间距，根据标记点画出针脚基准线。两个侧片划出基准线。

划曲线时注意顺势转动皮革，保持间距一致不走位（图 4–27）。

（四）打斩

根据基准线打出缝孔，曲线处需用双斩先轻压出痕迹，确认孔位无误后，方可敲打。打孔时先用上一次打孔作业的最后一孔抵住双斩的一个斩刃，轻压出痕迹，然后在压痕位置打孔，就能打出漂亮的弧度（图 4–28）。

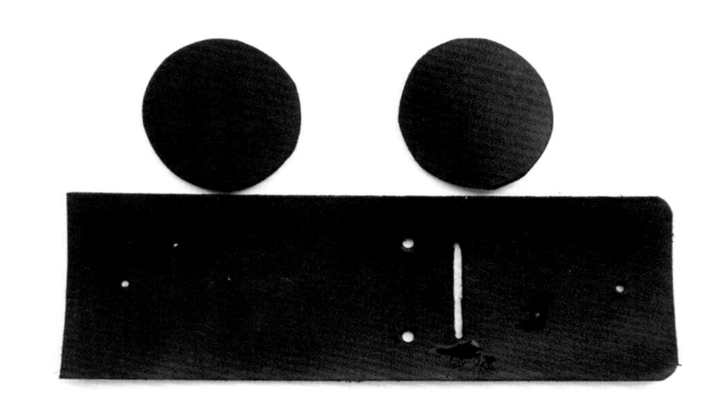

图 4–25　裁皮

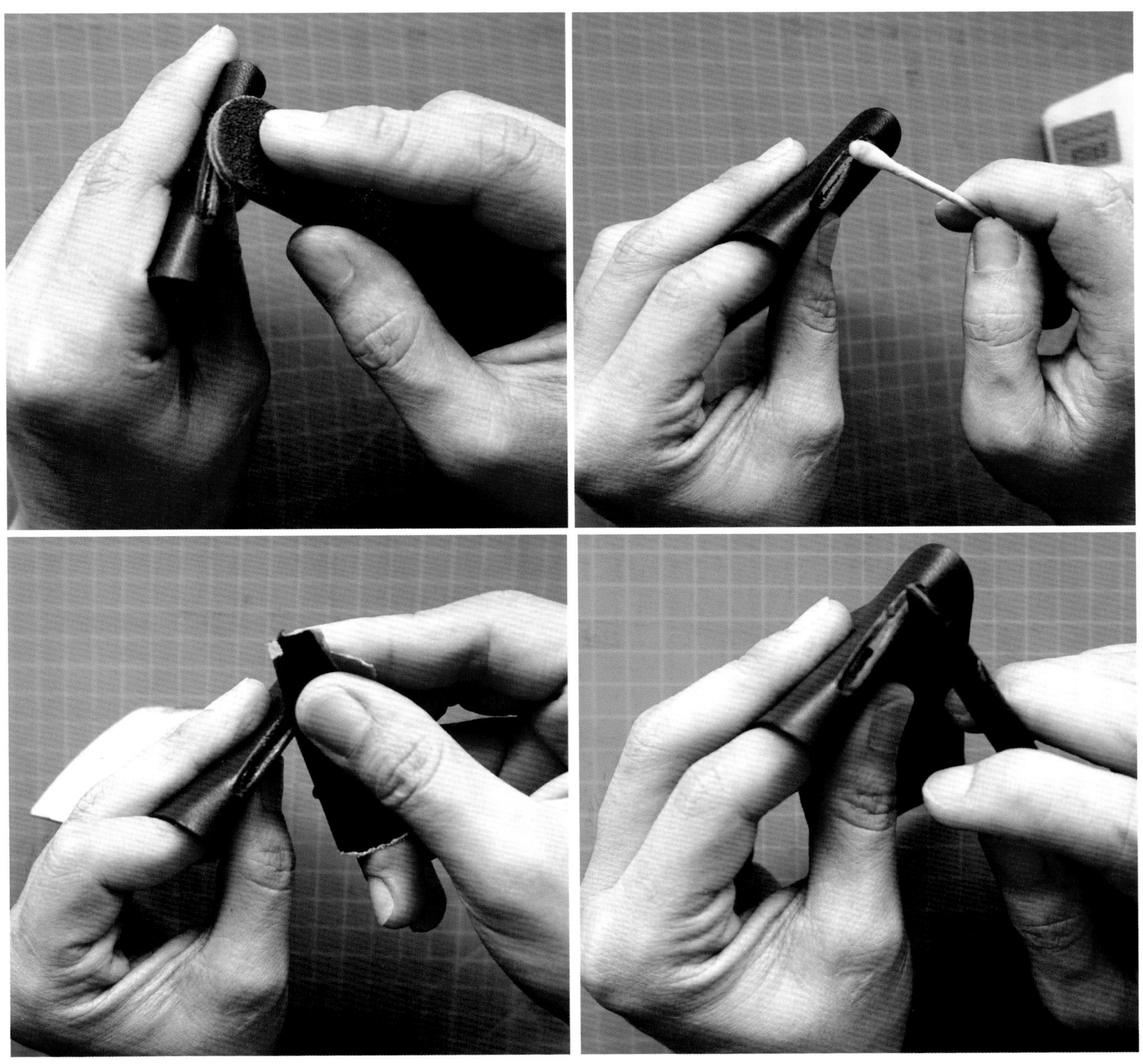

图 4–26　打磨

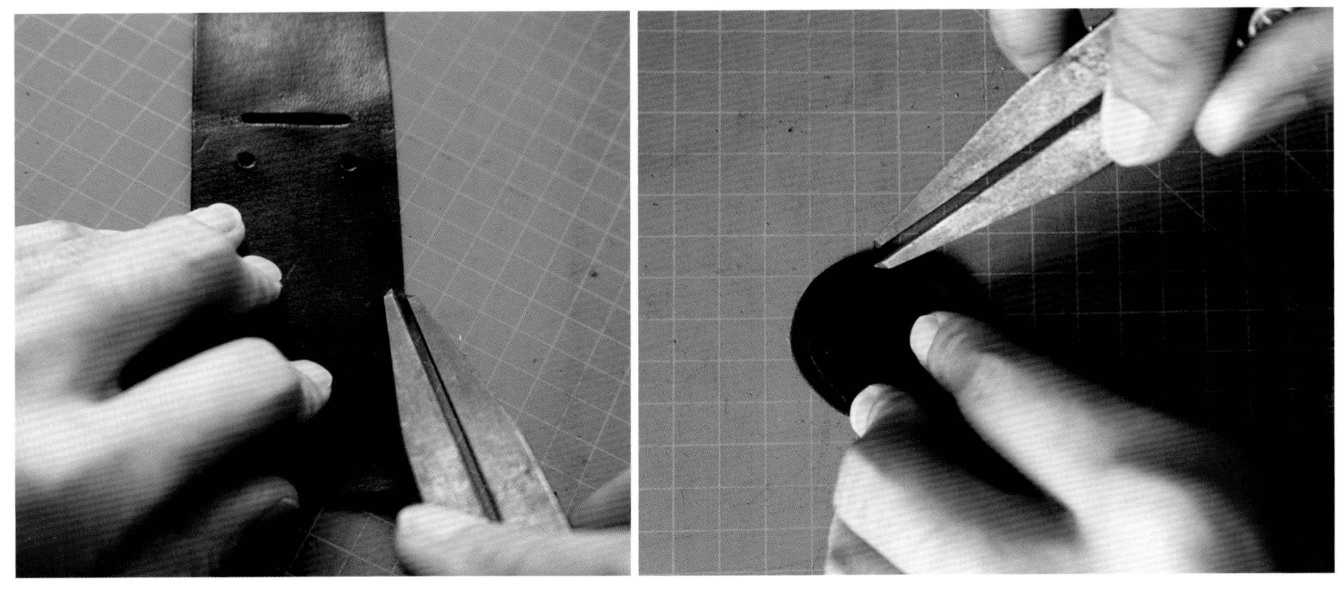

图 4–27　划线

图 4–28　打斩

（五）刨面处理

皮革背面均匀涂抹上刨面处理剂（图 4–29）。

（六）缝合

穿好针线后（穿针线见穿针引线篇章），从第一个缝孔出开始缝线。将穿过缝孔的线拉直，是两边等长。起始针脚绕缝两次加固（图 4–30）。

（七）打磨

在打磨过程中，磨过的边缘会有些部位表层的颜色一同被打磨掉，需要用棉棒重新补色（图 4–31）。

（八）安装和尚头

将带螺纹的一头先从里穿出，再将另一头与其拴紧即可。要注意的是：盖子上的孔洞上大下小，大的直径不能超过和尚头的直径大小（图 4–32）。

（九）结绳

这里配的是 2.5mm 粗的圆皮绳。皮绳的头穿过零钱包背后的两孔后，再装上蛇扣即可（图 4–33）。

图 4–29 创面处理

图 4–30 缝合

图 4–31 打磨

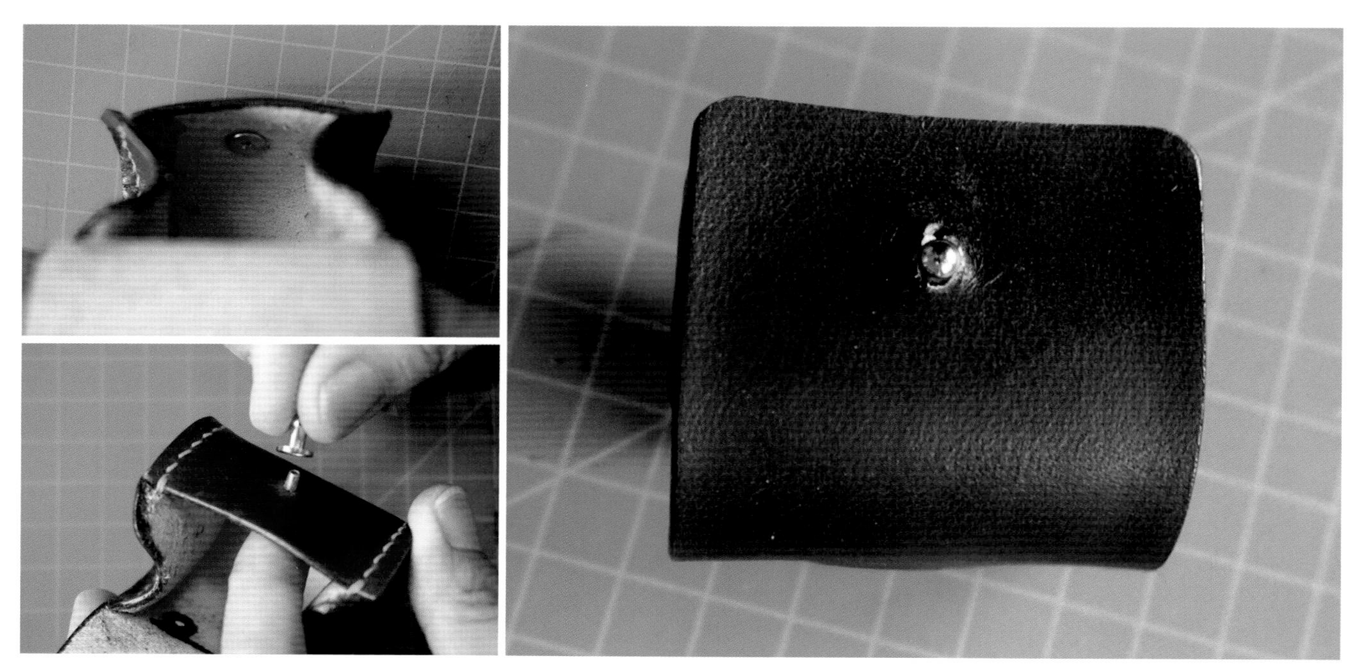

图 4-32　安装和尚头

图 4-33　零钱包

第四节 短钱夹的制作方法与步骤

短夹几乎是每个喜爱手作皮具制作的人，都想要尝试的一款皮具。这款钱夹在基础版型上稍作了修改，增加了一个大的夹层以及一个硬币收纳袋。由于叠加的层数较多，对于侧边的打磨抛光难度和要求也相对较高（图 4–34）。

一、 训练目标与要点

（一）基础工艺

裁切皮料、直线缝合、倒圆角、黏合工艺、植鞣革封边、铲薄工艺等。

（二）多部件的组合（对点位）

二、材料与工具

（一）材料

植鞣革（厚度 1.0mm）。

（二）工具

（1）裁切工具。锥子、钢尺、裁皮刀、半圆冲、圆冲、绿垫板。

（2）修边工具。削薄刀、修边器、粗砂条、封边液、棉签、细砂纸、木制打磨棒、封边蜡、棉布。

（3）打孔工具。划线器、菱斩、橡胶锤、牛筋垫板。

（4）黏合工具。白乳胶、上胶棒 / 竹签、夹子。

（5）缝合工具。手缝针、橡胶指套、圆蜡线、线剪、打火机。

三、短钱夹纸格（图 4–35）

四、短钱夹的制作步骤

（一）裁皮

根据纸型裁切出皮料（图 4–36）。

（二）打磨、定位、打孔

（1）将图中红色边缘先打磨抛光，因为是叠加位置，一面缝合后不便打磨。在针脚的位置划基准线，打孔。打孔时最上层先打好孔位，叠加位置确认无误后，用菱斩微调定位，边缘处要错开斩齿，以免皮边被斩齿划破（图 4–37）。

（2）用发票夹和卡位层的宽度，定位最外层底部的起始孔位并打孔（图 4–38）。

（3）再将夹层孔位处用砂纸打磨粗糙。注意打磨时不要超出基准线（图 4–39）。

（4）将卡位的三边（左、右、下）均匀铲薄（图 4–40）。

（三）黏合、缝合

（1）铲薄处抹上宽 0.5cm 的白乳胶，根据夹层 A04 上的基准点黏合，然后用锤子将黏合处敲实（图 4–41）。

（2）黏好第一片卡位后，根据卡位下方的基准线打一段孔位并且缝合固定。第二片同样处理。第三片卡位黏好后，根据侧边孔位从上往下缝制，同时每层叠加处多绕缝

图 4–34 短夹

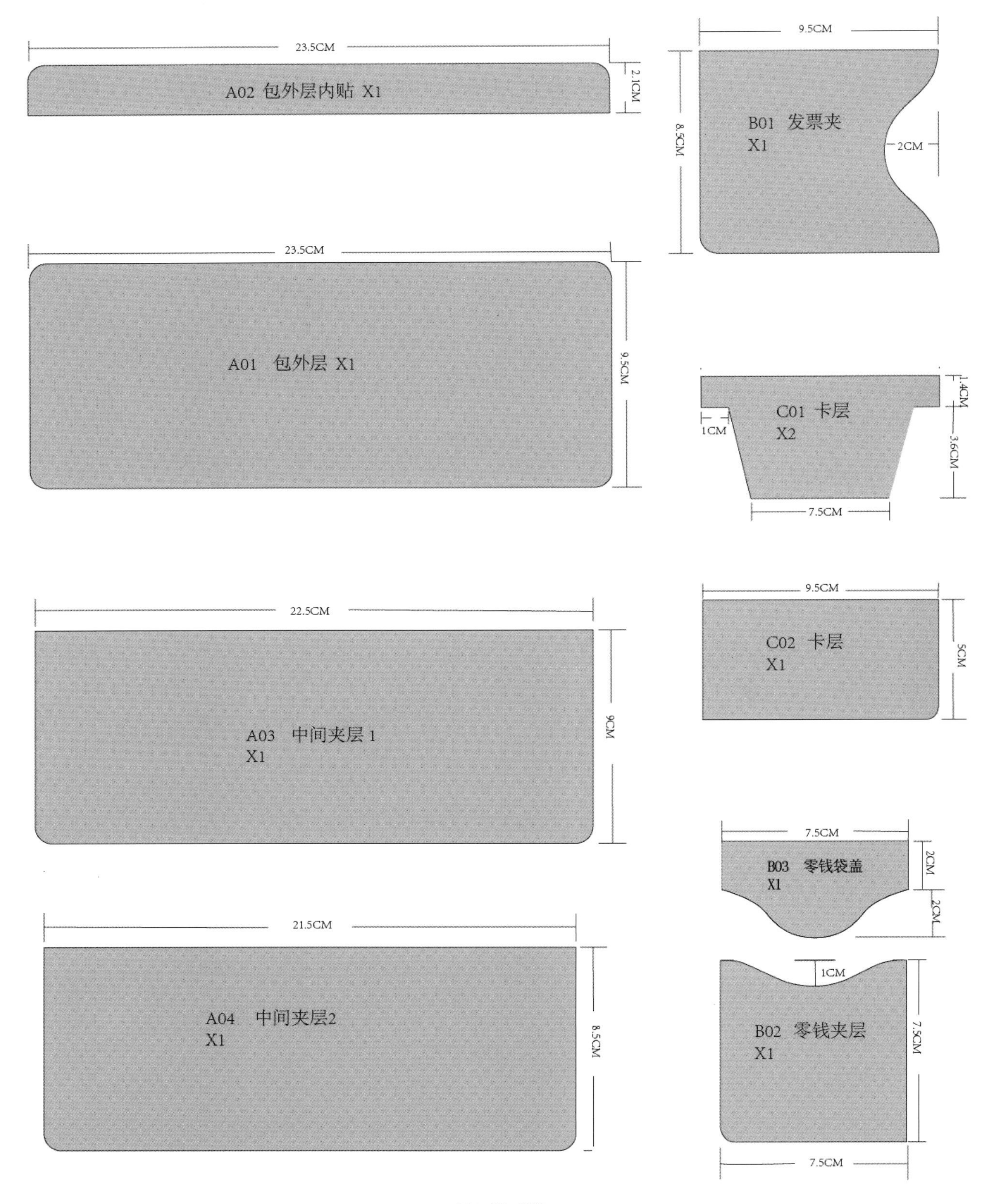
23.5CM
2.1CM
A02 包外层内贴 X1
23.5CM
9.5CM
A01 包外层 X1
22.5CM
9CM
A03 中间夹层 1
X1
21.5CM
8.5CM
A04 中间夹层2
X1
9.5CM
8.5CM
B01 发票夹
X1
2CM
1.4CM
1CM
C01 卡层
X2
3.6CM
7.5CM
9.5CM
C02 卡层
X1
5CM
7.5CM
B03 零钱袋盖
X1
2CM
2CM
1CM
B02 零钱夹层
X1
7.5CM
7.5CM

图 4–35 纸格

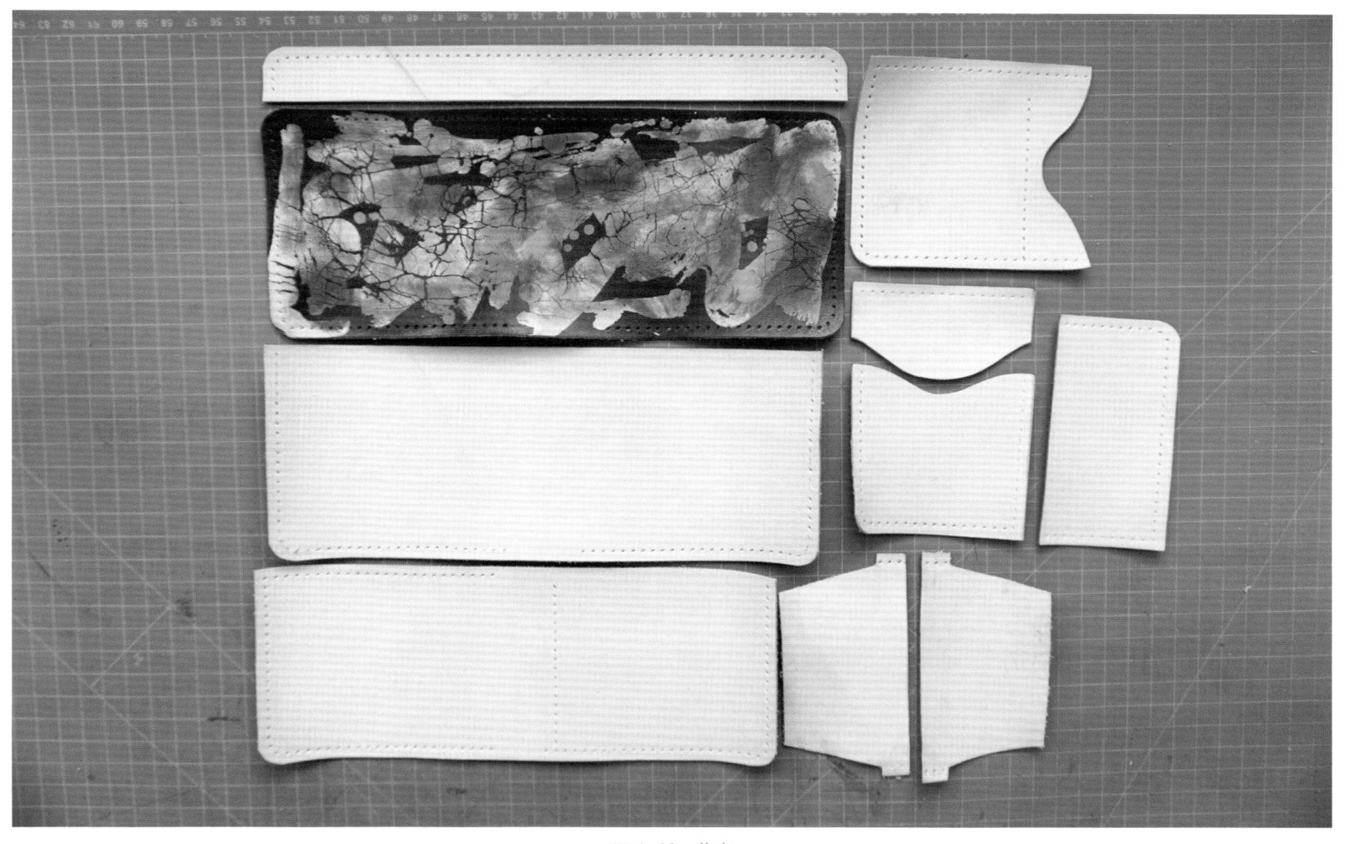

图 4–36　裁皮

加固一遍。收尾时，将最后两针再往回缝一遍，让线头结在倒数第二、第三孔位（图 4–42）。

（3）将零钱夹层黏在发票夹层上，且根据右侧基准线缝合。将发票夹层与 A04 中间夹层 2 黏合，再将 B03 零钱袋盖粘黏在发票夹层的上边缘。缝合零钱袋盖、发票夹层，从左侧起针，收尾时将缝到最后一孔的缝针，再往回缝两个缝孔加固，最后剪线，打灰机燎线头（图 4–43）。

（4）打磨中间夹层 2 的上边缘（图 4–44）。

（5）将中间夹层 2 与中间夹层 1 黏合（图 4–45）。

上胶时需要注意：上边缘不上胶，以及下边缘中间部分不上胶。

黏合时需要注意：将夹层 1 与夹层 2 粘合部位先用砂纸磨粗糙，黏合时先将左下角对齐黏合，用夹子固定住后，再黏另一边，并用夹子固定。在等待夹层黏合牢固的同时，

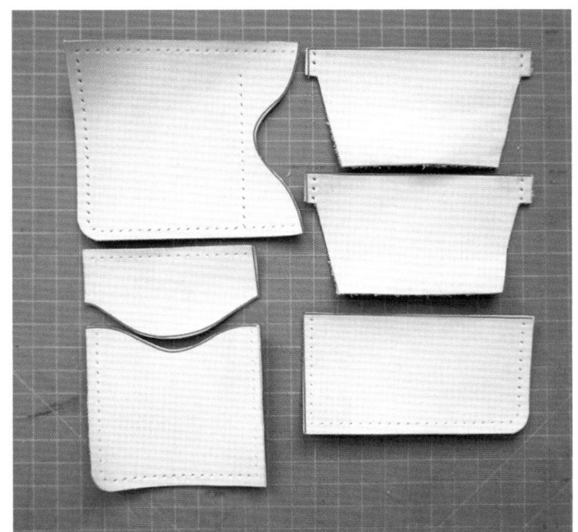

图 4–37　打磨、划线、打孔

图 4-38　定位

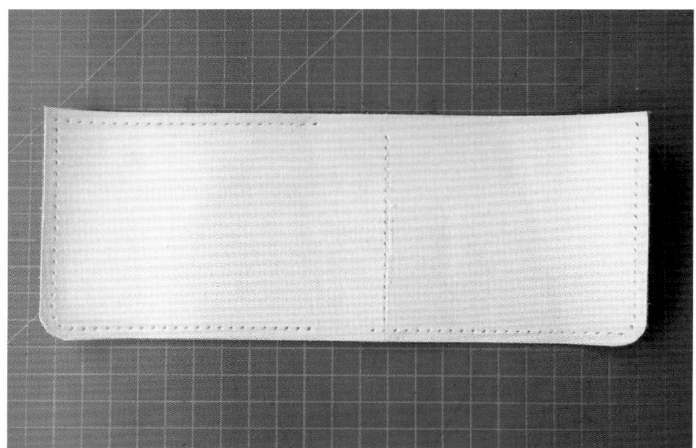

图 4-39　磨糙

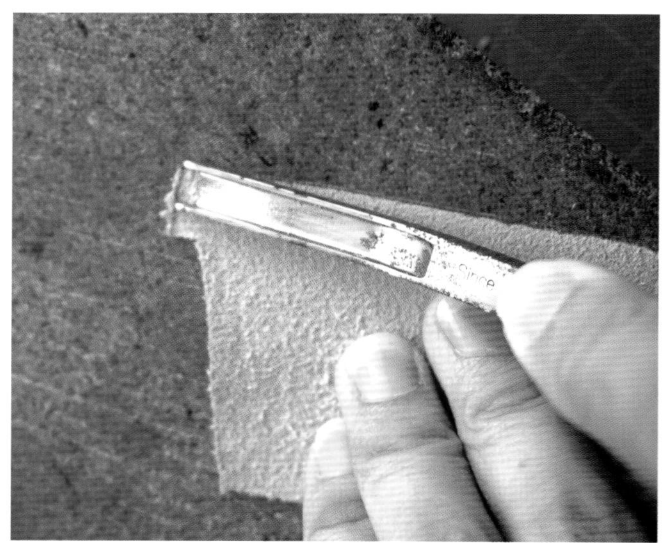

图 4-40　铲薄

图 4-41 黏合

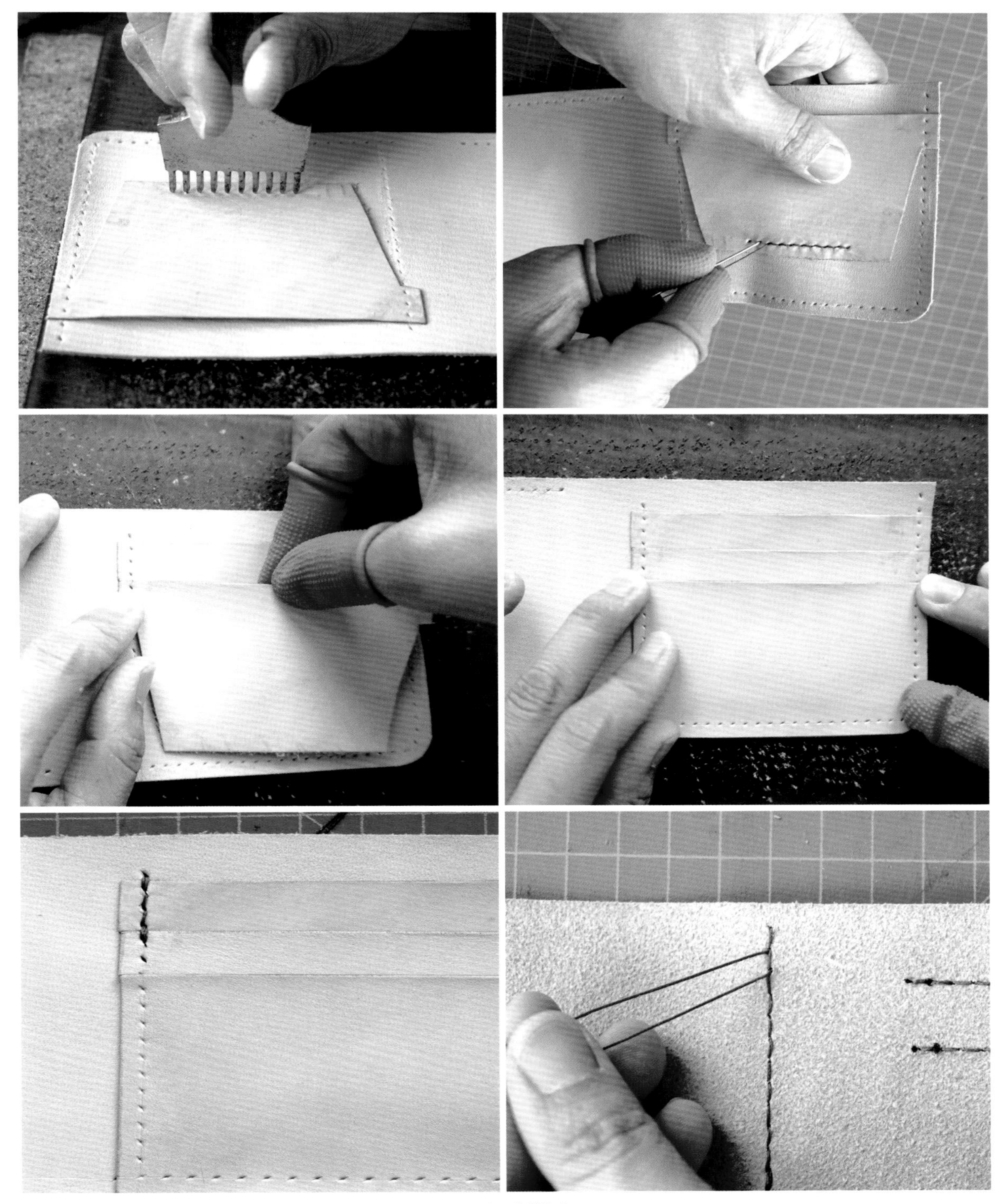
图 4-42 缝制卡位

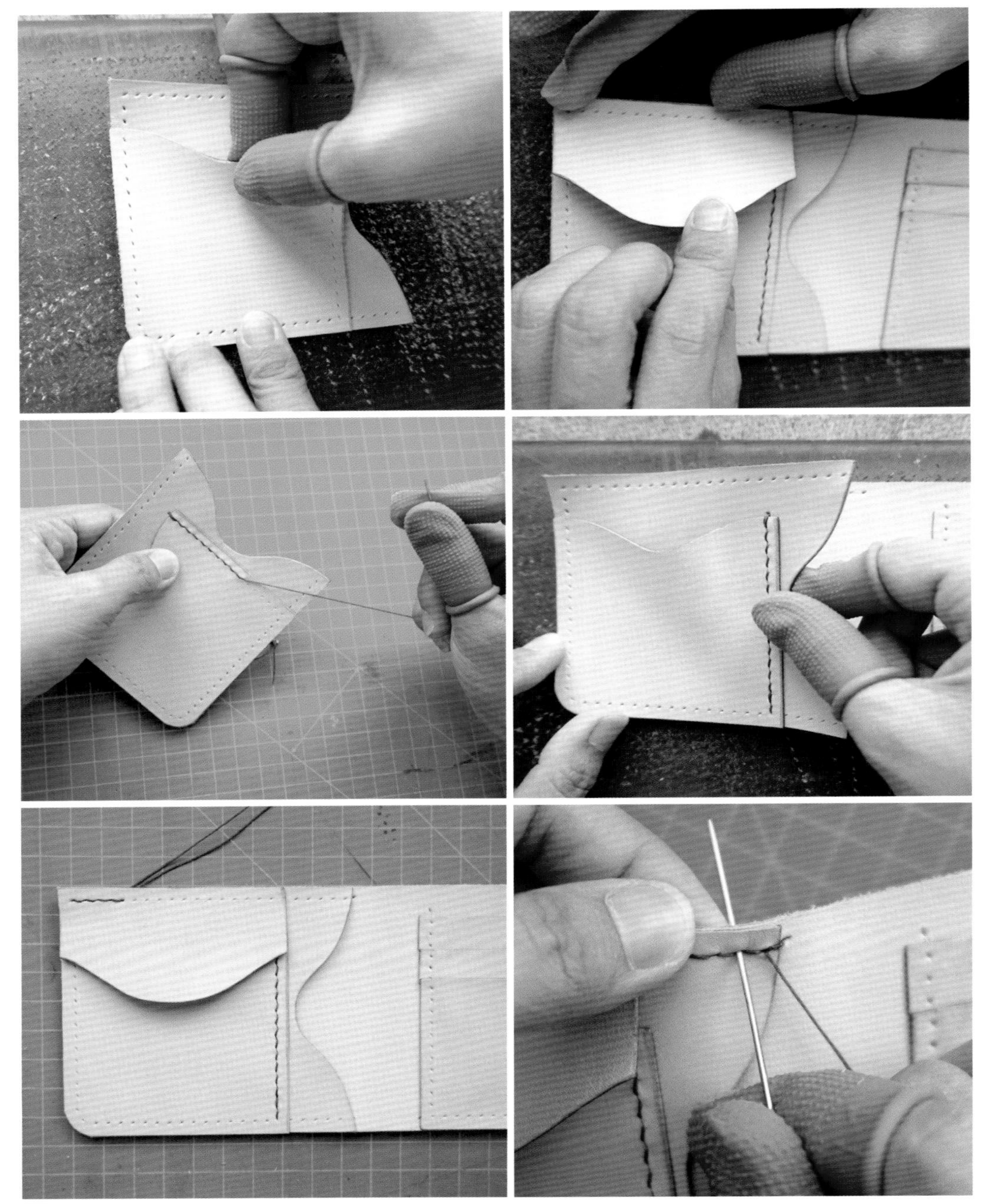

图 4–43　缝制零钱位

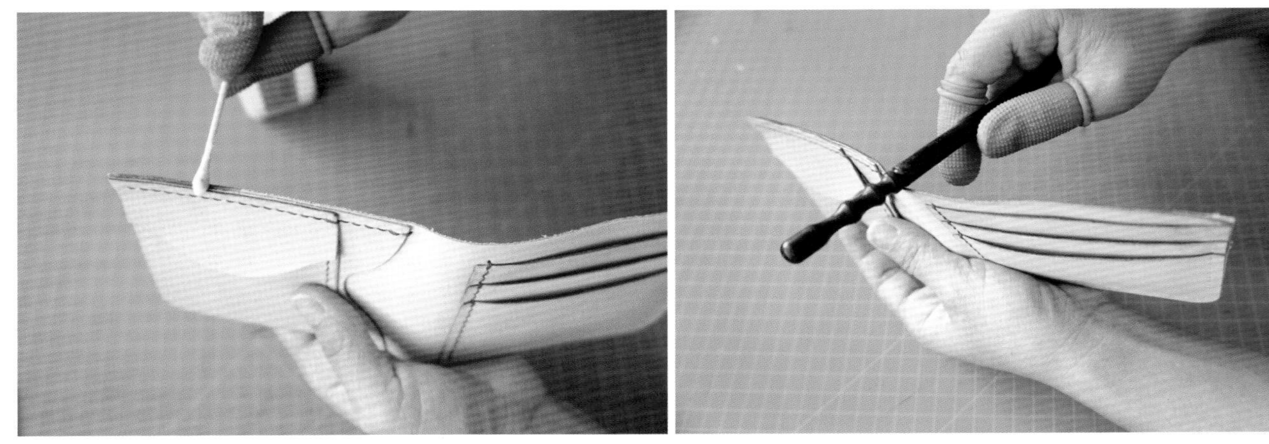

图 4–44　打磨

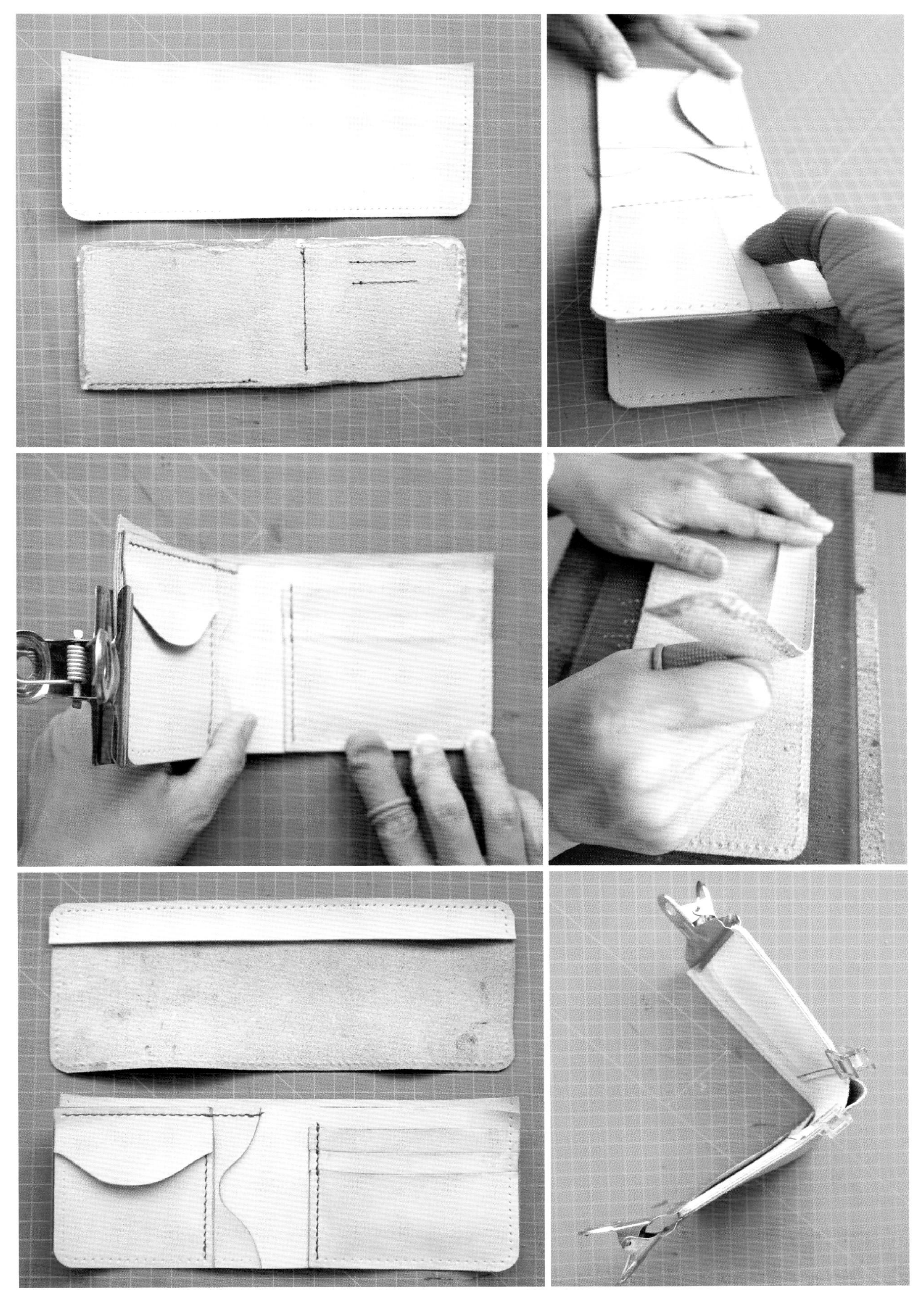

图 4-45　夹层黏合

可以将外层内贴与外层内面上边缘黏合。

(6) 将内夹层与包外层黏合。黏合方式同两夹层黏合一样（图 4–46）。

（四）整体缝合

缝合是整体一圈不分段缝制，从底部中间起针，绕缝一圈后在底部另一边收尾。缝到零钱袋盖叠加位置时，多绕缝一次加固。用木夹固定住，双手缝制效率更快（图 4–47）。

（五）整体打磨（图 4–48）

（六）完成（图 4–49）

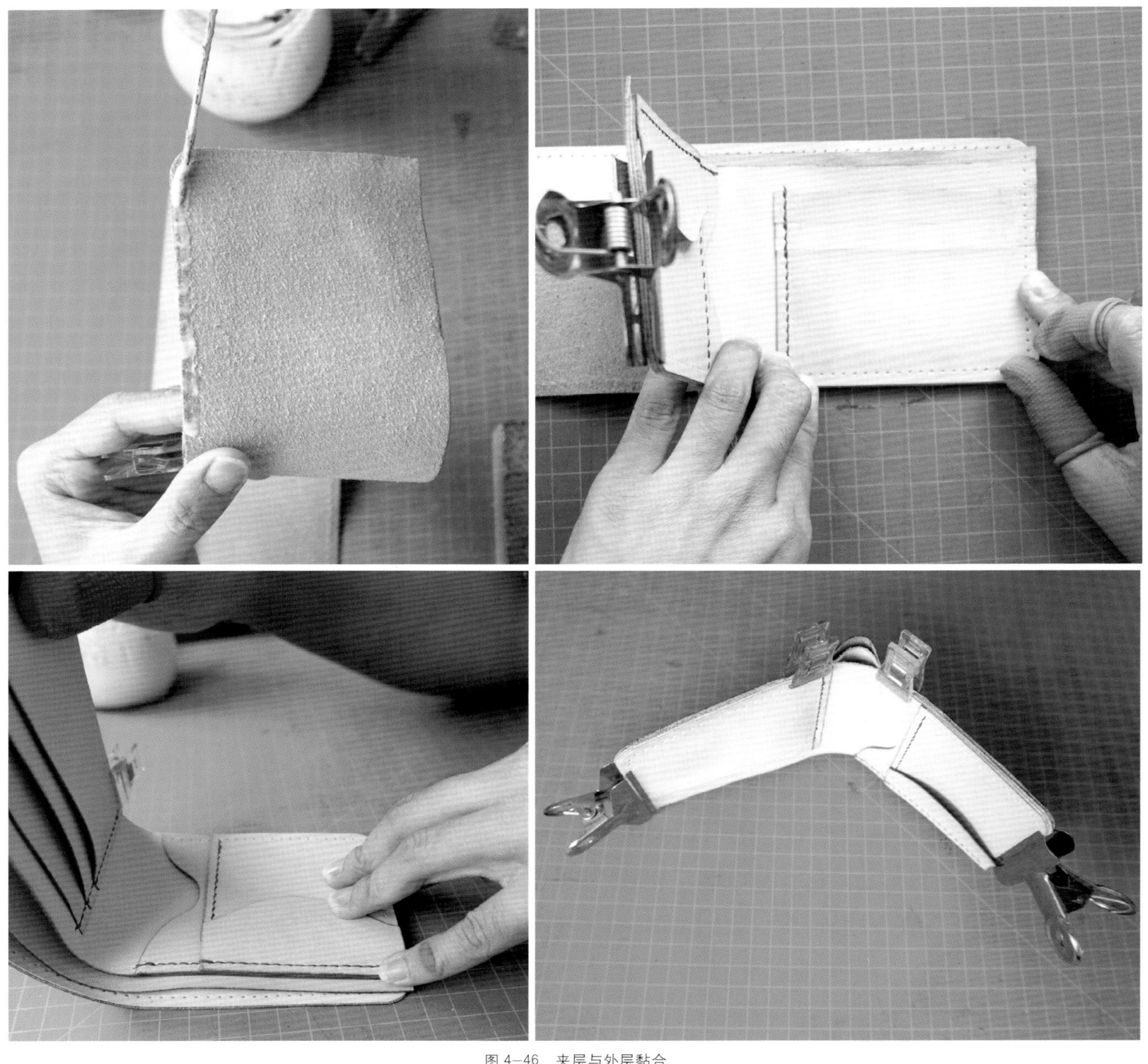

图 4–46　夹层与外层黏合

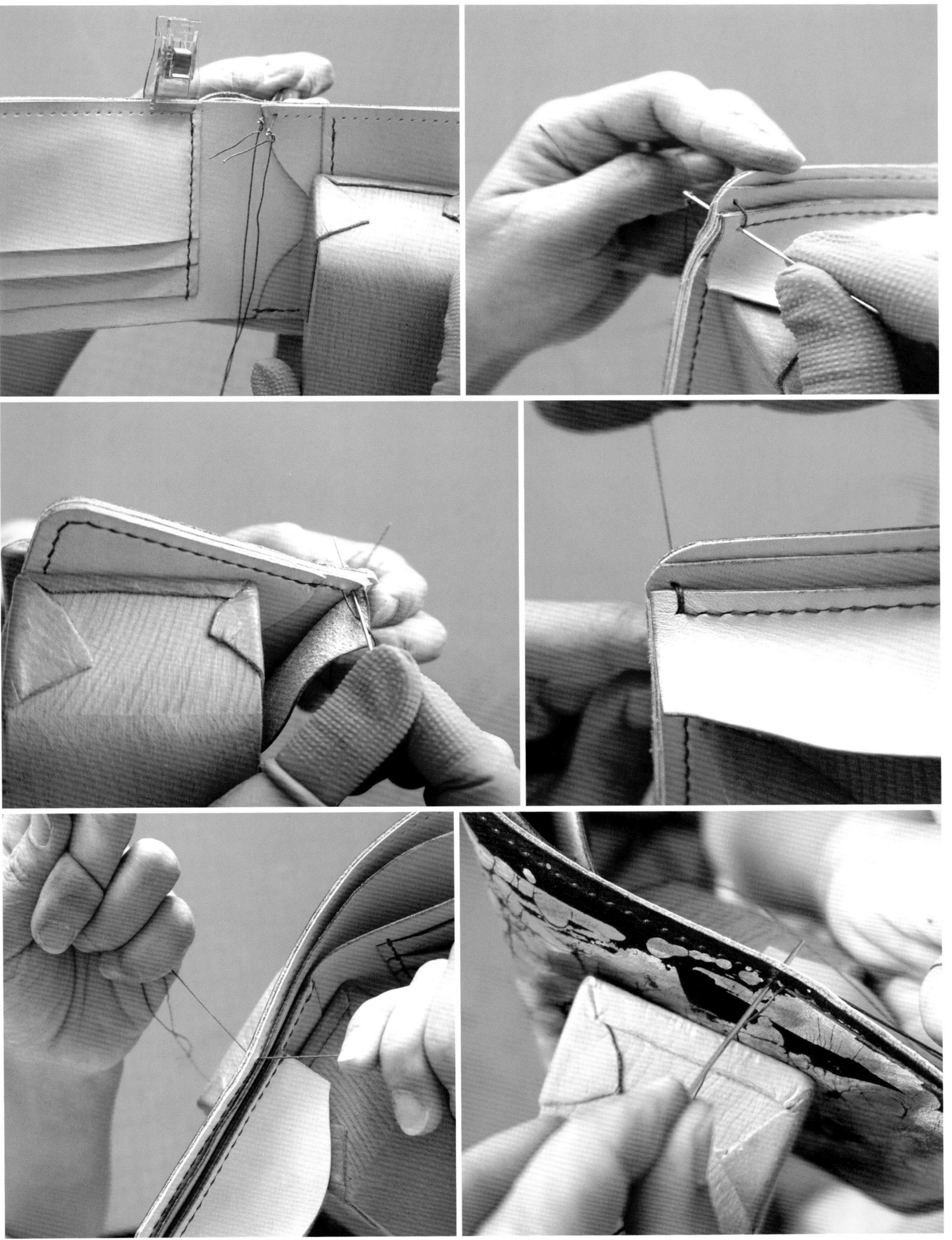

图 4–47 缝合

图 4–48　打磨

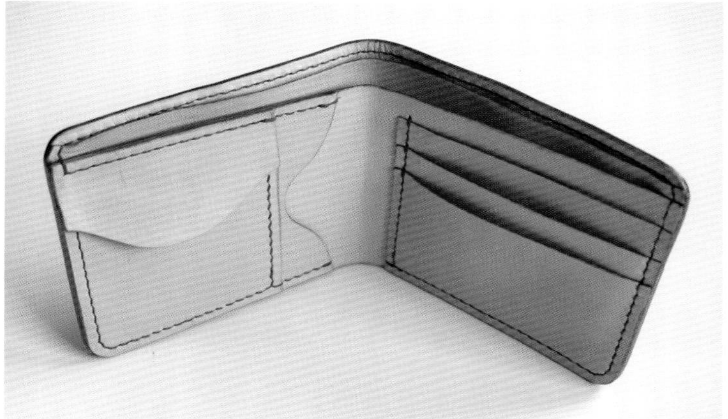

图 4–49　短夹

第五节　长钱夹的制作方法与步骤

这款钱夹有 12 个收纳卡位，可以完美地收纳纸币和卡片。长钱夹看起来结构较为复杂，其实与前面介绍过的作品一样，制作不需要特别的工具和技法，都还在基础范围内。在制作较为复杂的作品时，正确的剪裁非常重要（图 4–50）。

一、 训练目标与要点

（一）基础工艺

裁切皮料、直线缝合、倒圆角、黏合工艺、植鞣革封边、铲薄工艺等。

（二）裁切造型

（三）安装五金（针扣）

二、材料与工具

（一）材料

植鞣革（厚度 1.2mm）。

（二）工具

（1）裁切工具。锥子、钢尺、裁皮刀、半圆冲、圆冲、绿垫板。

（2）修边工具。削薄刀、修边器、粗砂条、封边液、棉签、细砂纸、木制打磨棒、封边蜡、棉布。

（3）打孔工具。划线器、菱斩、橡胶锤、牛筋垫板。

（4）黏合工具。白乳胶、上胶棒 / 竹签、夹子。

（5）缝合工具。手缝针、橡胶指套、圆蜡线、线剪、打火机。

三、长钱夹纸格（图 4–51）

四、长钱夹的制作步骤

（一）裁切皮料（图 4–52）

（二）打磨

将划红线位置的边缘提前打磨抛光（图 4–53）。

（三）定位、打孔

右侧卡位排列顺序如图 4–54 所示，卡位片朝向按先左后右的顺序叠加。

每片间距调整均匀后，用锥子定下基准点（图 4–55）。

然后在需要打孔的位置划出基准线。打斩时需要注意，从上层先打，然后用上面一层的孔位去定下一层的孔位（图 4–56）。

（四）打斩

圆角顶点先用一齿斩斩出缝孔，再用两齿斩由上一个孔往两边压出点位，根据这个点位向两侧作业敲出缝孔。斩每次起落时，用一个斩刃外侧抵住上一次打孔作业的最后一个缝孔，连续往下打（图 4–57）。

当上面一层的孔位打好后，按叠加顺序摆放好，用锥子根据打好的孔位定出几个基准点。在叠加层的边缘，用两齿斩微微调整斩间距，使斩孔与该皮边缘的距离一定大于 2mm，以免缝合时皮边因为线的收紧而破损（图 4–58）。

（五）右侧卡位的缝制

（1）卡位夹层左右两边以及下边边缘 0.5cm 宽处都削薄，并均匀涂上白乳胶。将 C02 片与上面卡位层重叠黏合

图 4–50　长夹

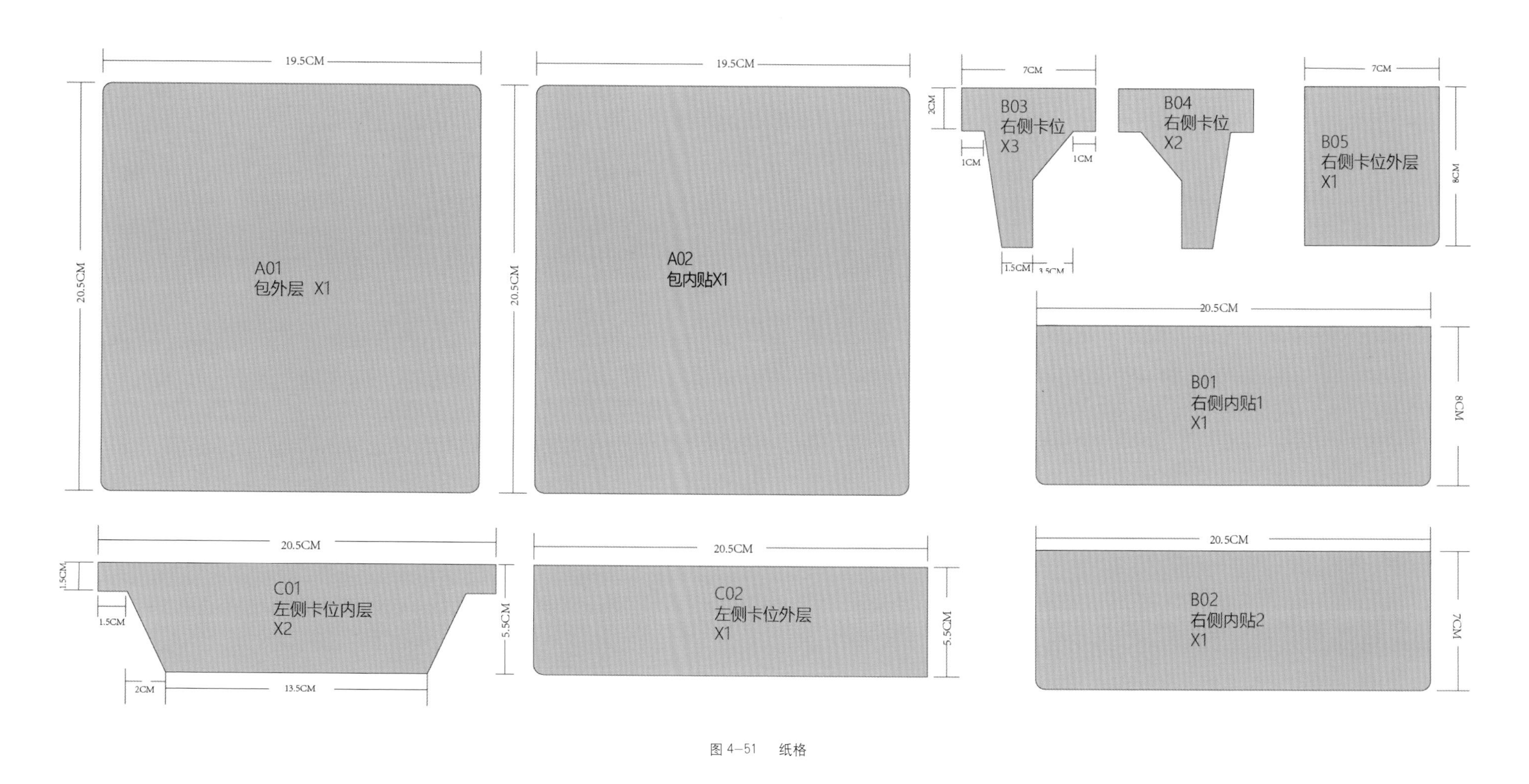

19.5CM
20.5CM
A01
包外层 X1
19.5CM
20.5CM
A02
包内贴X1
7CM
2CM
B03
右侧卡位
X3
1CM
1CM
1.5CM
3.5CM
B04
右侧卡位
X2
7CM
B05
右侧卡位外层
X1
8CM
20.5CM
B01
右侧内贴1
X1
8CM
20.5CM
1.5CM
C01
左侧卡位内层
X2
1.5CM
5.5CM
2CM
13.5CM
20.5CM
C02
左侧卡位外层
X1
5.5CM
20.5CM
B02
右侧内贴2
X1
7CM

图 4-51　纸格

图 4–52　裁皮

图 4–53　磨边示图组

图 4-54　定位图组

图 4-55　定位

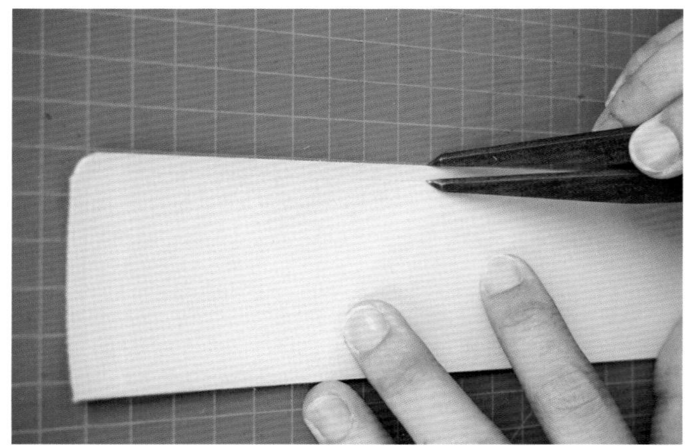

图 4-56　划线

图 4—57　打斩

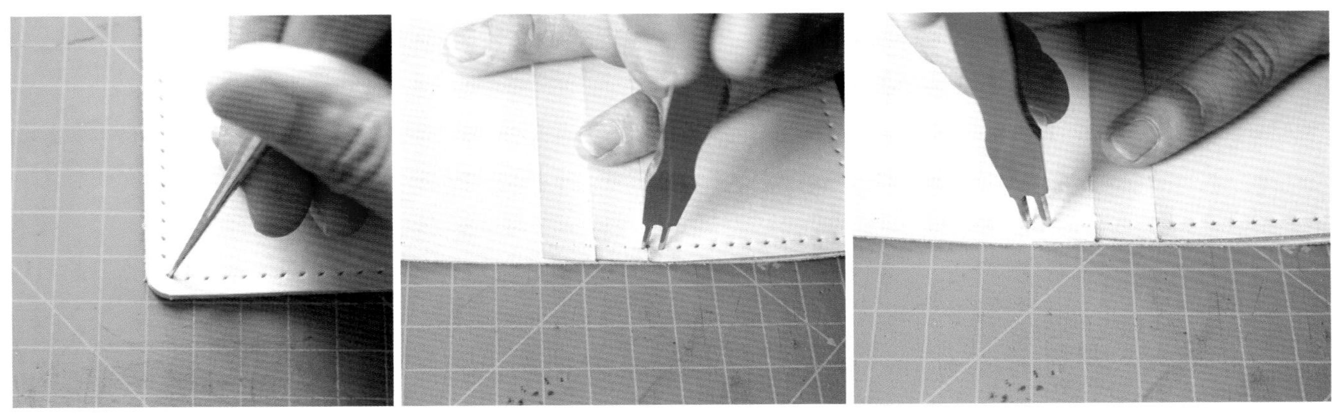

图 4—58　定孔位图

的部位边缘，用粗砂纸打磨粗糙，方便黏合（图 4–59）。

（2）根据之前定好的点位将第一片卡位黏合，锤子将上胶的部位轻轻敲打后，在卡位片的下边打斩并缝线（图 4–60）。

（3）一次将卡位片黏合缝好，直至最外层卡位片黏合（图 4–61）。

（4）卡位左侧边线的缝合，从上往下缝合，每逢到叠加处的边缘缝孔多绕缝一针加固。结线时，将针脚从最底部再往上缝两针，使线头结在皮背面倒数第二和第三孔。

（5）卡位侧边打磨（图 4–62）。

（六）最外层定位、打孔

A02 内贴根据里面卡位夹层打好孔后，与包外层正面对正面叠加对齐后，在外层上对孔位定基准点，然后划线打孔（图 4–63）。

（七）左侧卡位的缝制

将左侧卡位片左右以及下边缘铲薄，然后上胶与内贴皮对应位置黏合。卡位片下端划基准线，打孔并缝合。第二层卡位片以同样方式黏合缝制，外层卡位片黏好后，用锤子轻轻敲击边缘使其更加牢固（图 4–64 ～图 4–66）。

在卡位片正中间用锥子划一条基准线，以隔开卡位。然后根据基准线打斩缝合（图 4–67）。

（八）外层黏合、缝制、打磨

最外层背面均匀涂上白乳胶，将内贴与外层对齐黏合，然后用滚轮滚压以使皮革黏合得更加紧密。将右侧卡位层与内贴皮右侧对齐黏合（图 4–68）。在缝制时，叠加层都是卡位的开口部分，因此，缝制叠层时需要回缝一针以提高其耐用度（图 4–69）。

最后，边缘打磨抛光（图 4–70）。

成品如图 4–71 所示。

图 4–59　铲薄、上胶、磨边

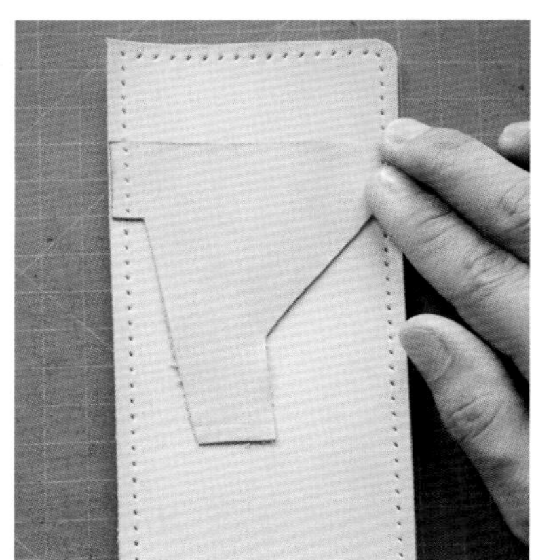

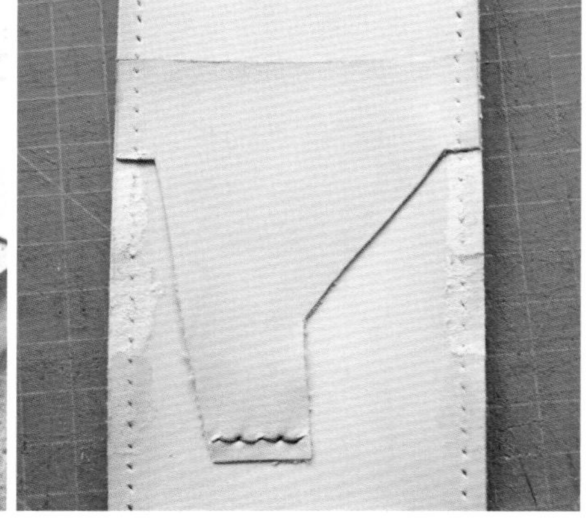

图 4–60　黏合、打斩、缝合

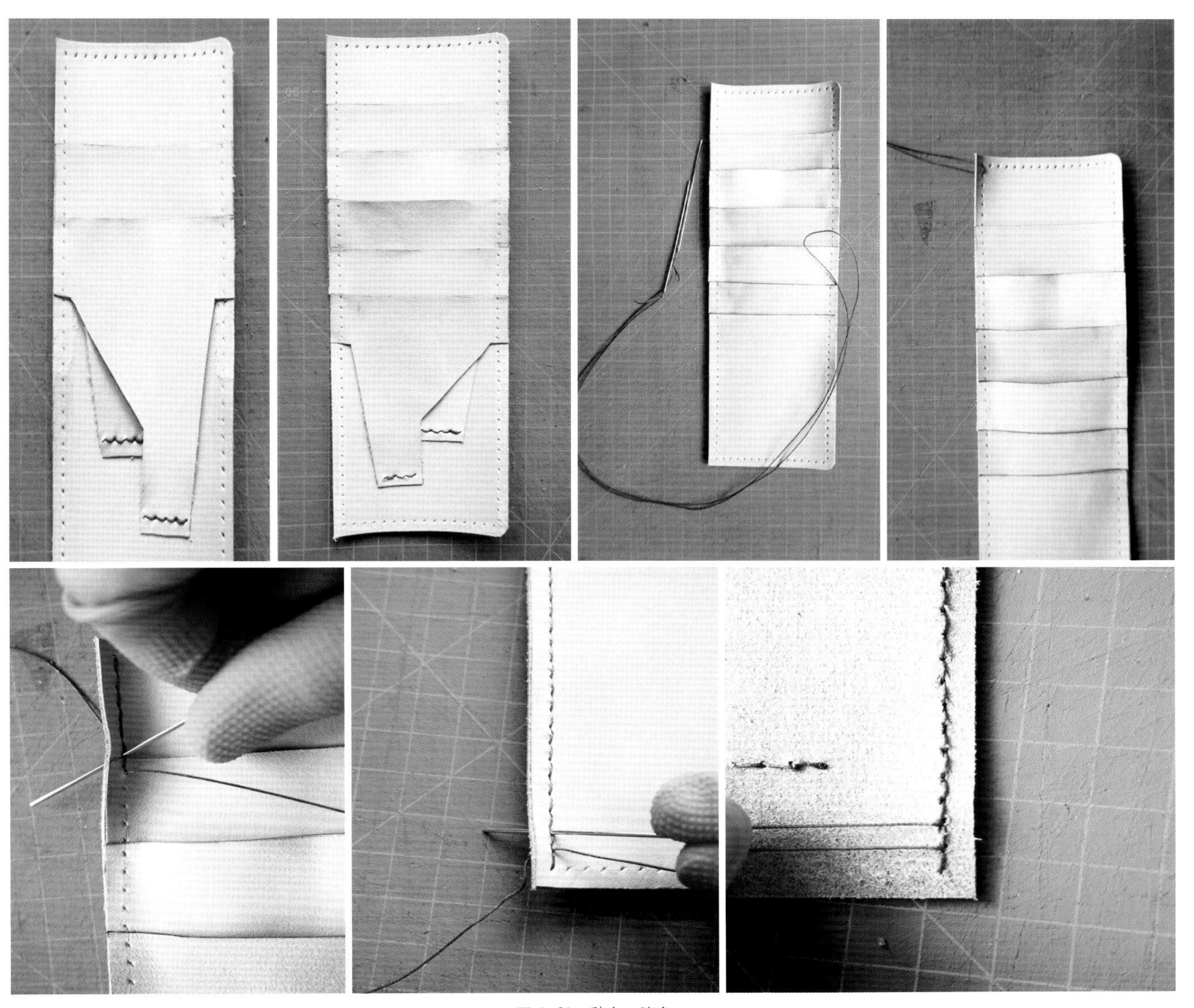

图 4–61 黏合、缝合

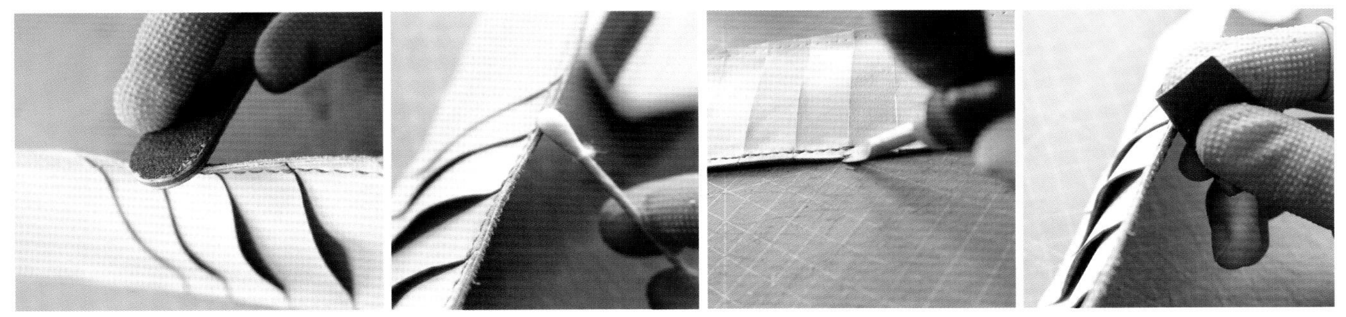

图 4–62 卡位侧边打磨

图 4-63　外层定位、打孔图

图 4-64　铲薄、上胶、黏合

图 4-65　划线、打斩、缝合

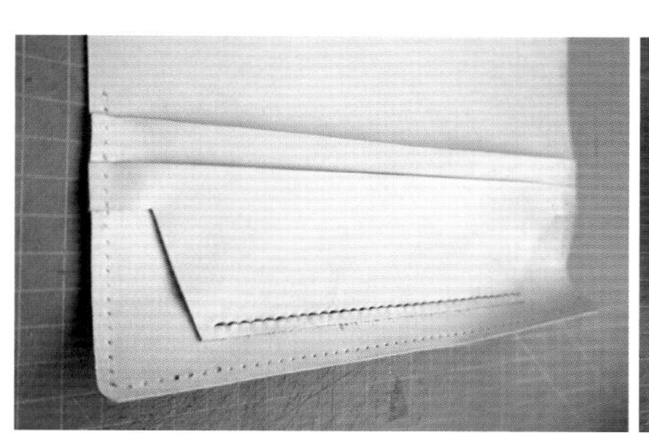
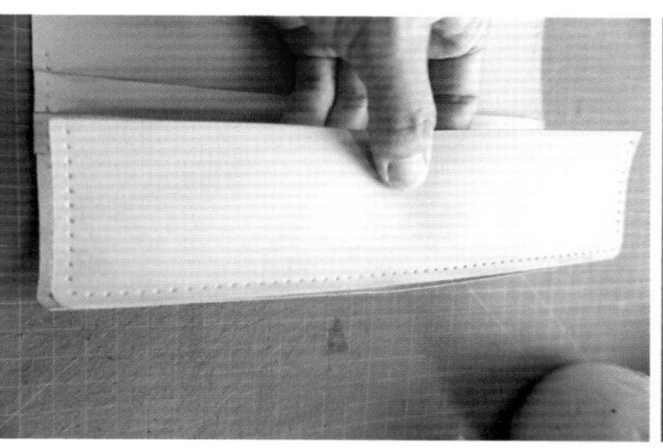

图 4-66 黏合卡位外层

图 4-67 缝制间隔线

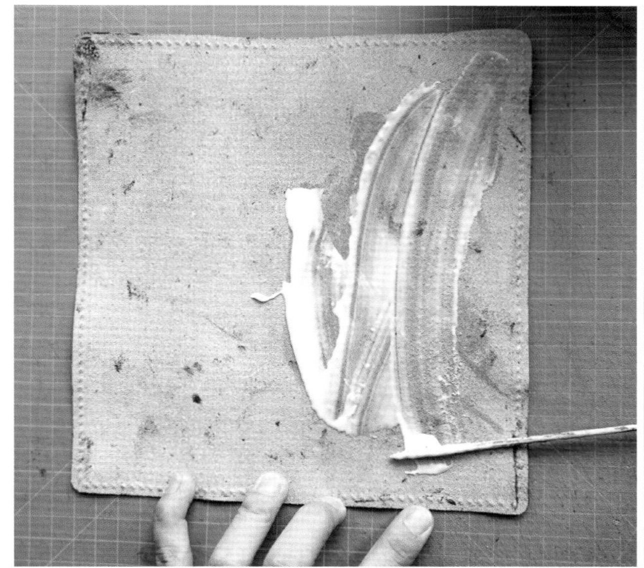

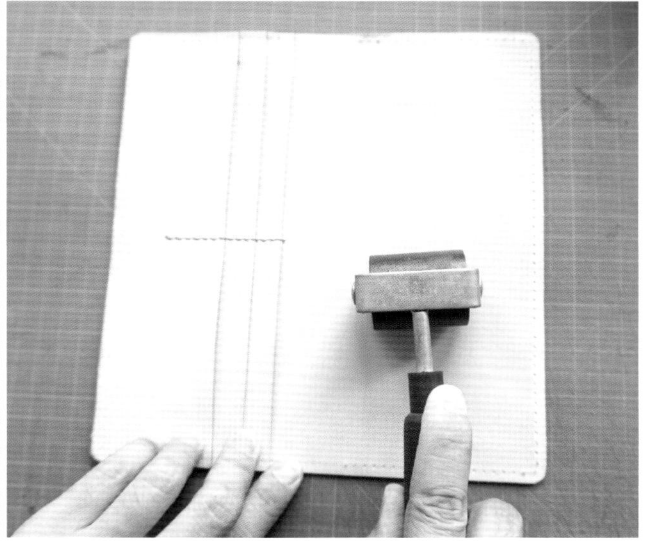

图 4-68 最外层黏合

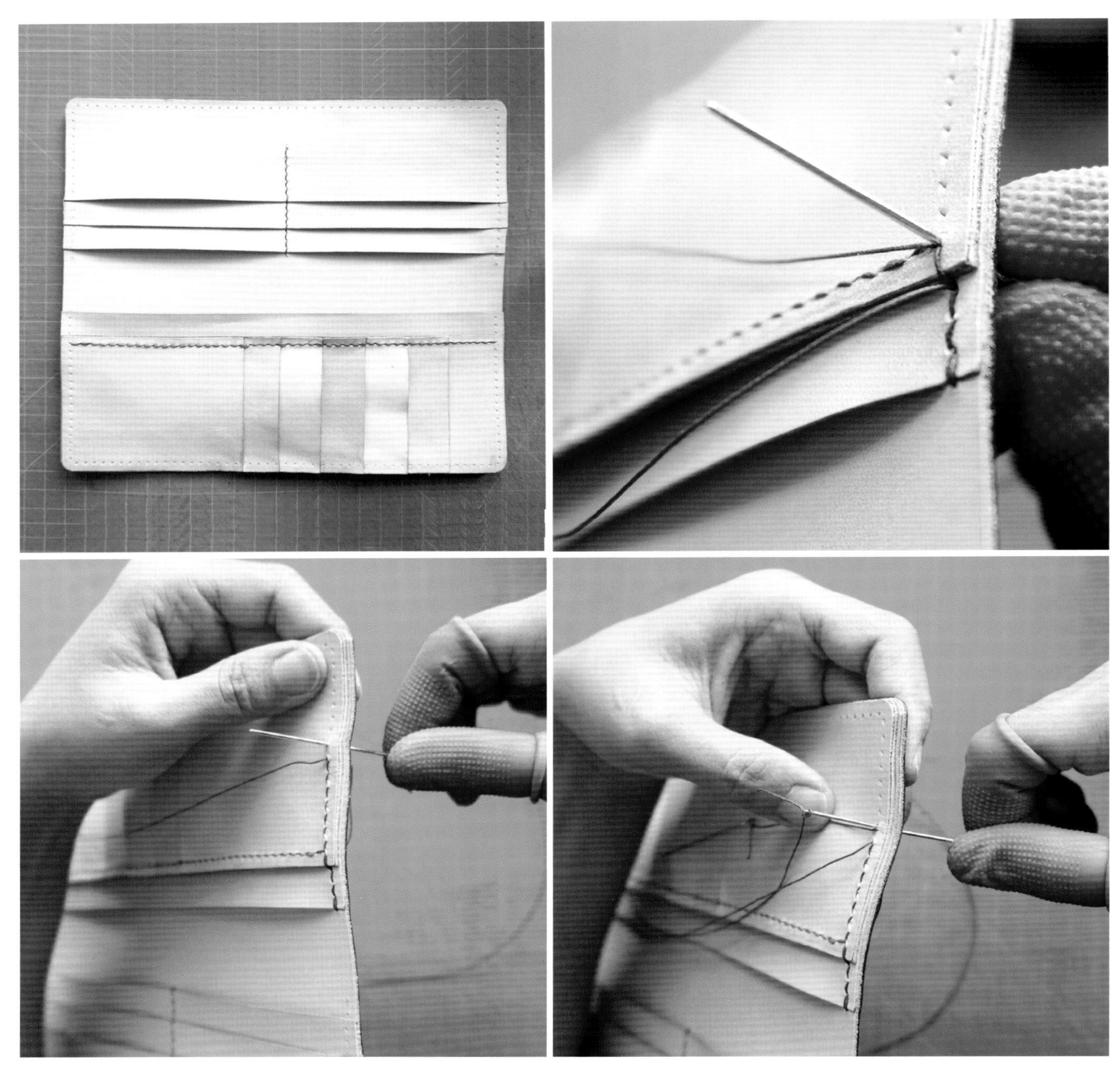

图 4-69　缝合

图 4–70 打磨抛光

图 4–71 长夹

第六节　拉链化妆包的制作方法与步骤

化妆包（图 4—72）是实用与美观相结合的皮具，它外形简洁，收纳功能非常强大。它既可以作为内胆包袋使用，平时也可以当手拿包用。而在制作技法上基本与前文一致，袋口拉链的安装需要注意其安装方法。

一、　训练目标与要点

（一）基础工艺

裁切皮料、直线缝合、倒圆角、黏合工艺、植鞣革封边、铲薄工艺等。

（二）打角缝合

（三）安装拉链

二、材料与工具

（一）材料

黑色植鞣革（厚度 1mm）、26cm3 号拉链，拉链头和上下止一套。

（二）工具

（1）裁切工具。锥子、钢尺、裁皮刀、半圆冲、圆冲、绿垫板。

（2）修边工具。修边器、粗砂条、封边液、棉签、细砂纸、木制打磨棒、封边蜡、棉布。

（3）打孔工具。划线器、菱斩、橡胶锤、牛筋垫板。

（4）装拉链工具。千顶切钳、平口钳。

（5）黏合工具。黄胶、上胶棒 / 竹签、夹子。

（6）缝合工具。手缝针、橡胶指套、圆蜡线、线剪、打火机。

三、拉链化妆包纸格（图 4—73）

四、拉链化妆包的制作步骤

（一）裁切、开料

按照纸格裁切皮料，包括包身、拉链尾，拉链片（图 4—74）。

（二）打斩

间距规量好 3mm 间距，在所要打孔的位置沿着边缘划线，直角拐角处两条线相会即可，无需交叉延伸到边缘。同时，打角处的顶点不要打孔，即侧边内凹的直角顶点不打孔（图 4—75）。

（三）打磨

拉链口的边缘先打磨光亮（打磨方式详见第二部分第六节）（图 4—76）。

（四）组合拉链

（1）在拉链布上做好标记，记号以拉链口长为准，前后多余的地方用钳子去掉，尾巴可多留几个齿（图 4—77）。

图 4—72　化妆包

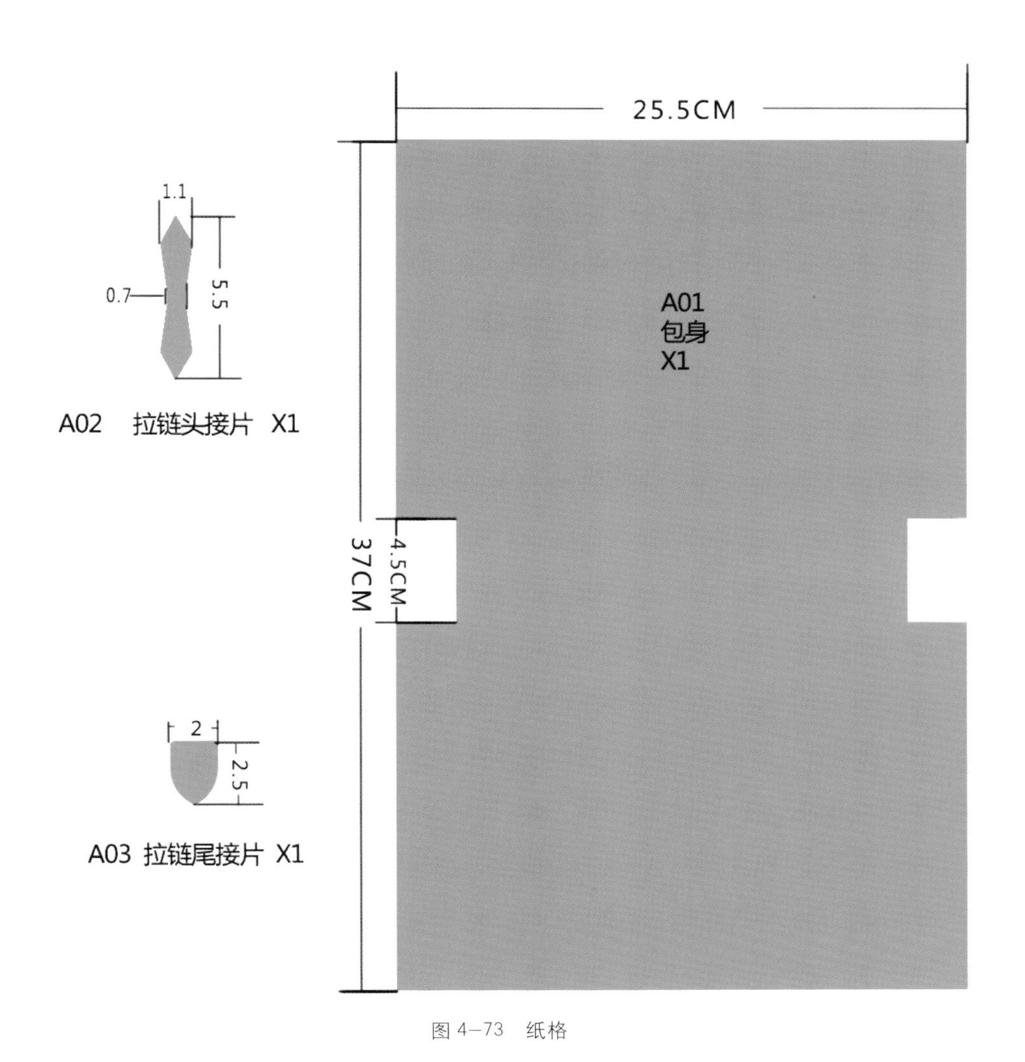

图 4–73 纸格

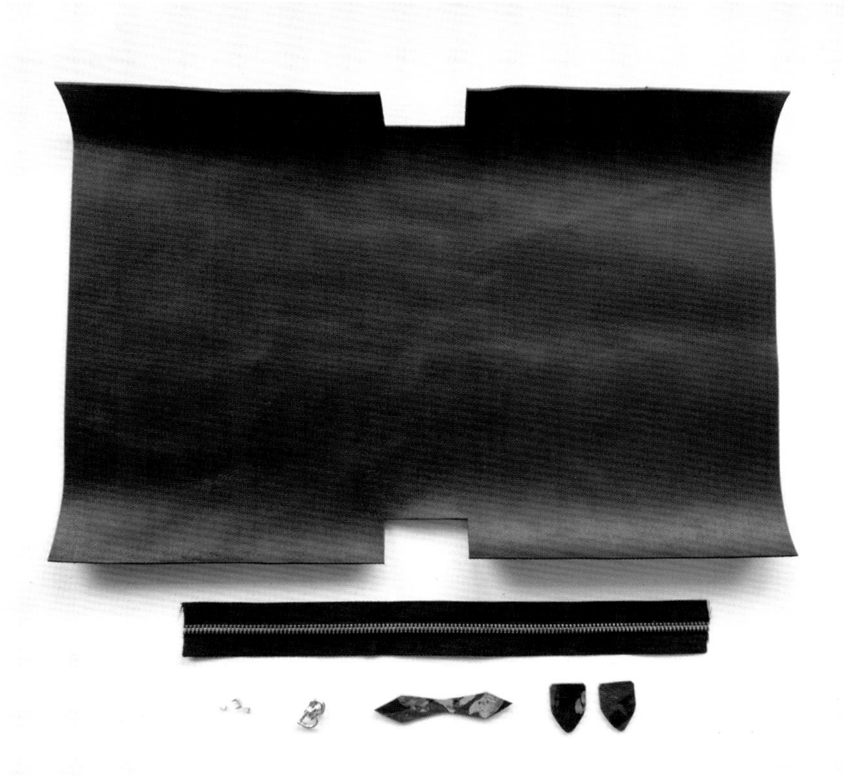

图 4–74 物料图

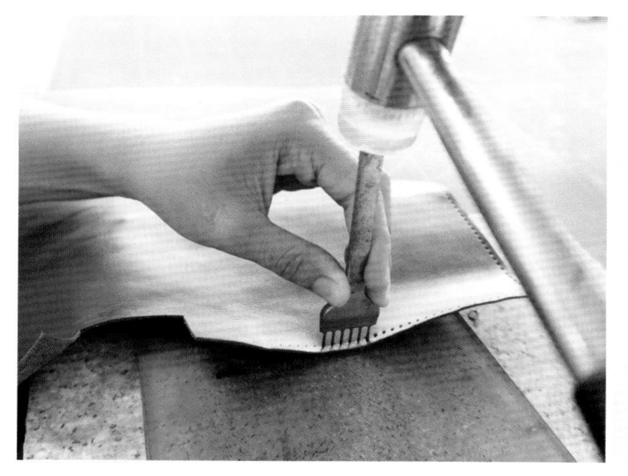

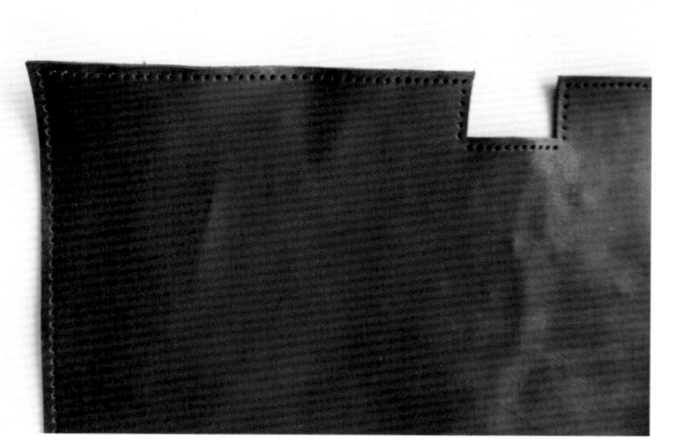

图 4–75　打斩

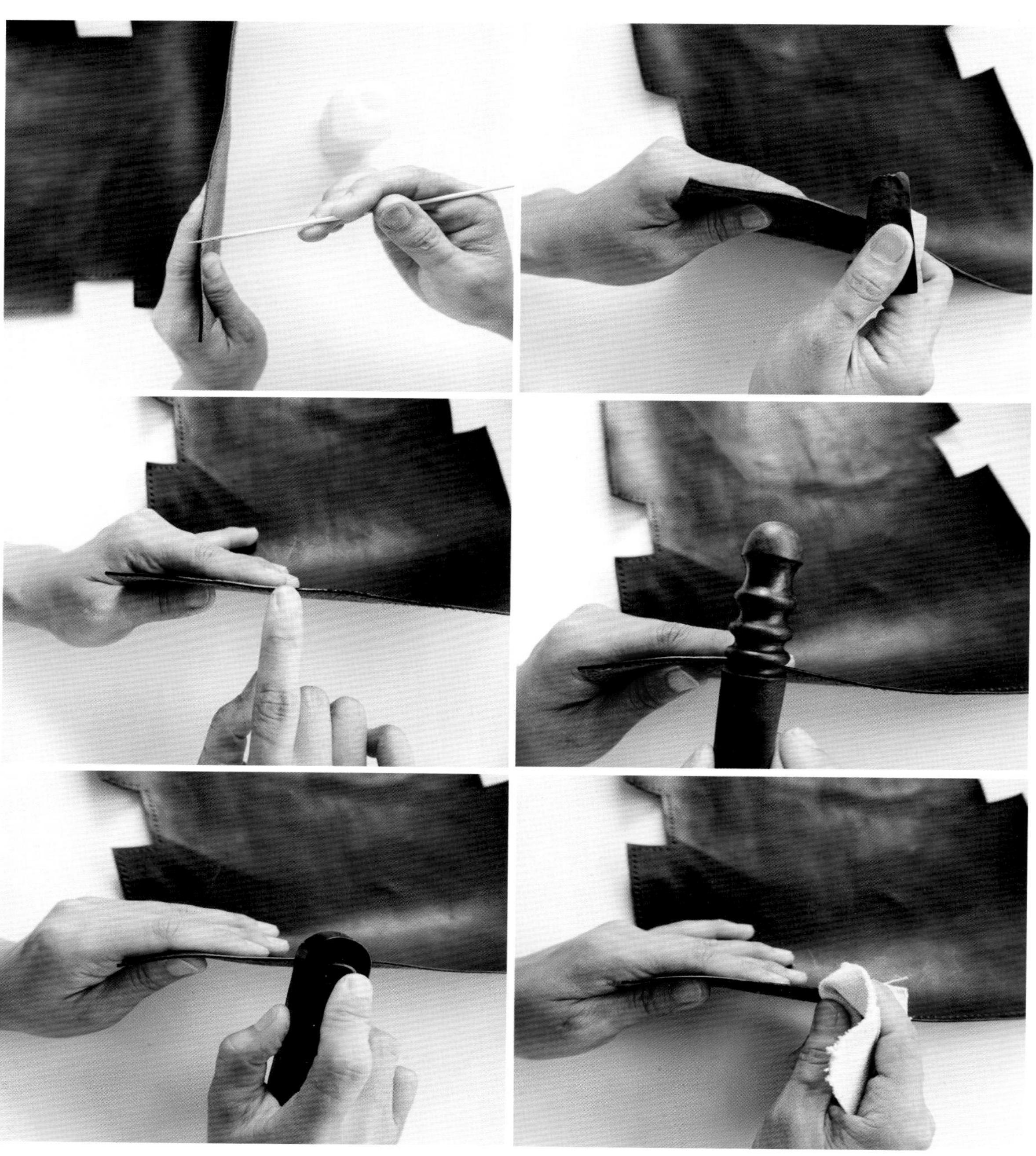

图 4–76　打磨

（2）取拉链齿的方式。用拉链千顶切钳去除拉链齿，再将拉链头的平口一端对准拉链齿上有凸起的一端安装进去，最后平口钳分别安装上下齿（图 4–78）。

（3）拉链拉片上胶黏合，然后在中心位置打 4 个孔，缝合（图 4–79）。

（4）拉链尾边缘打斩上胶，拉链布尾端背面往中间折叠，用拉链尾片将布夹在中间，黏牢后缝合（图 4–80）。

（5）对拉链尾和拉链接片进行打磨抛光（图 4–81）。

（五）缝制拉链

袋口与拉链粘黏平整，所露出的布边上下均匀（图 4–82）。黏好后缝合，起针和结线时将布边内折藏起，同时线多绕两圈加以固定（图 4–83）。

（六）包袋侧边缝合

（1）从袋口往下起缝，起始位置和收尾处各多饶两圈加固（图 4–84）。

（2）缝到打角处，从中间向一边起缝，到顶点后再缝向另一边，最后回到中间位置结线（图 4–85）。

（七）收尾

缝好后翻回正面，稍稍用手抻一抻形（图 4–86）。完成图如图 4–72 所示。

图 4–77　拉链位置图

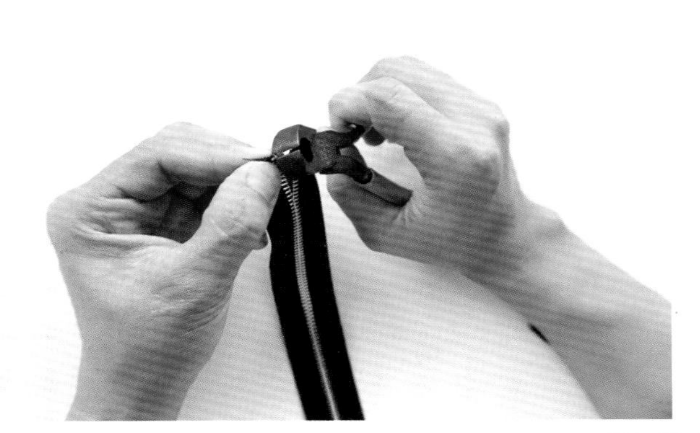

图 4–78　取拉链齿

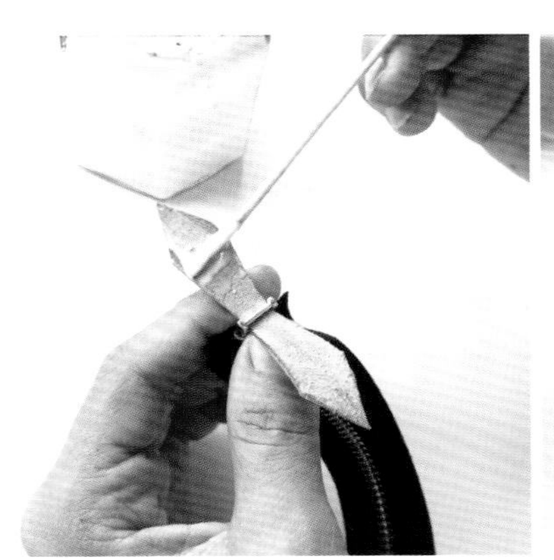

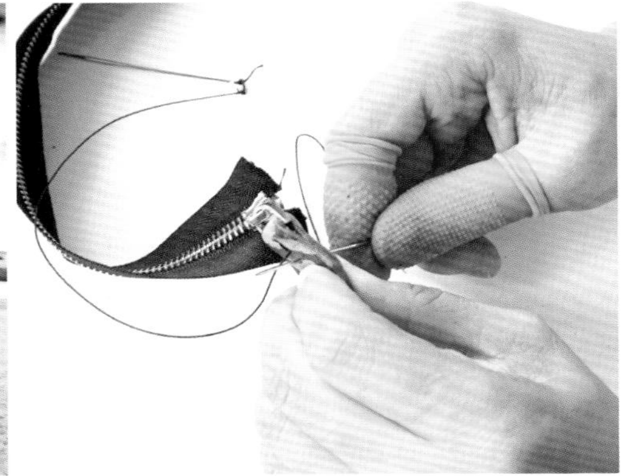

图 4–79　固定拉片

图 4–80　固定拉链尾

图 4–81　打磨

图 4–82　拉链黏合

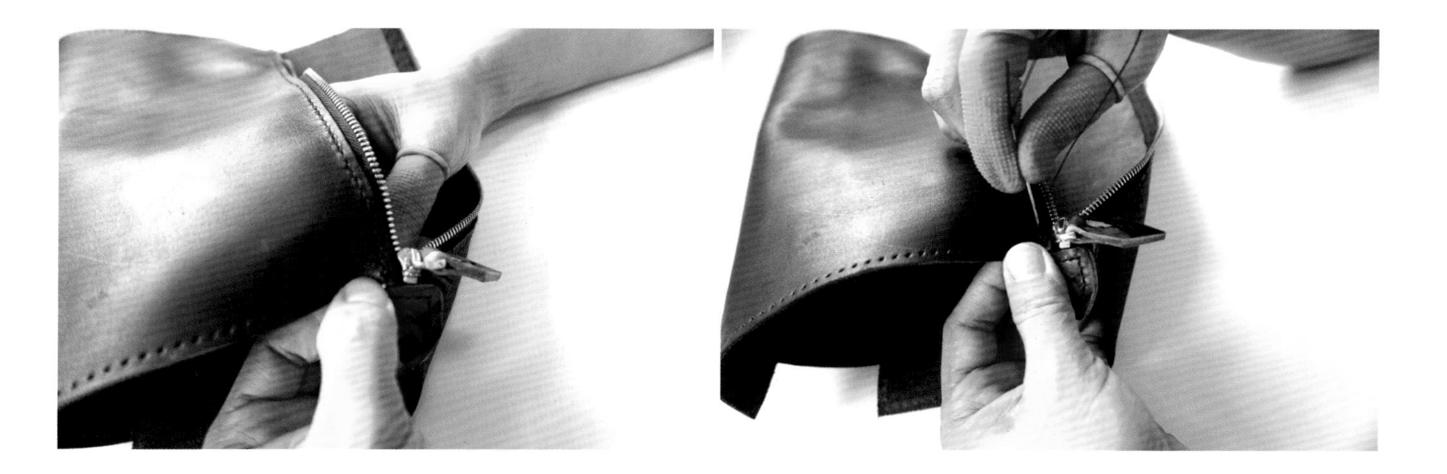

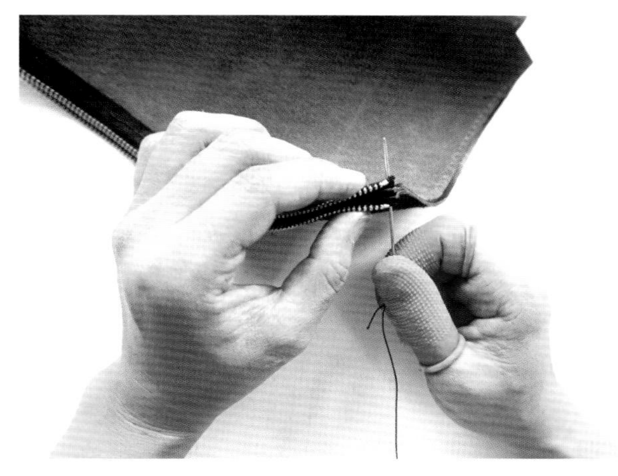

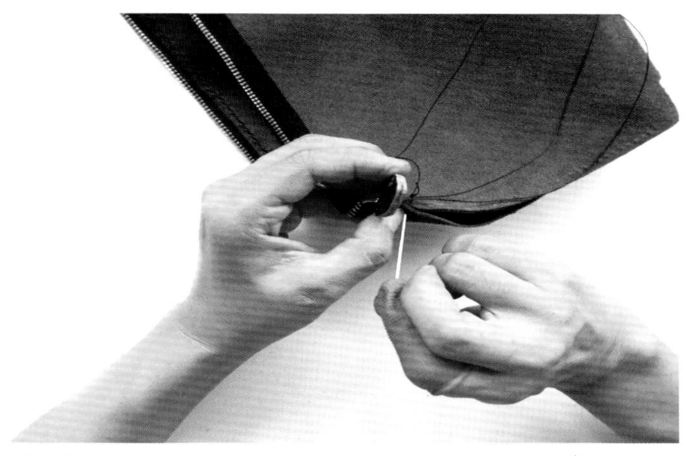

图 4–84 侧面缝合

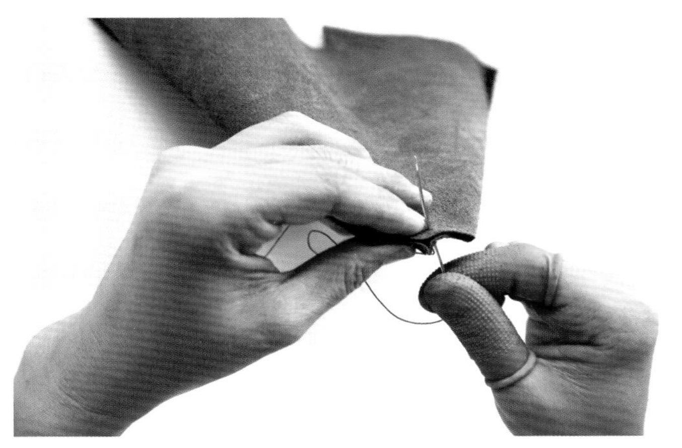

图 4–85 打角

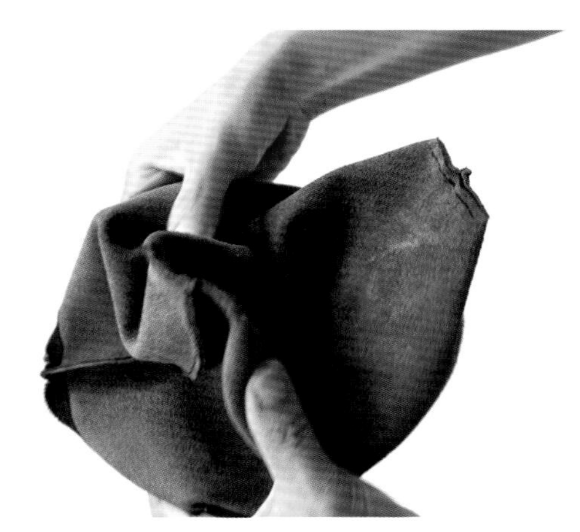

图 4–86 翻正

第七节 迷你医生包的制作方法与步骤

迷你医生包如图 4–87 所示。

一、训练目标与要点

（一）基础工艺

裁切皮料、直线缝合、倒圆角、黏合工艺、植鞣革封边、铲薄工艺等。

（二）内、外袋缝合

（三）安装内置夹子口、五金（脚钉磁扣、D 扣、钩扣、链条）

二、材料与工具（图 4–88）

（一）材料

黑色植鞣革；12cm 长医生口金一对；内经 1.5cmD 扣四个；内经 1.3cm 钩扣一对；柱长 1cm 工字螺丝钉一对；直径 0.7cm 脚钉四个；薄磁扣一对；长度 40cm 链条两条；内衬布。

（二）工具

（1）裁切工具。锥子、钢尺、裁皮刀、半圆冲、圆冲、绿垫板。

（2）修边工具。削薄刀、修边器、粗砂条、封边液、棉签、细砂纸、木制打磨棒、封边蜡、棉布。

（3）打孔工具。划线器、菱斩、橡胶锤、牛筋垫板。

（4）黏合工具。白乳胶、上胶棒 / 竹签、夹子。

（5）缝合工具。手缝针、橡胶指套、圆蜡线、线剪、打火机。

三、迷你医生包纸格（图 4–89）

四、迷你医生包的制作步骤

（一）裁切皮料

根据纸版裁切出各个块面皮料，皮料圆角先不切。而是用适合的半圆冲冲出圆角部位，用 4mm 直径的圆冲冲

图 4-87　迷你医生包

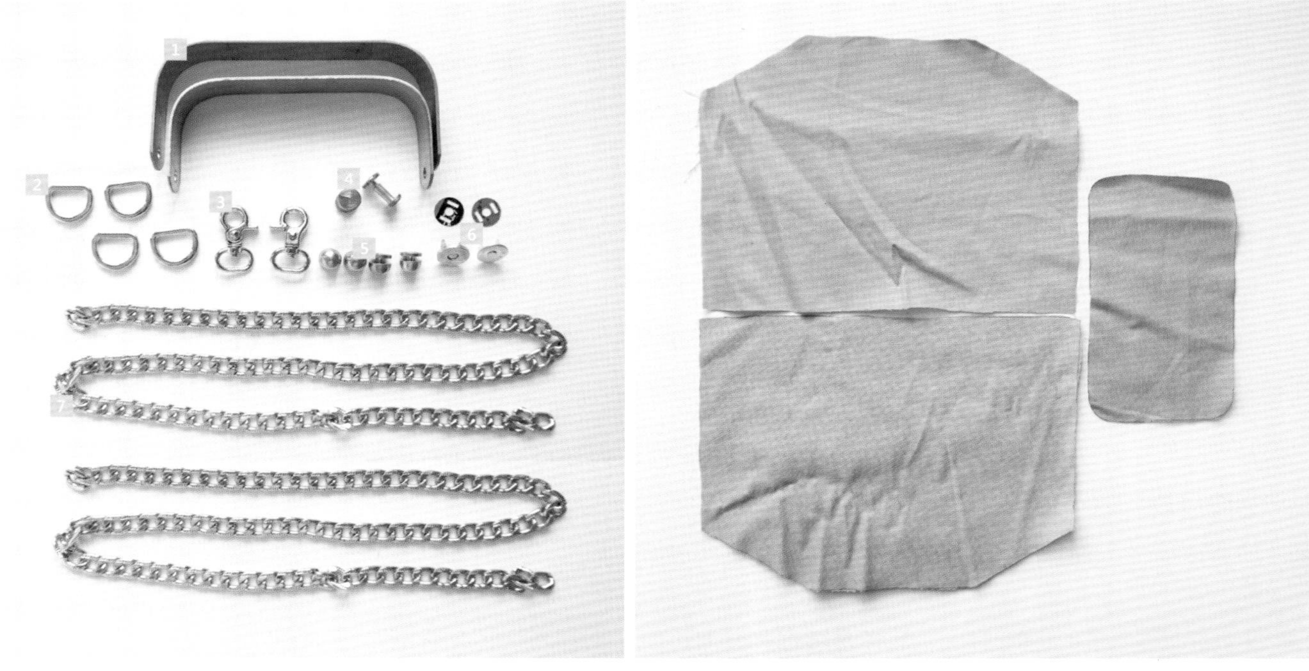

图 4-88　材料

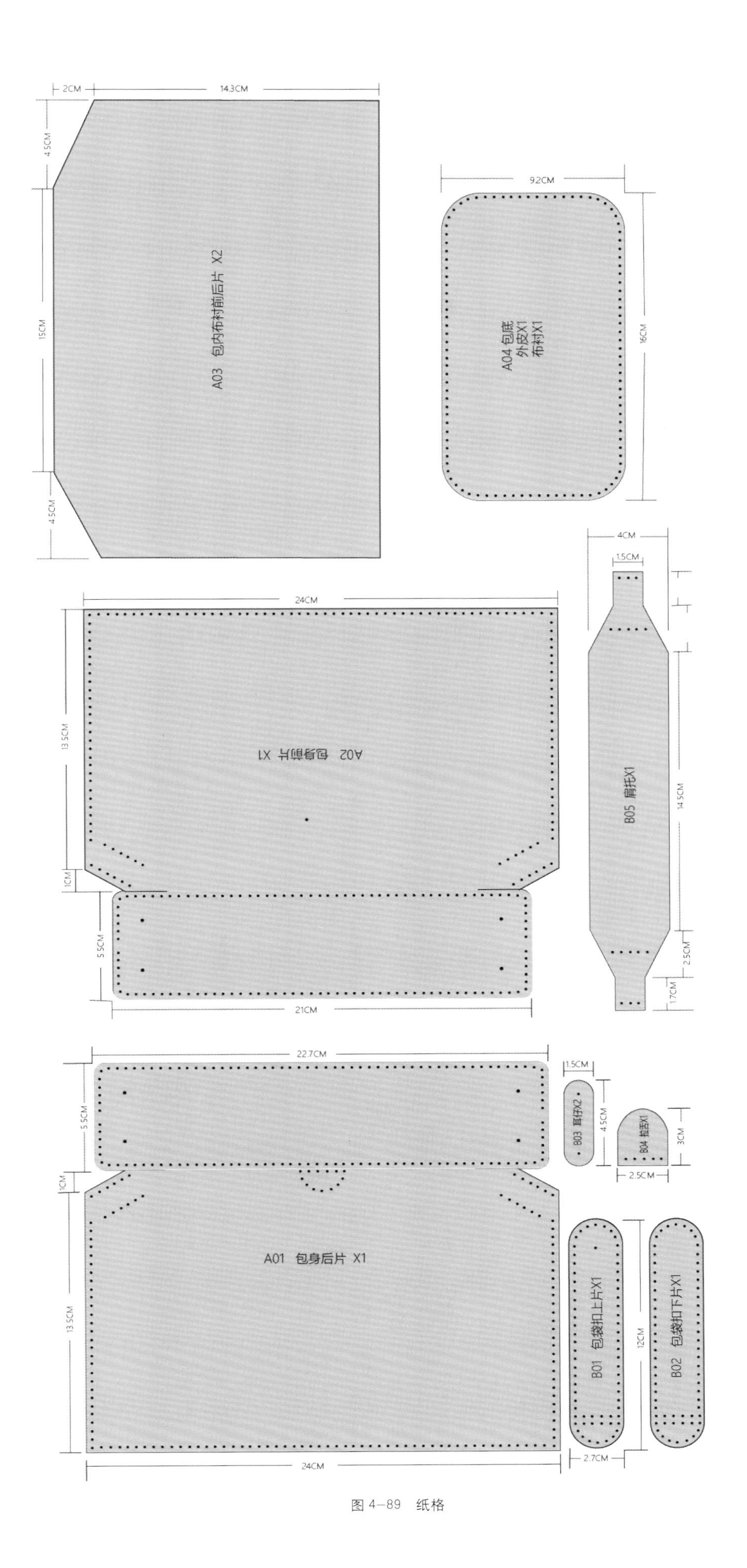
2CM
14.3CM
4.5CM
15CM
4.5CM
A03 包内布衬前后片 X2
9.2CM
16CM
A04 包底
外皮X1
布衬X1
4CM
1.5CM
24CM
13.5CM
A02 包身前片 X1
1CM
5.5CM
21CM
B05 肩托X1
14.5CM
2.5CM
1.7CM
22.7CM
5.5CM
1CM
1.5CM
B03 耳仔X2
4.5CM
B04 拉舌X1
3CM
2.5CM
A01 包身后片 X1
13.5CM
B01 包袋扣上片X1
12CM
B02 包袋扣下片X1
2.7CM
24CM

图 4-89 纸格

出前后片以及耳仔上的孔位。用 3mm 直径的圆冲冲出包底上的圆孔（图 4–90）。

（二）打斩

先划出需要打斩位置的基准线。根据基准线打斩，前后片上部两侧的中心位置不要打孔（图 4–90 中画红线位置），图 4–90 中前后片画相同颜色线的位置，孔数要相同。且前后片底边孔数等于 A04 包底边缘孔数（图 4–91）。

（三）装脚钉、磁扣

（1）将脚钉装在包底片上并用螺丝刀拧紧（图 4–92）。

（2）装磁扣时，将磁扣放在定位点的正上方，并轻轻按压，使磁扣齿在皮面上留下痕迹。再根据痕迹用一字螺丝刀敲出孔洞。磁扣较厚的一片装在包前片上，磁扣齿卡入皮面后，将垫片套在齿上，用锤子将两齿向中间敲平整（图 4–93）。

（四）黏合、缝合袋扣

（1）将装好磁扣的包带扣两片相黏合（图 4–94）。

（2）将袋扣边缘缝合成如图 4–95 所示。

（五）铲薄

前后片两侧需要内折的部位以及底边直角处均匀铲薄（图 4–96）。

（六）打磨抛光

将前后片的开口处以及其他零部件（拉舌、皮带扣、耳仔、肩托）边缘打磨抛光（图 4–97）。

（七）缝合

（1）侧边缝合，起针从图中水银笔标记处起缝。将前后片正面对正面叠放，毛面向外。针脚收尾时，从最后一个孔位再往回缝制三针加固，并将线头留在皮革两侧剪短，用火燎贴服于皮面。缝完后用锤子锤平针脚，使其更加平整（图 4–98）。

（2）底部的缝合。先从侧边中心点位开始缝制，相当于包身侧边两个中心点对应包底侧边一个中心点位。侧边朝外做两次拱针绕缝加固，其余孔位一一对应缝合（图 4–99）。

（3）包袋扣缝合。将缝包体翻回正面，包袋扣与包身缝合按图 4–100（b）中红线走位缝制（图 4–100）。

（八）内袋安放

（1）将事先车缝好的里袋放进包里（图 4–101）。

（2）里袋侧边一端向外翻折，使折后在里袋与外袋侧边中心位置对应的情况下，边缘刚好在外皮切角位置［图 4–101（b）］，确定后在里袋边缘黏上一截双面胶并对折黏合。由于用液态胶容易从布面溢胶，影响美观，在外侧边露出的中心位置涂上薄薄一层黄胶，向内对折包裹住里袋边缘。同时用针根据里外的缝孔校对对折位置。确定后，用锤子敲实黏合处，并用夹子固定一会儿，然后缝合。用针将里袋上端与外袋对应位置固定住，以防缝合口金时，里袋口下滑变形（图 4–102）。

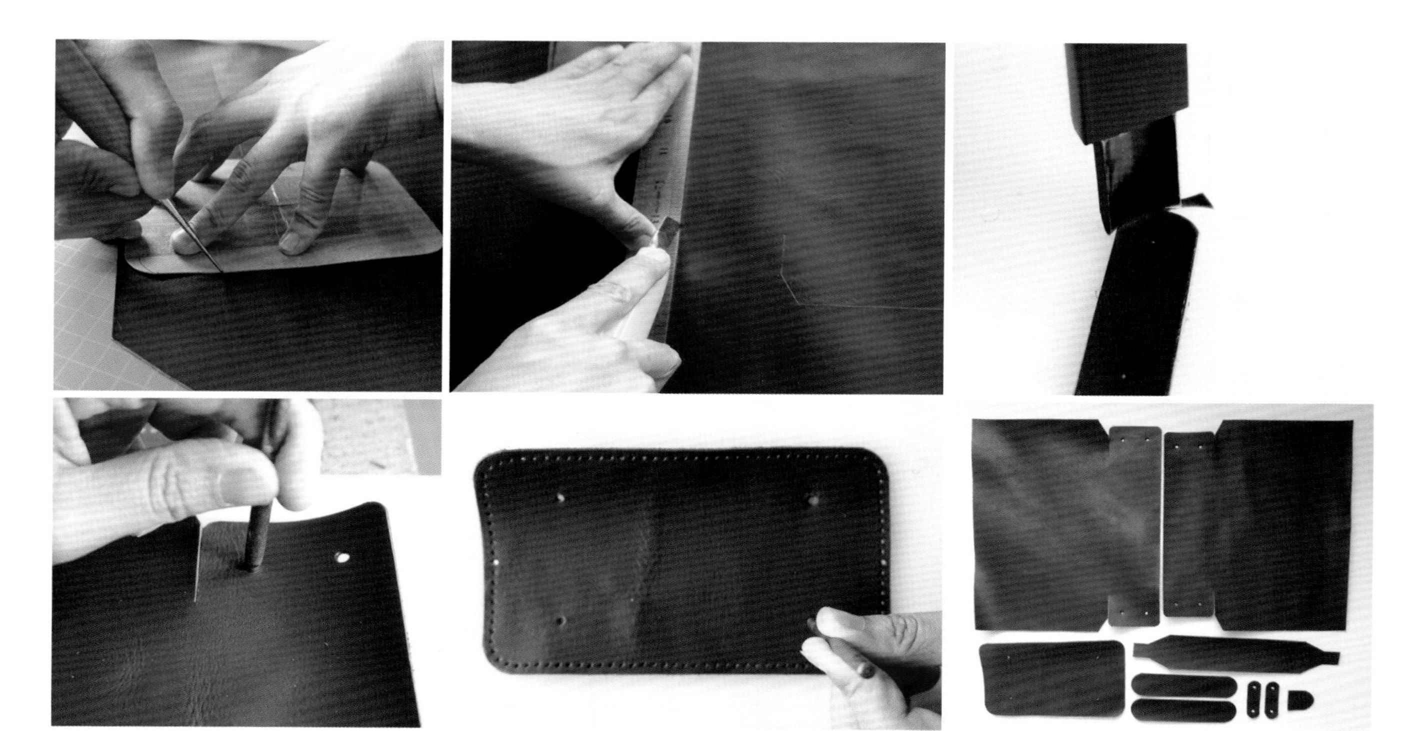

图 4–90 裁切皮料

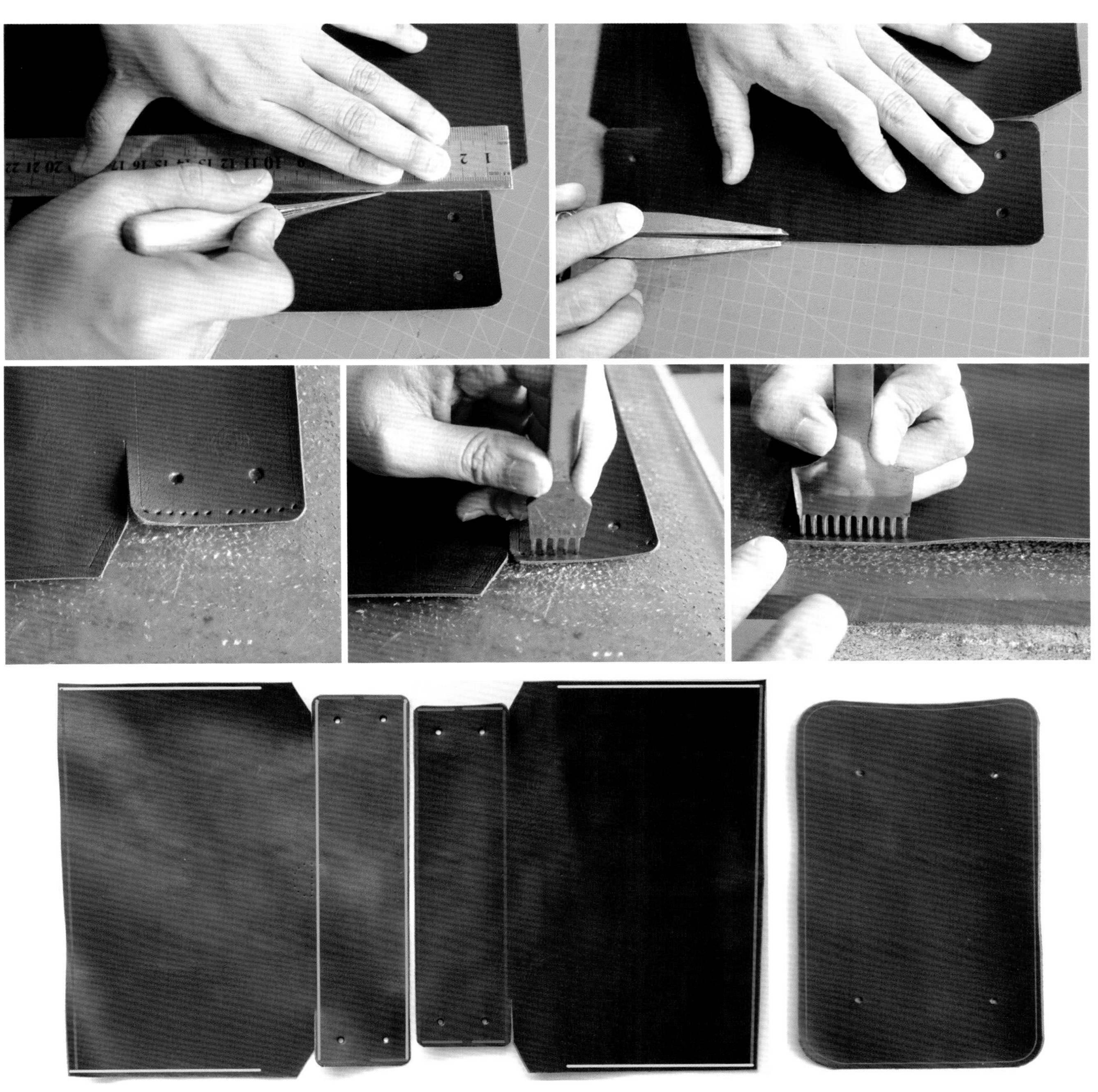

图 4-91 打斩

图 4-92 装脚钉

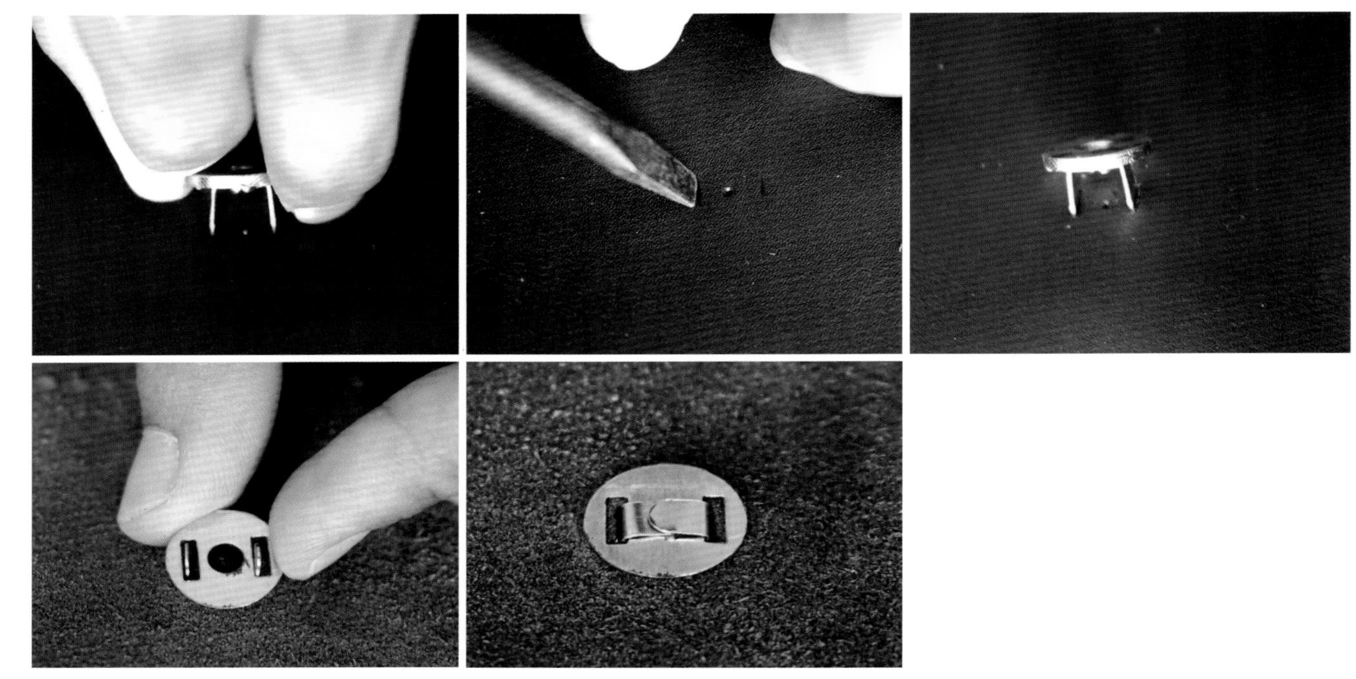

图 4-93　装磁扣

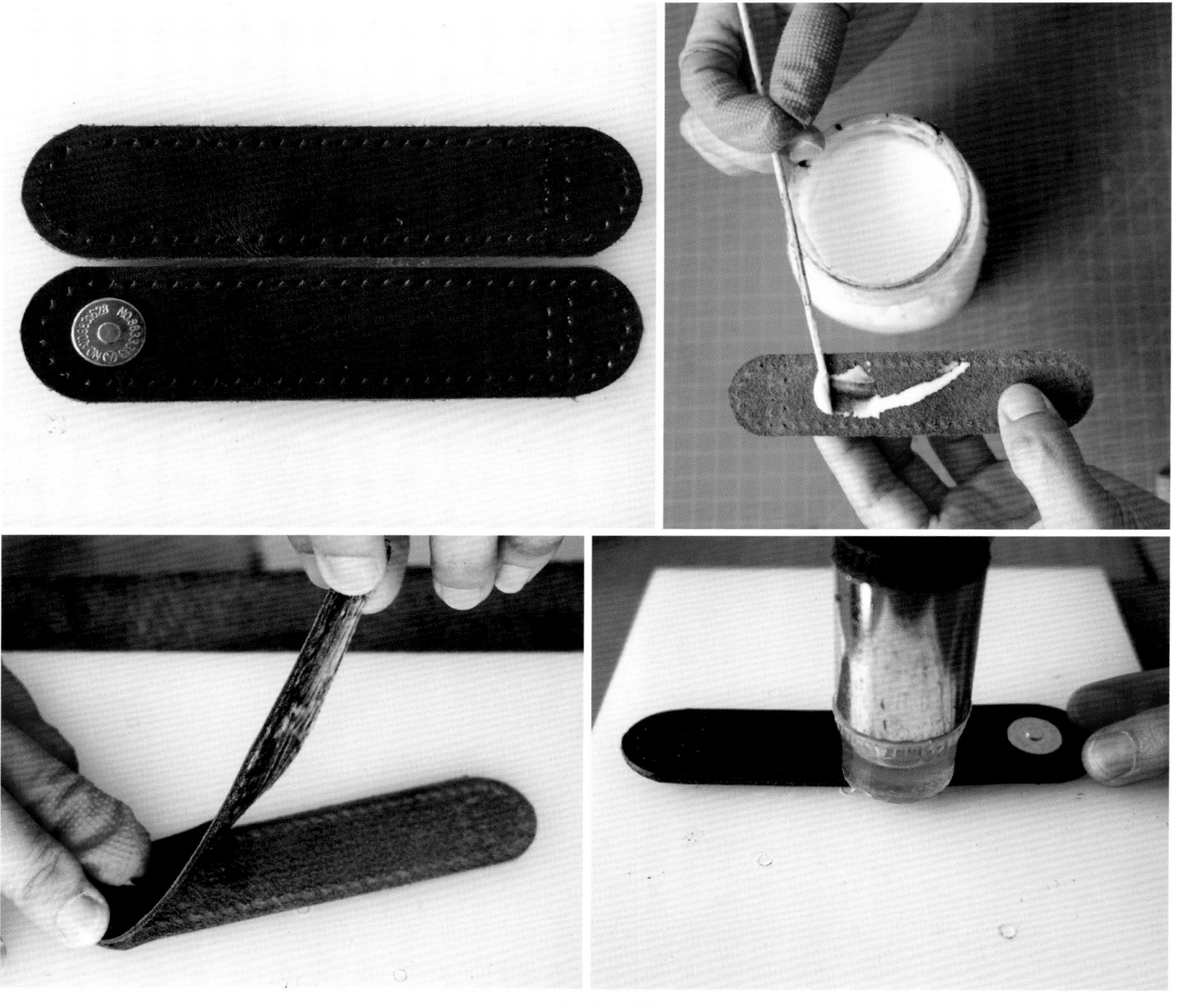

图 4-94　黏合袋扣

图 4–95 袋扣缝合

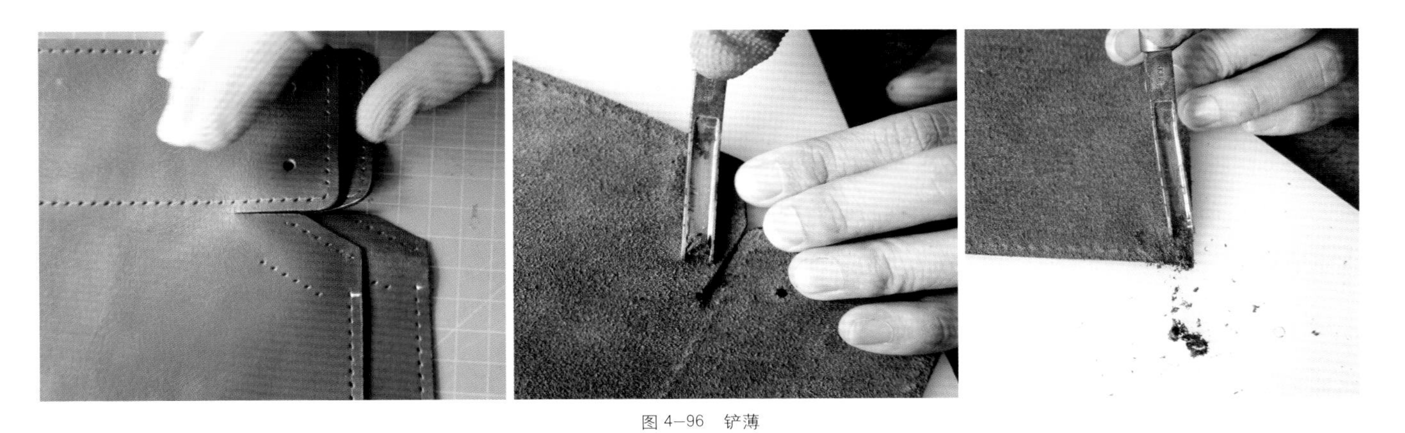

图 4–96 铲薄

图 4–97 打磨

图 4—98　侧边的缝合

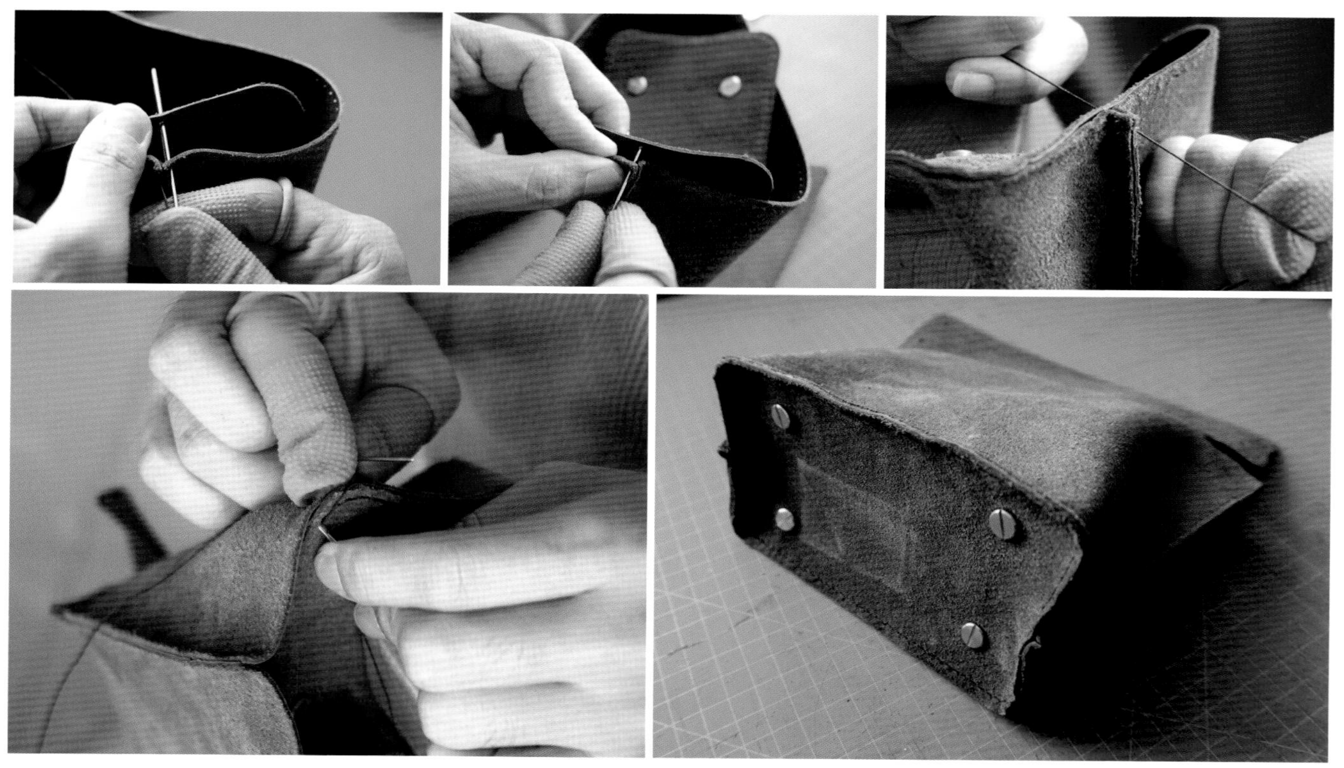

图 4—99　包底的缝合

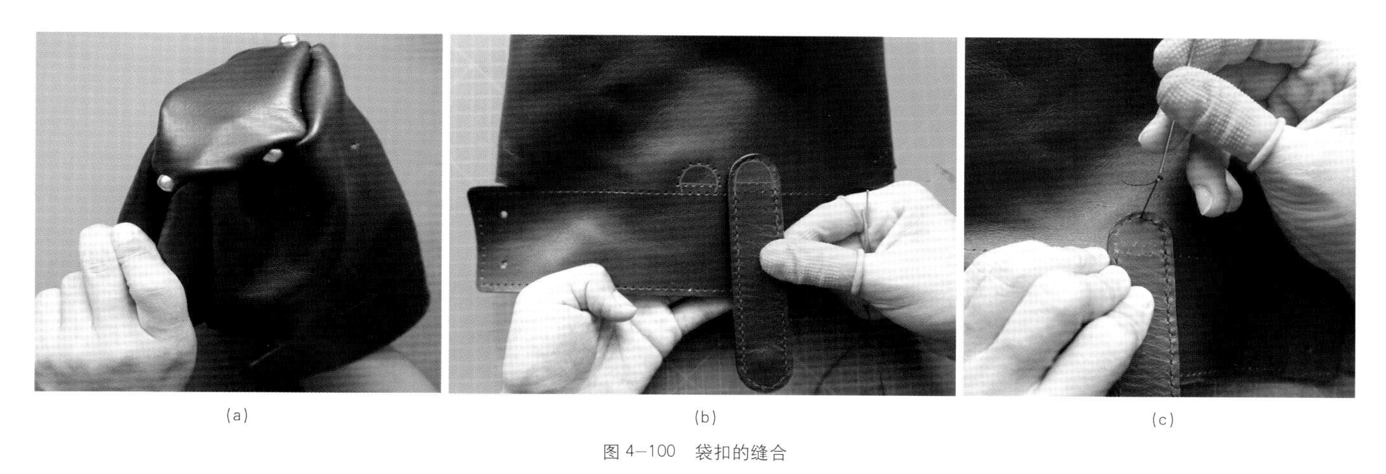

(a)　(b)　(c)

图 4–100　袋扣的缝合

(a)

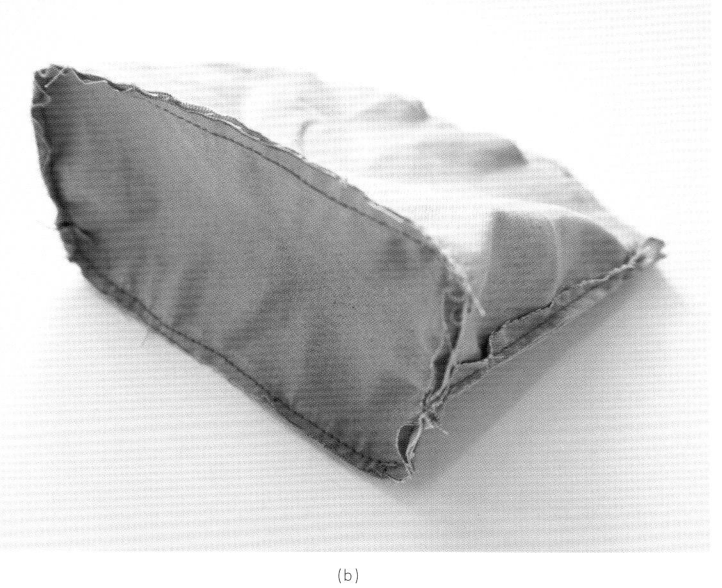

(b)

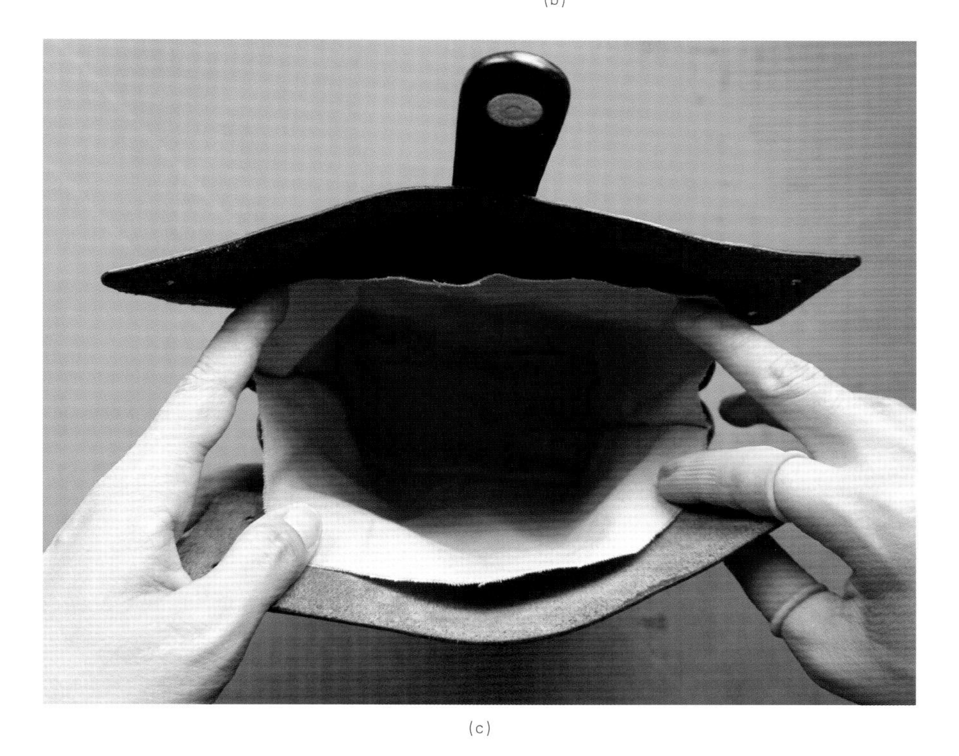

(c)

图 4–101　放内袋

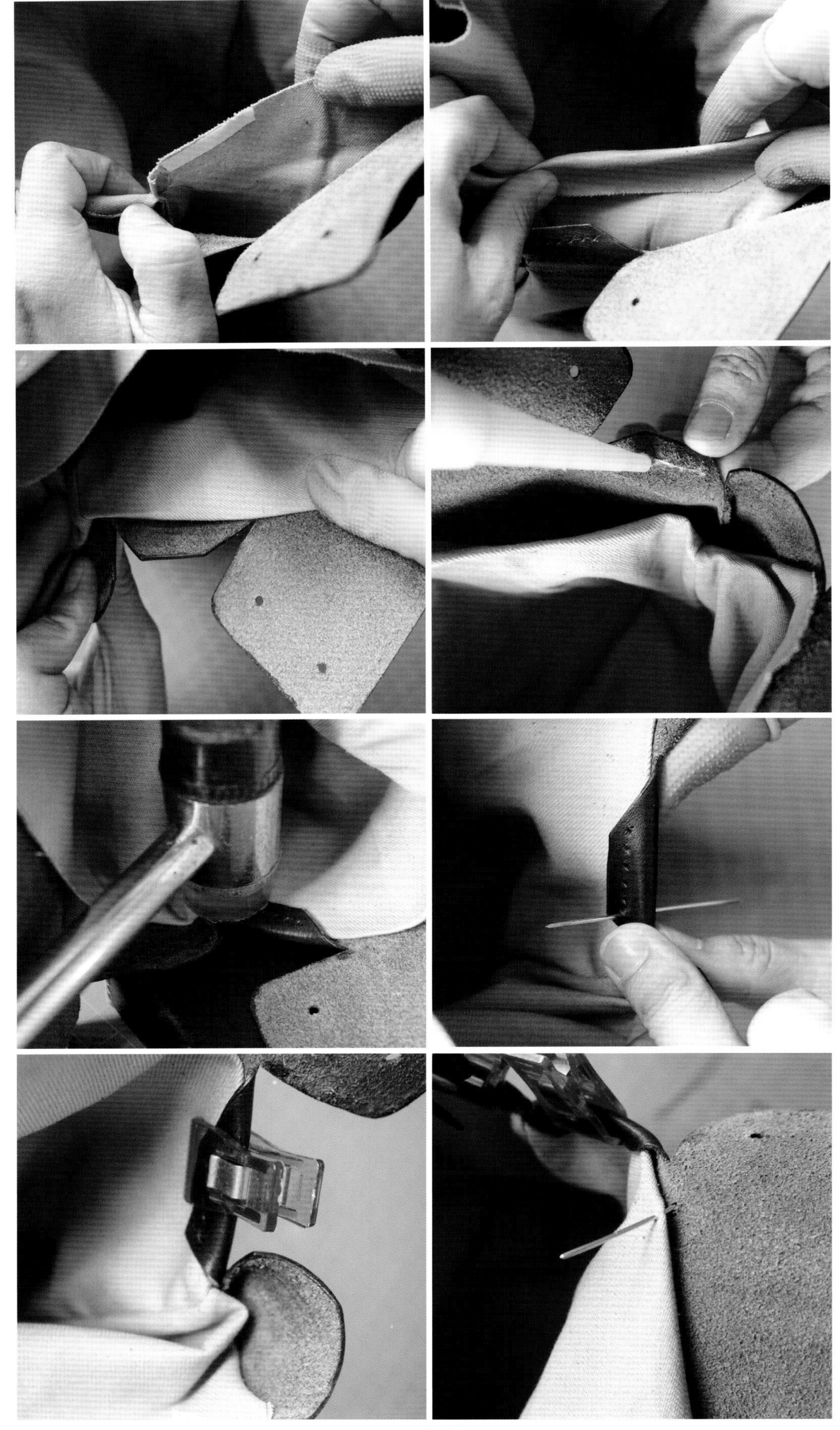

图 4-102　袋口侧边固定

（九）口金的安装

（1）口金有前后片之分，跟包体相对应。将皮面对应的口金包裹住。两边之前固定里袋的针同时穿过翻折皮面的对应孔，使口金固定在包口。将拉舌用针固定在包袋正面中心位置（图 4–103）。

（2）包口起针从侧边沿着孔向另一边缝合，收尾时缝到最后一孔后，再往回缝制两针加固。背面的包袋扣和正面的拉舌一定要缝上。缝完后用锤子轻轻将针脚和皮面整理平整（图 4–104）。

（3）袋口边缘缝隙填入白乳胶后，用夹子固定一会儿，使黏合得更加牢固。然后对边缘进行打磨、抛光（图 4–105）。

（十）装五金扣

（1）耳仔装D扣。将耳仔套入D扣内，并涂抹好白乳胶，用小夹子夹住固定（图 4–106）。

（2）锁扣金。口金缝合住后，用工字钉将前后片锁起固定。包袋口整理成后片包裹住前片［图 4–107（a）］，两侧的孔洞用锥子穿对齐。工字钉平头一面的，穿过耳仔再装在包上。有螺丝纹的一头涂上少许黄胶，从包口里面与另一头拧紧（图 4–107）。

（十一）肩带

肩托磨边抛光、打斩后装上D扣缝合，最后组装上备好的金属链条（图 4–108、图 4–109）。

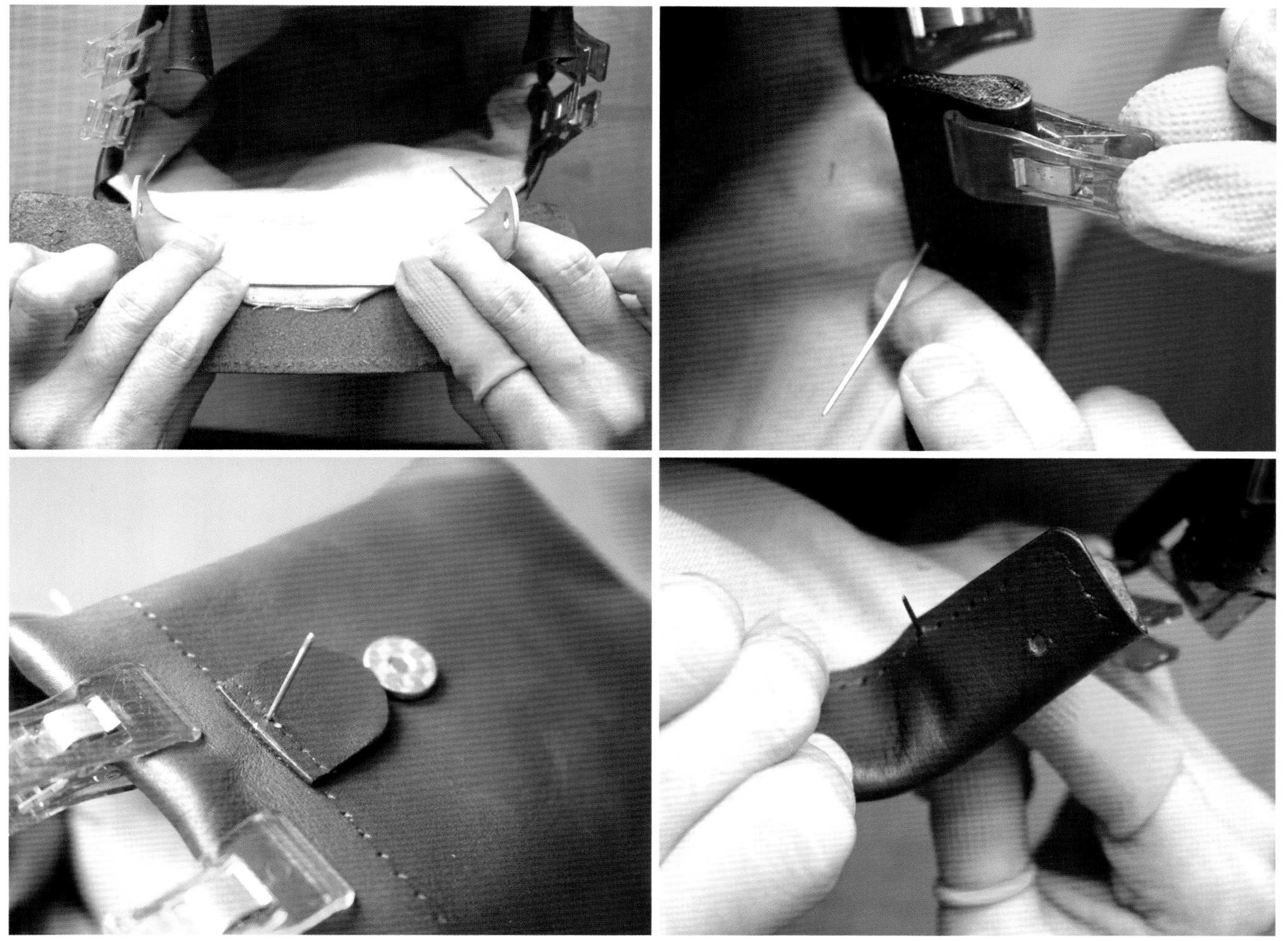

图 4–103　口金安放

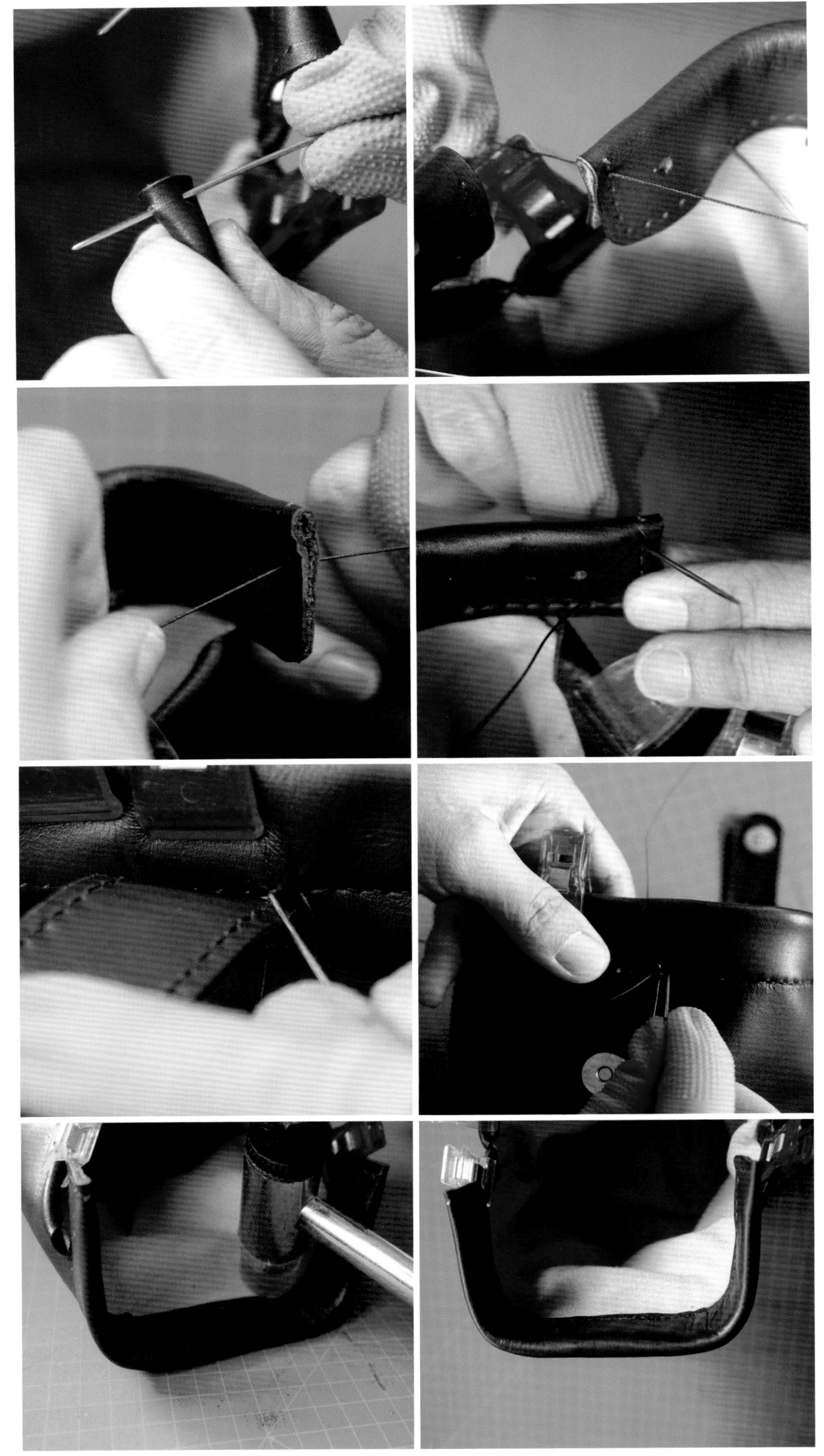

图 4–104　袋口缝合

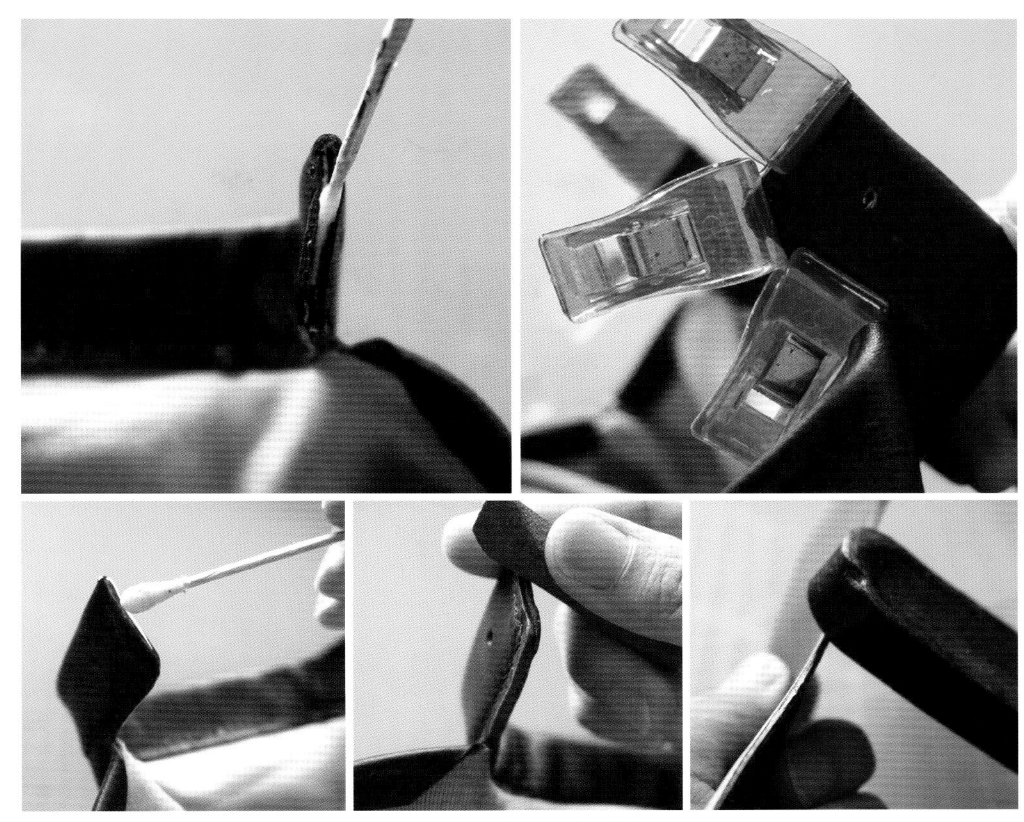

图 4–105　黏合、打磨、抛光

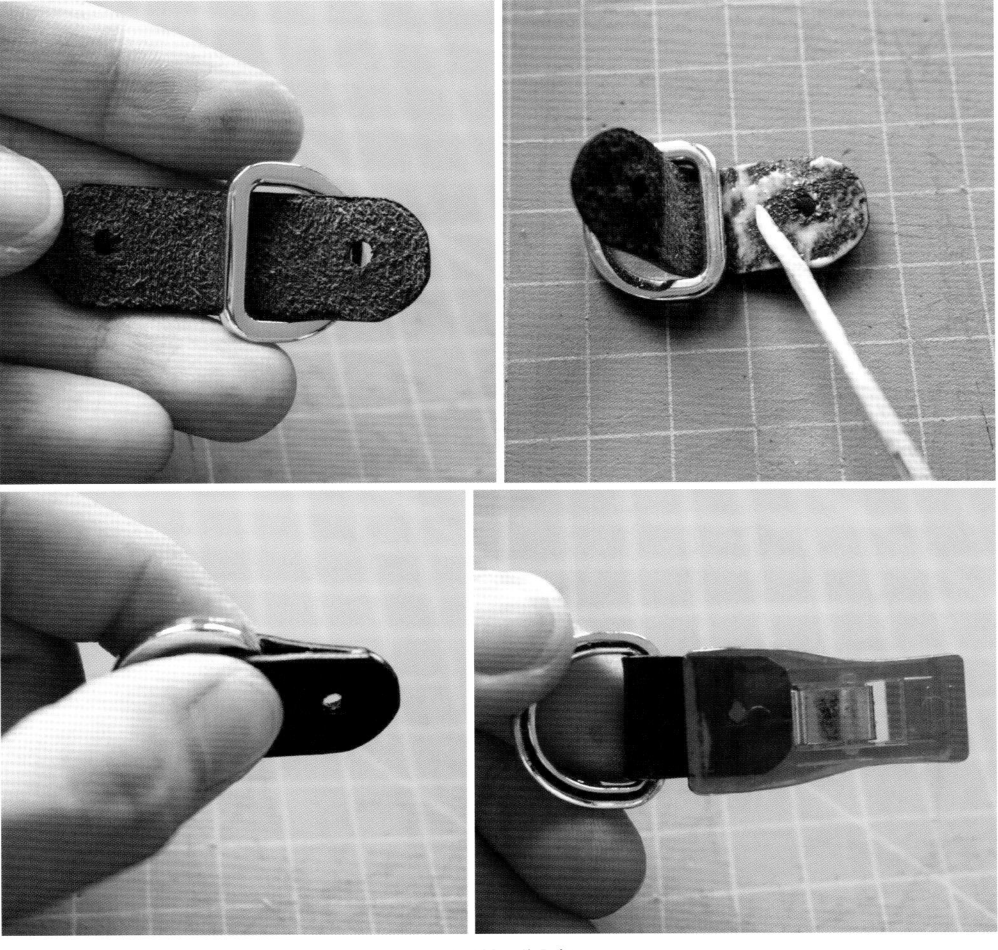

图 4–106　装 D 扣

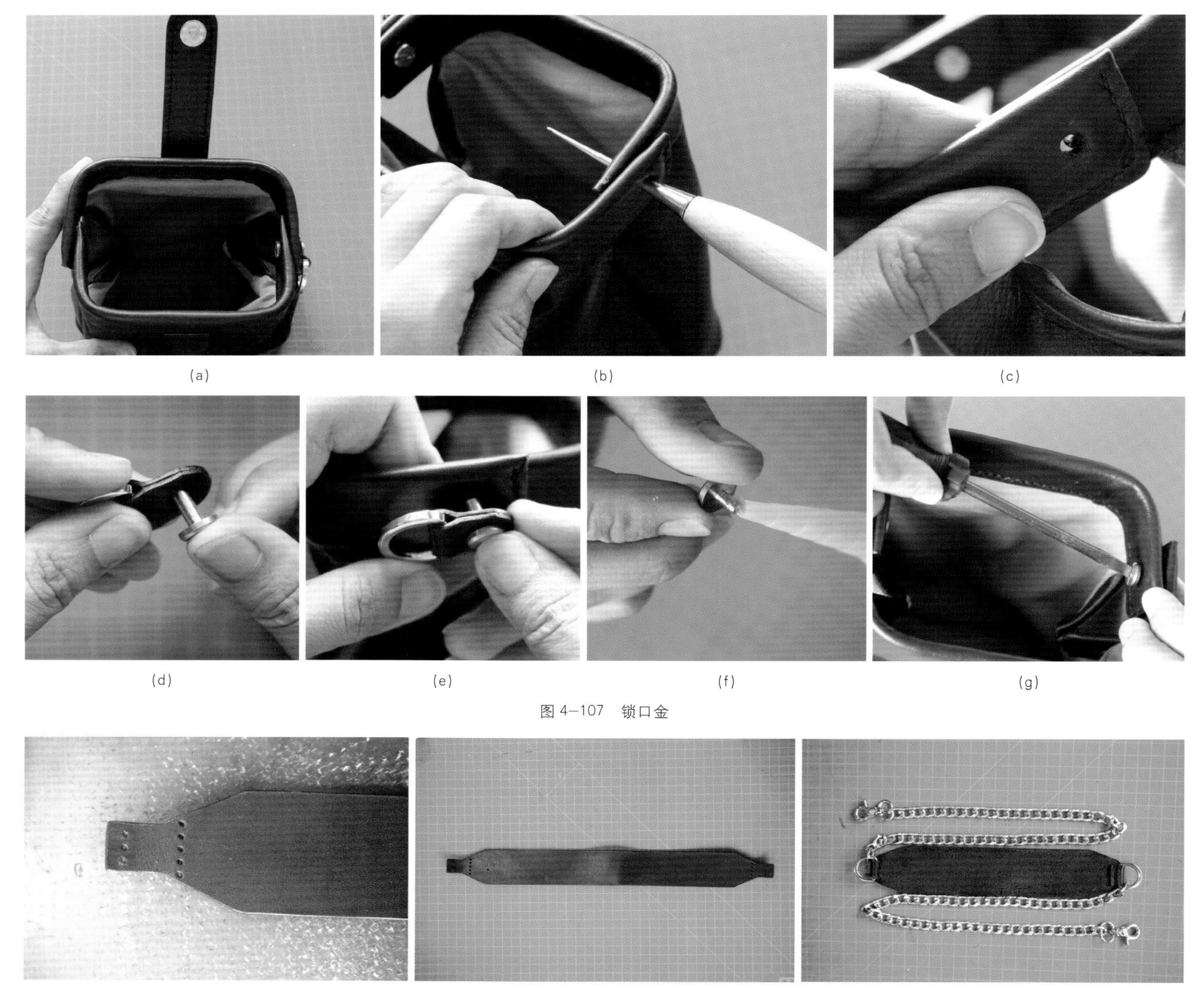

(a) (b) (c)

(d) (e) (f) (g)

图 4—107　锁口金

图 4—108　肩带

图 4—109　迷你医生包

第八节　手拎包（托特包）的制作方法与步骤

手拎包（托特包）的制作在皮具中并不算十分复杂，除去内部磁扣的安装，基本上都可以用手缝完成。制作方法和要点同钱夹大同小异，只是缝合距离较长，因此需要有足够的耐心和正确而扎实的手缝技术。同时希望能通过制作这款托特包帮助大家了解皮具的基本构造。在此基础上将技法融会贯通，制作出更多、更实用的皮具(图4–110)。

图 4–110　手拎包

一、训练目标与要点

（一）基础工艺

裁切皮料、直线缝合、倒圆角、黏合工艺、植鞣革封边、铲薄工艺等。

（二）填充内芯拎手的制作

（三）安装五金（方扣、D 扣、磁扣）

（四）大包的缝制方法

二、材料与工具（图 4–111）

（一）材料

图 4–111（a）中，1——黑色透染植糅牛皮；2——植糅蜡；3——植糅羊皮。

图 4–111 (b) 中，1——乳胶提手填芯；2——3 号拉链；3——3 号拉链头；4——3 号拉链上下止；5——内经 2.5cm 方扣；6——内劲 1.2cm 勾扣。

图 4–111（c）中，1—— 一字螺丝刀；2——塑胶冲压垫板；3——薄磁扣一套；4——2mm 厚植糅两片；5——1mm 厚植糅两片；6——橡胶锤。

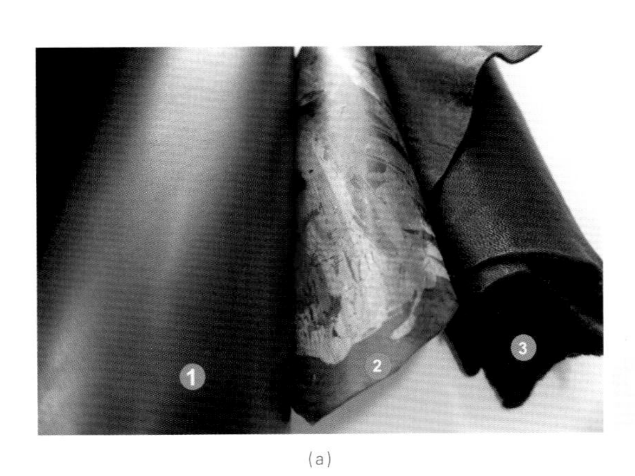

(a)

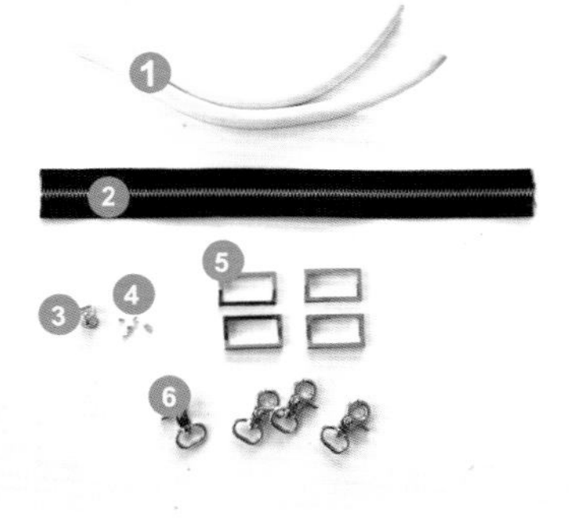

(b)

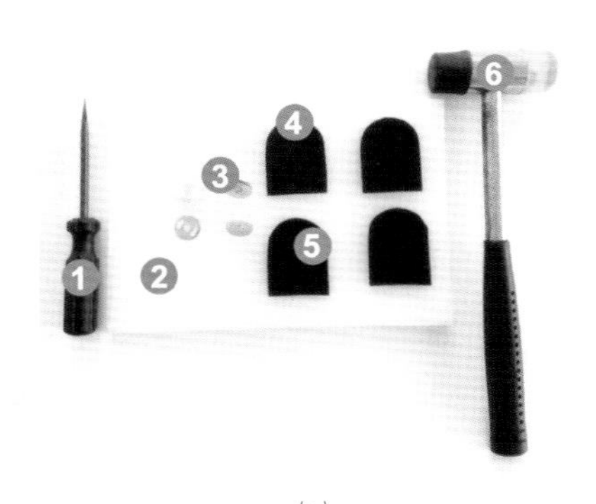

(c)

图 4–111　材料图

（二）工具

（1）裁切工具。锥子、钢尺、裁皮刀、半圆冲、圆冲、绿垫板。

（2）修边工具。削薄刀、修边器、粗砂条、封边液、棉签、细砂纸、木制打磨棒、封边蜡、棉布。

（3）打孔工具。划线器、菱斩、橡胶锤、牛筋垫板、一字螺丝刀。

（4）黏合工具。白乳胶、上胶棒／竹签、夹子。

（5）缝合工具。手缝针、橡胶指套、圆蜡线、线剪、打火机。

（6）护理工具。貂油、马鬃刷。

三、手拎包（托特包）纸格（图4–112）

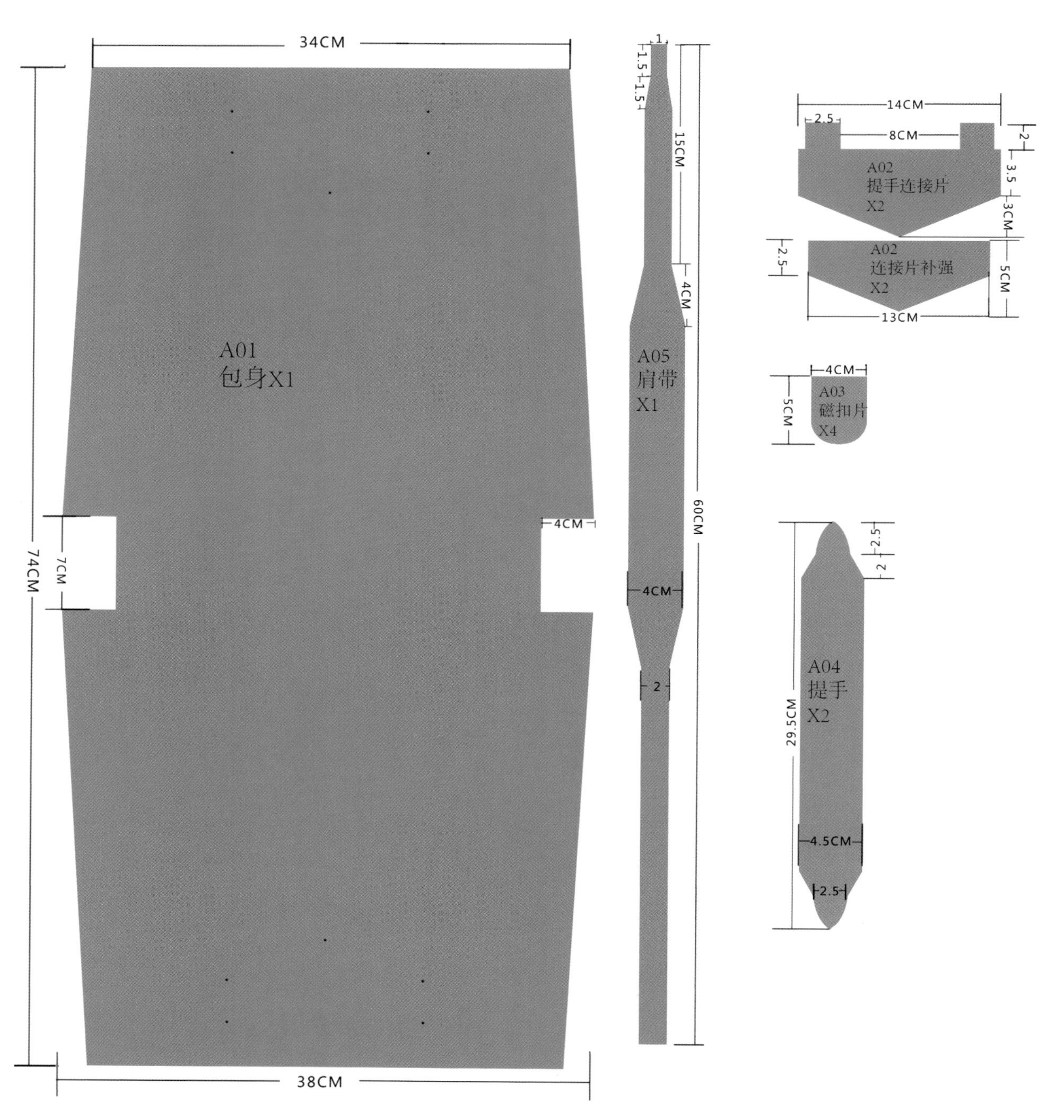

图4–112　纸格

四、手拎包（托特包）的制作步骤

（一）备料、裁切皮料

（1）挑选皮料。挑选皮面没有疤痕、纹路均匀的部分。

（2）下料。将纸版平整地铺在皮料上，一手按压住纸版，另一手用锥子沿着纸版边缘在皮料上划出痕迹，注意划出的线迹一定要紧贴着纸版，以确保所裁皮料与版型无误（图4–113）。

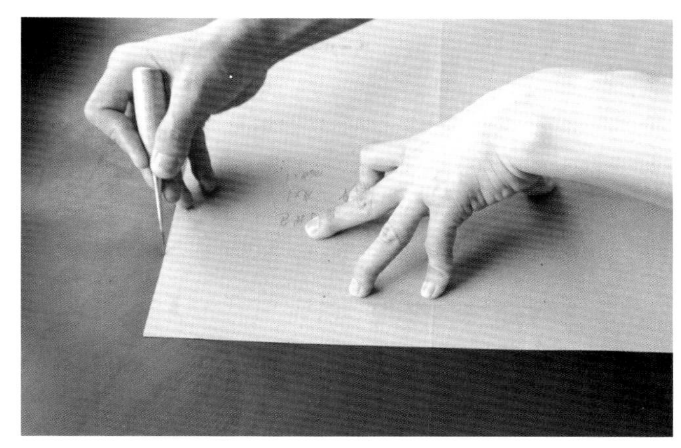

图 4–113 划线

在裁直线时，尺子牢牢按压在线的位置，裁皮刀子沿着尺子，垂直于皮面裁皮。往内的直角可以从顶角往两边裁切，以免裁坏皮料（图 4–114）。

开好的材料如图 4–115 所示。

（二）打磨零部件

（1）用修边器修一下边，使边缘打磨形成圆润的形状（图 4–116）。

（2）将提手接片边缘上一遍封边液，待其干燥后用 800 目的砂纸打磨至平整，上一遍 CMC 溶液后用 1200 目砂纸打磨至细腻平滑，再上一遍封边液，用木制磨边棒打磨至光滑，最后擦上一遍抛光蜡，用帆布抛光（图 4–117）。

（三）划线与打斩

将间距规调整到 3mm 的间距，沿着皮料所要缝线的边缘划线（图 4–118）。

开始打缝孔位前，需如图 4–119 所示，将菱斩垂直于划线上，并且一个斩刃悬在皮革外，后轻压至皮革上留下斩痕，就此沿划线轻轻用菱斩做出记号。最后，确定孔数及间距无误，方可根据记号用菱斩打孔。打孔时需注意刀刃必须穿透，但同时也需注意不要用力太猛，以免皮革上的缝孔过大，影响缝线美观，建议轻敲慢打。

（四）创面处理

创面处理详第见 21 页。

（五）制作拎手（提手）

（1）拎手的缝制。先将提手皮料裁好（由于这款托特提手需要弯曲，所以皮料不宜使用过硬部位，此次采用的是牛腹部较松软的位置）。打孔：从两端顶点向两侧各打三个孔，两侧折角位置往断点方向打 4 个孔，两侧直线孔数相同（图 4–120）。

将准备好的拎手芯黏在中间位置（图 4–121）。

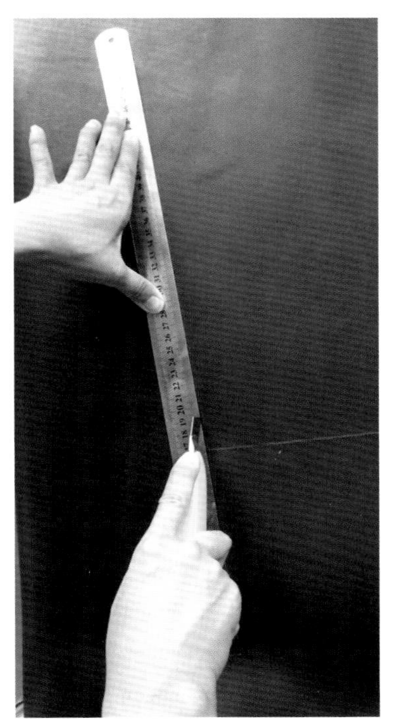

图 4–114 裁皮

图 4–115 开好的材料

图 4–116　修边

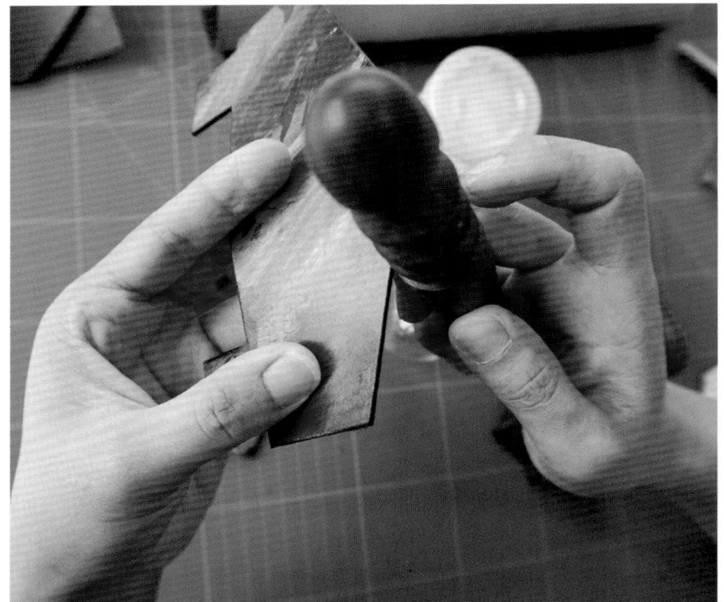

图 4–117　打磨

图 4–118　划线

图 4–119　打斩

用线量取待缝合部位的 3 ～ 4 倍的长度。穿好针线后从两侧直线第四个孔开始向另一端缝合（图 4–122），穿针引线方法详见第二部分第五节。

（2）打磨拎手边缘（图 4–123），打磨方式详见第二部分第六节。

（3）缝合五金方扣。方扣内凹面与提手内面朝向一致（图 4–124）。

侧边第四孔与端点对应，从中间向一边缝合，再往另一端缝，最后回到中间位置，结线在内侧。结线：结线处多绕一遍加固，剪断线，线头留 2 ～ 3mm，用打火机烫线头并用余热将线头熨平整（图 4–125）。

（六）安装磁扣

材料工具包括 1 ——一字螺丝刀，2 ——磁扣垫片两片，3 ——磁扣一对，4 —— 2 mm 厚植糅两片，5 —— 1 mm 厚植糅两片，6 ——橡胶锤（图 4–126）。

（1）用磁扣以皮料上的标记点为重心，在皮料上压出两个牙的痕迹。再用一字螺丝刀对照痕迹垫在冲板上面打孔（图 4–127）。

（2）将磁扣穿过所打的孔，背面先装垫片，再将磁扣的两个牙用橡胶锤往中间敲平整。两片都装好后，再黏上薄皮料即可（图 4–128）。

（3）打磨边缘并根据提手接片中心点的位置，确定磁

图 4–120　提手打斩

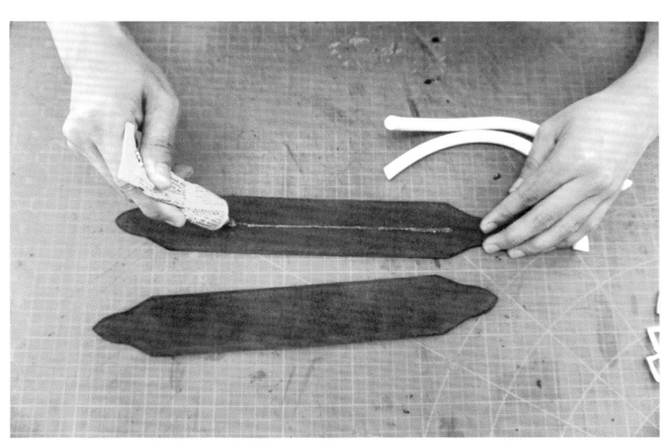

图 4–121　黏内芯

图 4–122　提手缝合

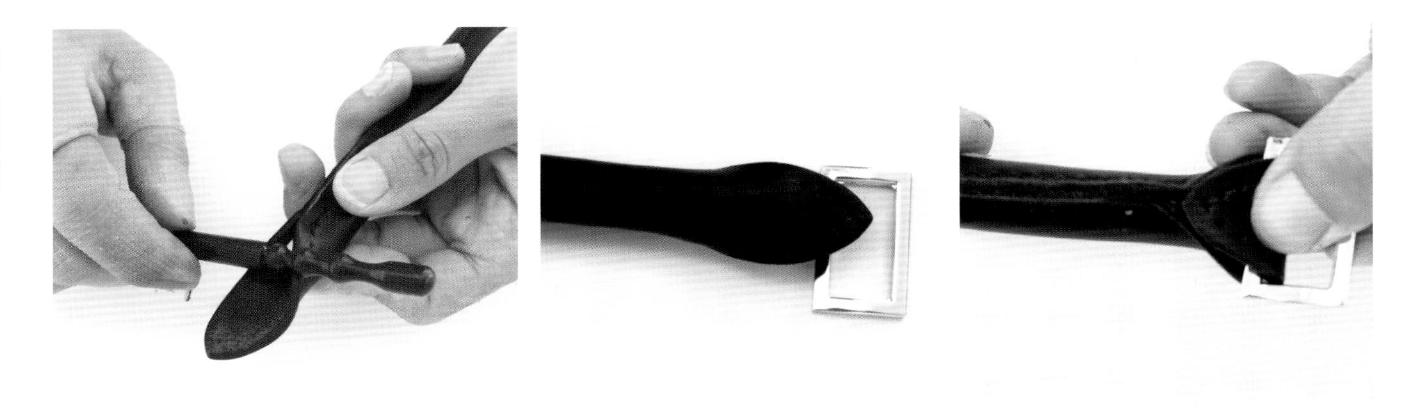

图 4–123　打磨、抛光

图 4–124　装方扣

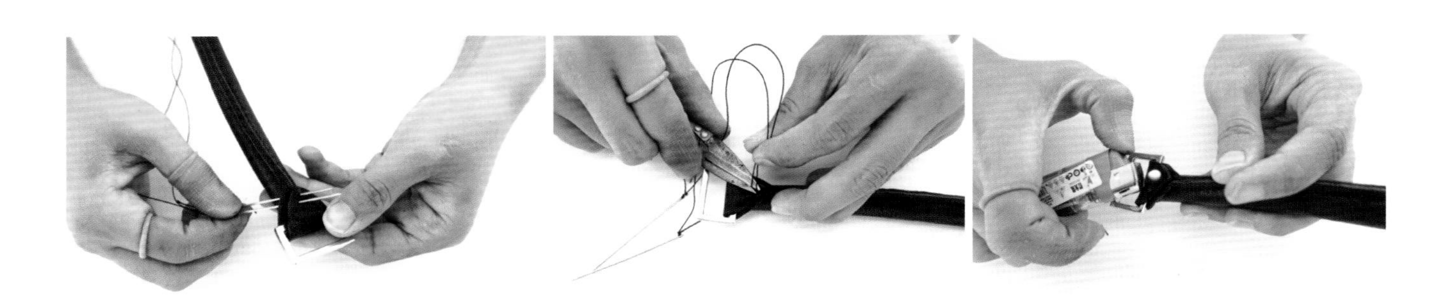

图 4–125　缝合方扣

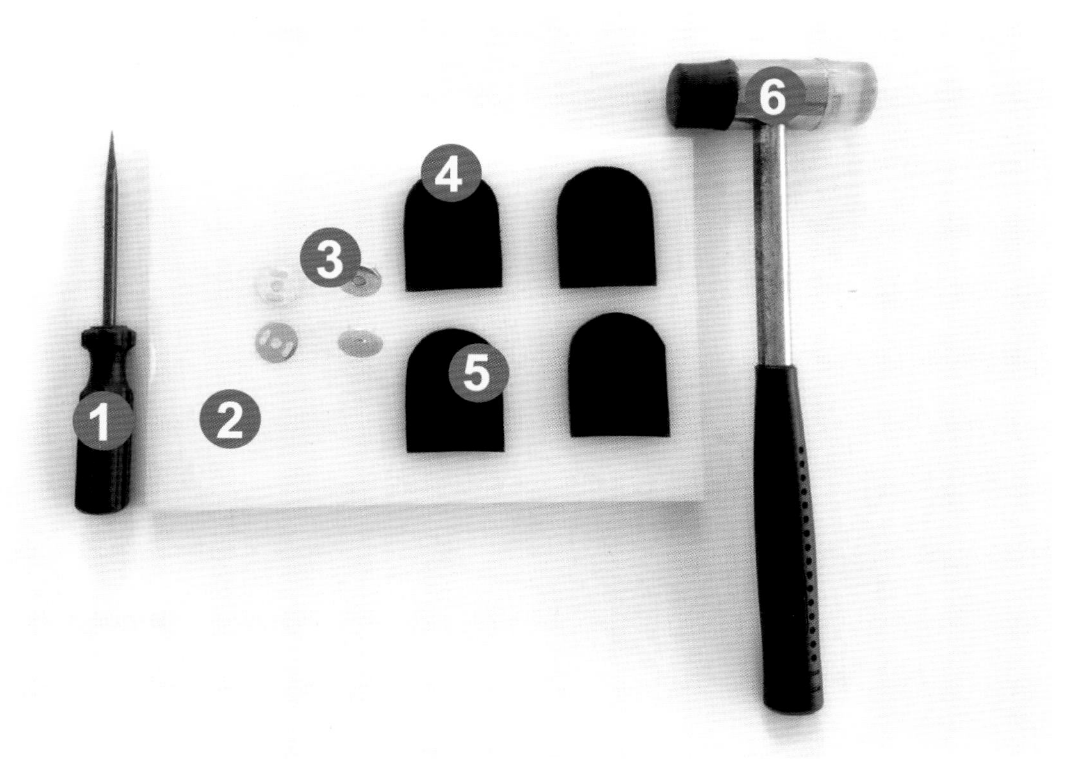

图 4–126　装磁扣工具

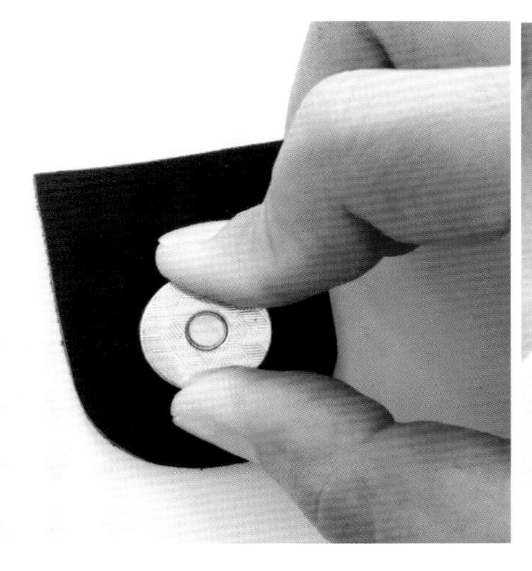

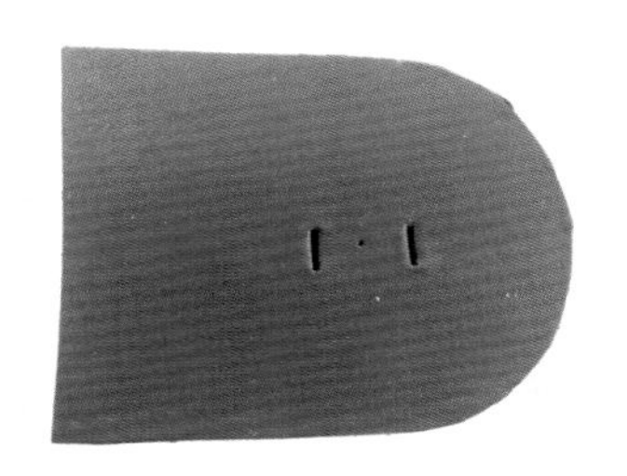

图 4–127 打孔

图 4–128 装磁扣

扣片缝位，磁扣片缝在包体内，提手接片上边缝线中心的位置（图 4–129、图 4–130）。

（七）提手接片的缝合

(1) 在打好孔的提手接片背面黏一片 2 mm 厚的皮料，起到加硬固形的作用（图 4–131）。

(2) 提手接片与包体的缝合，从最底下开始向上绕一周缝制（图 4–132）。

(3) 缝到上边连接提手的方扣时，将方扣朝内扣，接片内折缝合（图 4–133）。

(4) 缝到磁扣片位置时，磁扣片第一孔要绕两次加固，最后一孔也要绕两次加固（图 4–134）。

(5) 另一边方扣以同样方式缝制（图 4–135）。

(6) 最后结线（图 4–136），效果如图 4–137 所示。

（八）包体侧边缝合

(1) 量线时注意按侧边长加两倍的底边长之和计算，从包体上边开始往下缝合。起针开头两个孔缝两遍加固（图 4–138）。

(2) 缝到底边的时候，从中间开始向一边缝，缝到顶点后向另一边缝合，然后再向中间缝，线结在中间。最后用皮剪将中间的棱角稍稍修剪圆润（图 4–139、图 4–140）。

(3) 打磨边缘。先用粗砂棒进行粗打磨，然后用修边器将边缘的棱角修圆润整齐如若边缘的起伏、缝隙较大时，先用 500 目的砂纸粗打磨边后，再上一遍封边液，干后用 800 目的砂纸进行打磨，到这一步打磨完的效果还不理想。可以再上一遍封边液，用 1200 目的砂纸细打磨。仍若不理想的情况下建议多重复几次，直到边缘表面光滑平整（图 4–141、图 4–142）。

(4) 边缘涂抹一遍 CMC 溶液，湿润状态下用光滑的打磨木棒润边，使边缘饱满圆润。最后用蜡擦一遍边缘，再使用粗帆布或棉布抛光，使其更加有光泽（图 4–143）。

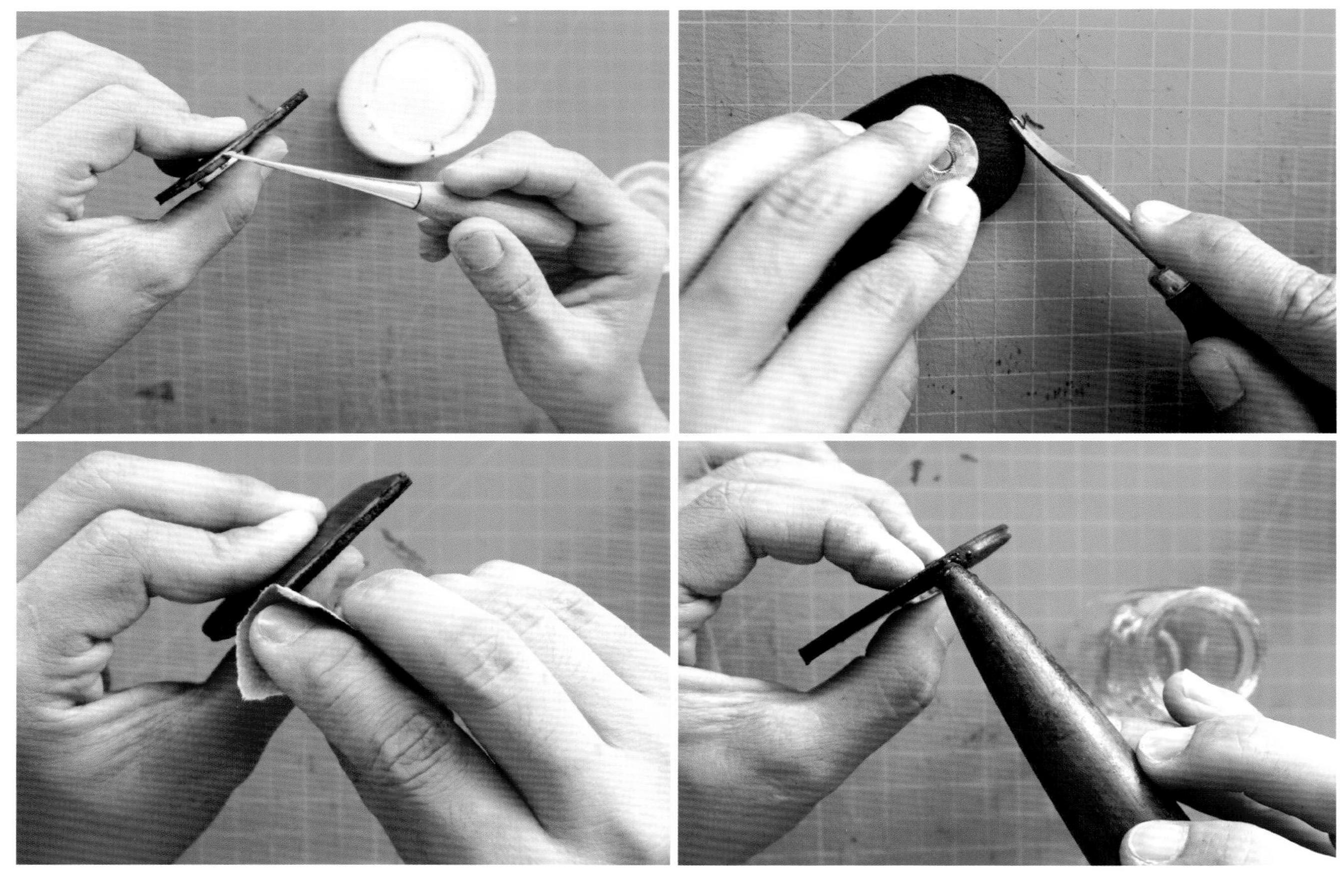

图 4–129　打磨

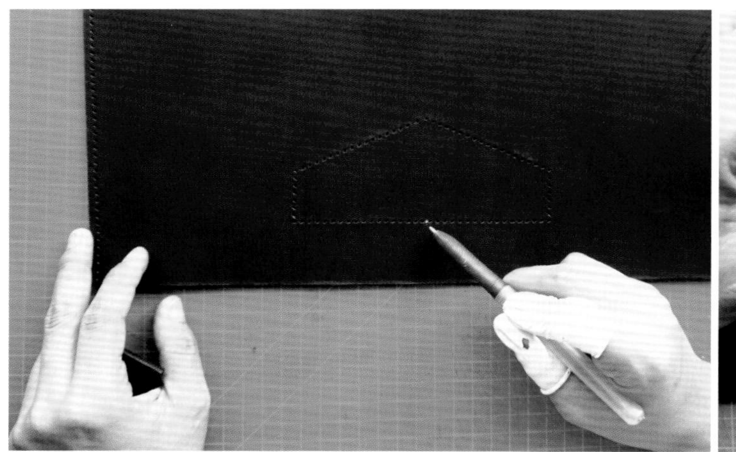

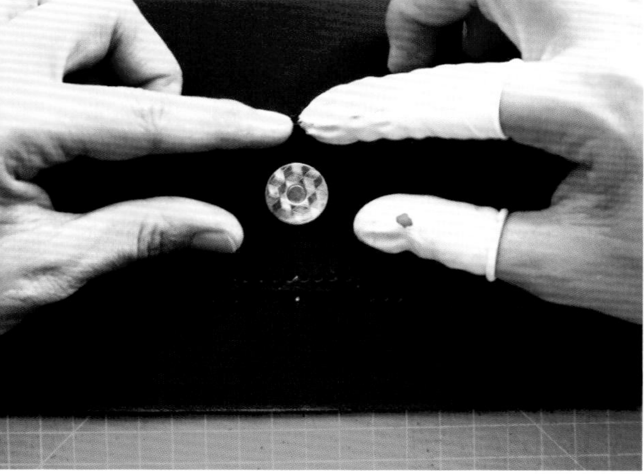

图 4–130　定缝位

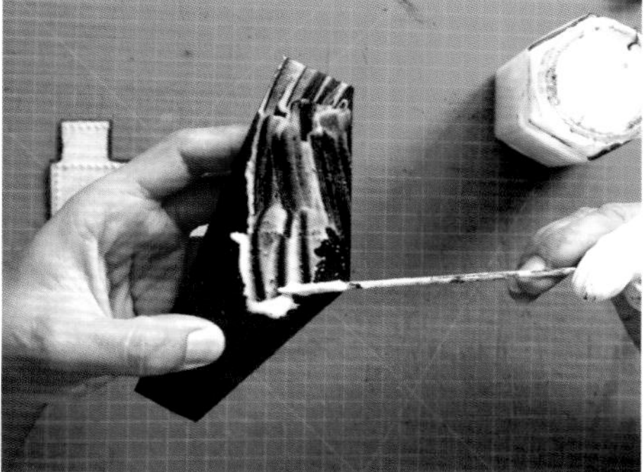

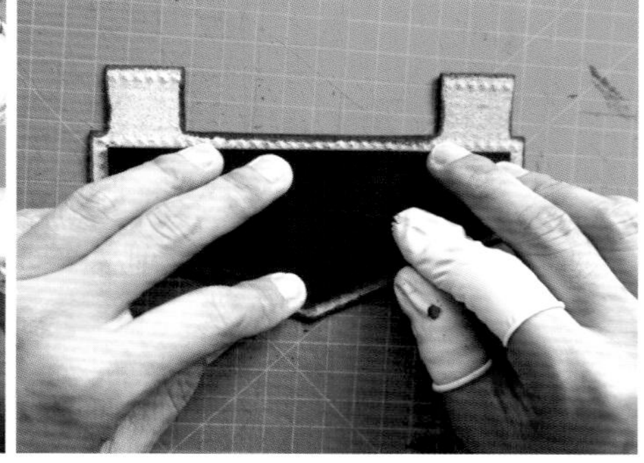

图 4–131　黏合

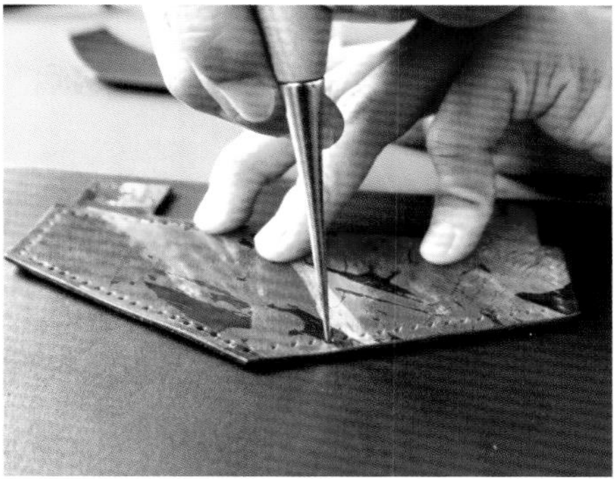
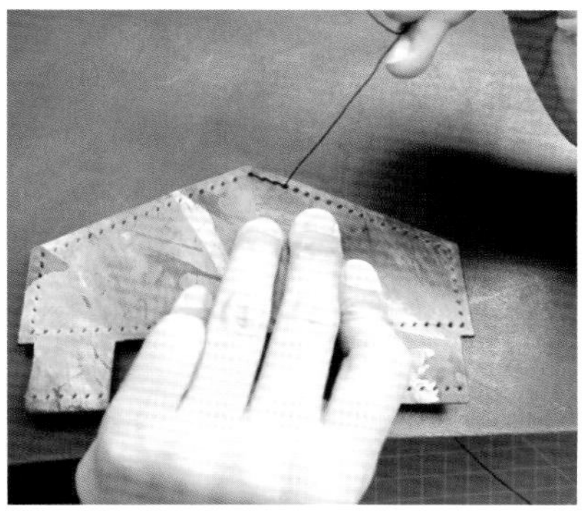

图 4–132　接片缝合

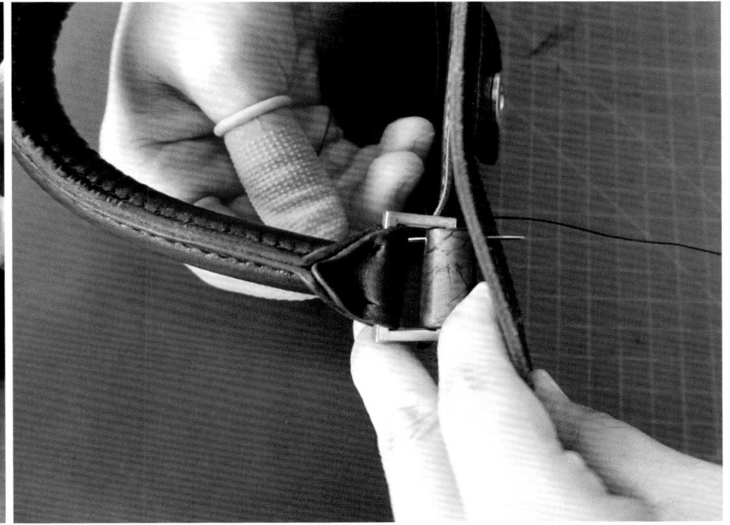

图 4–133　连接提手

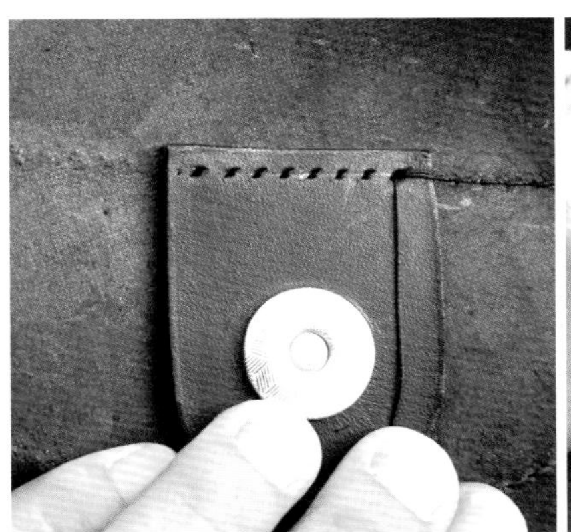

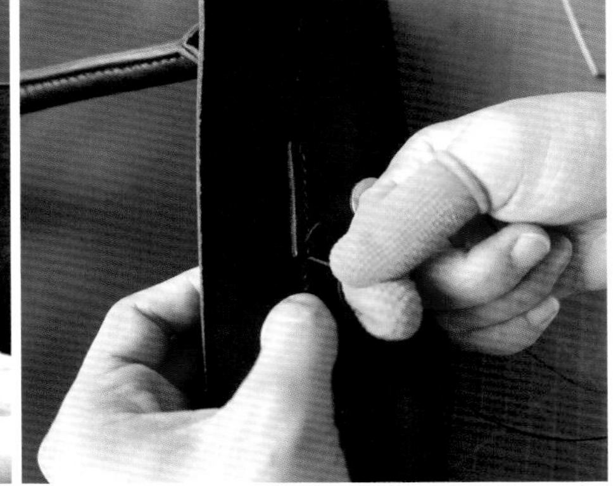

图 4–134　缝合磁扣片

图 4-135　另一边提手

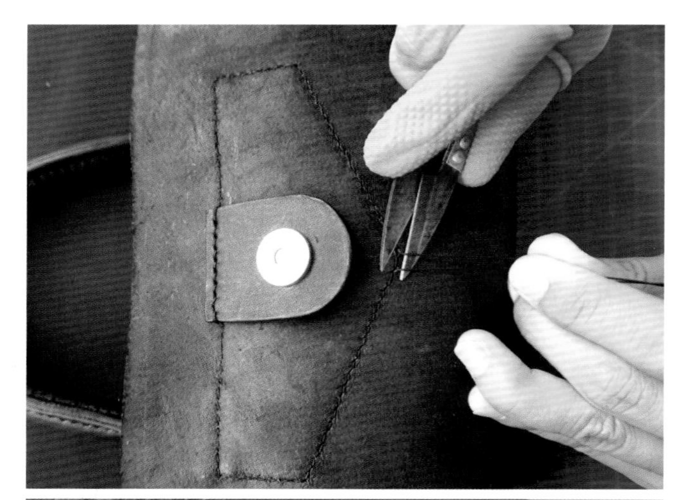

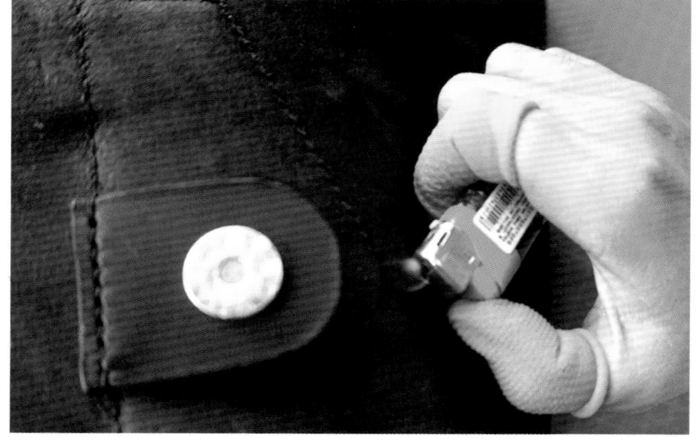

图 4-136　结线

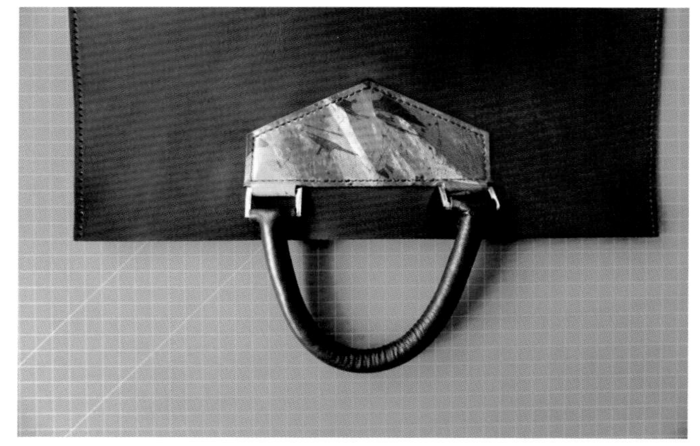

图 4-137　提手效果

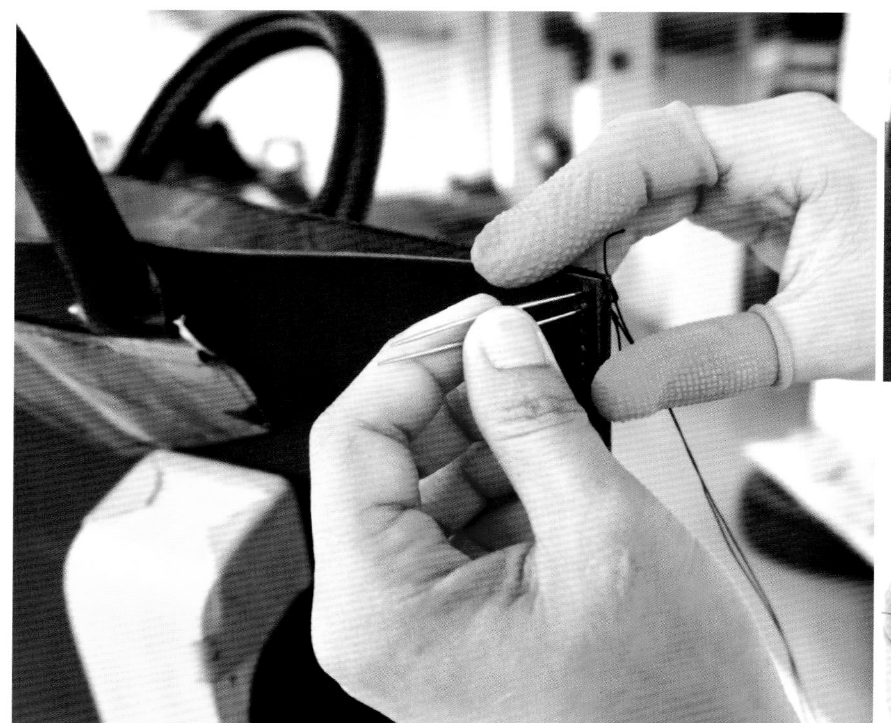

图 4-138　侧边缝合

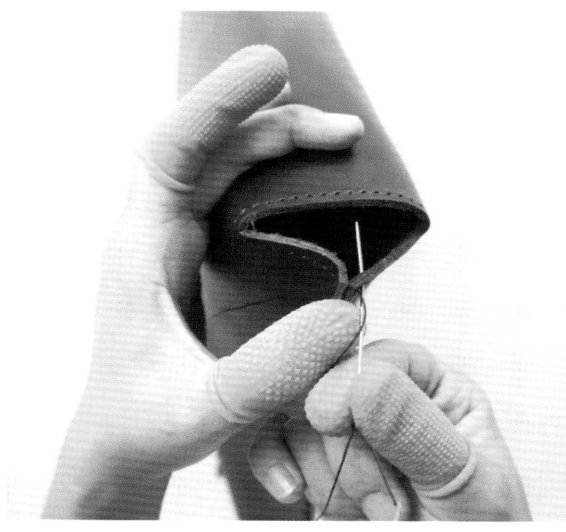

图 4–139 缝合打角

图 4–140 修剪打角

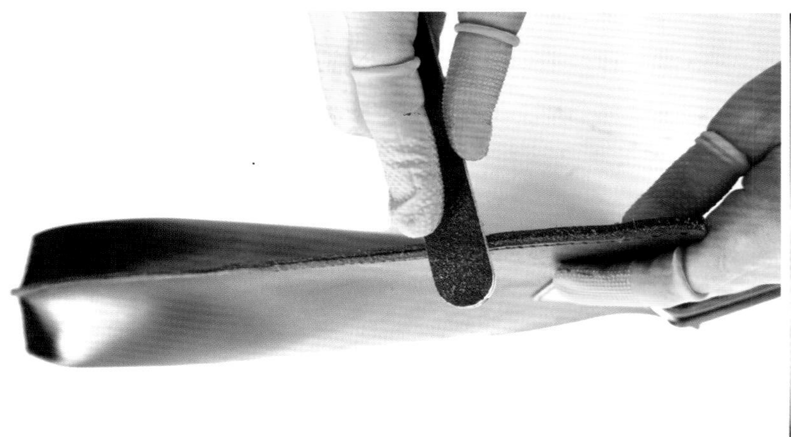

图 4–141 修边、打磨

图 4–142 打磨

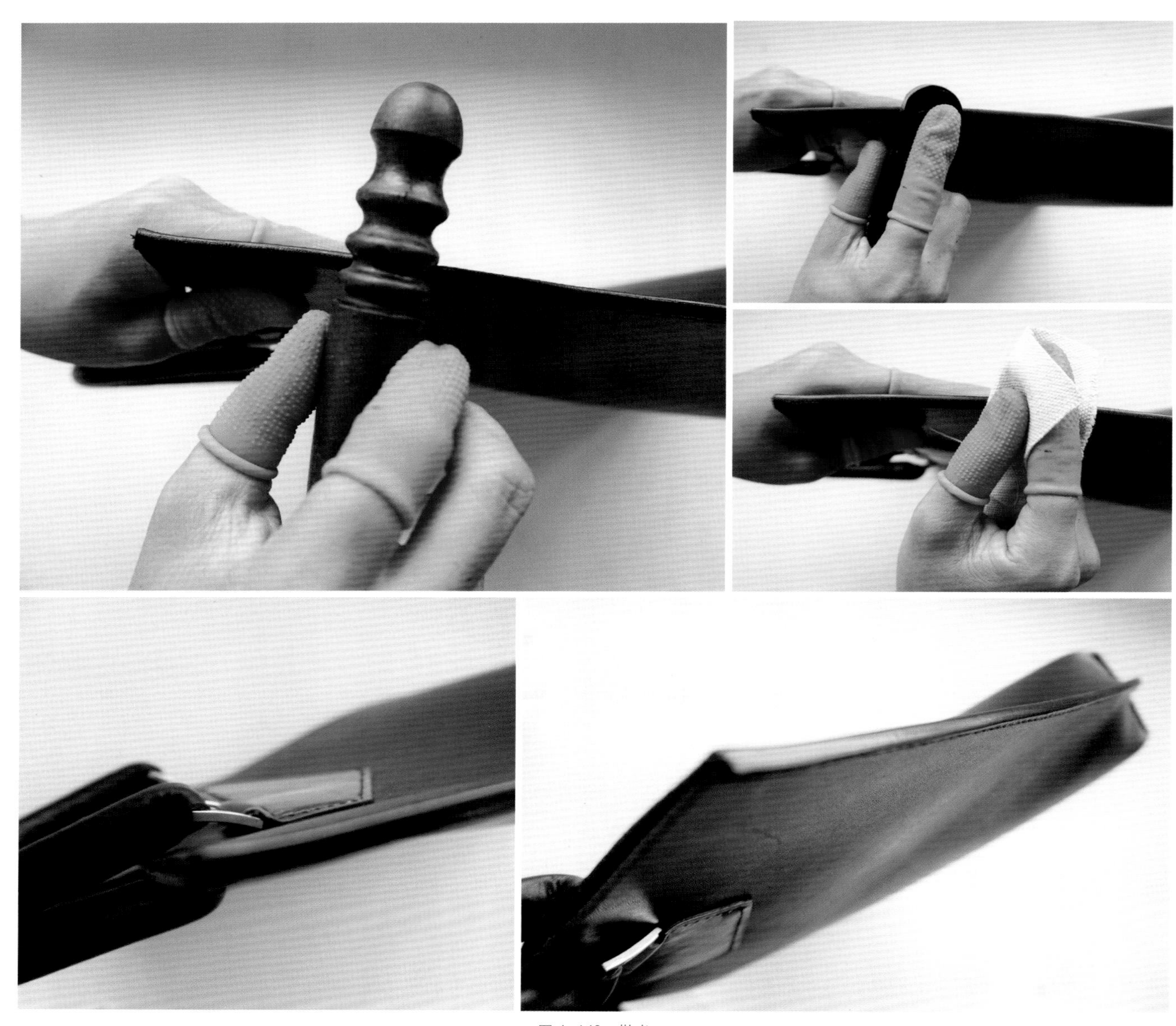

图 4–143　抛光

第五章　作品欣赏

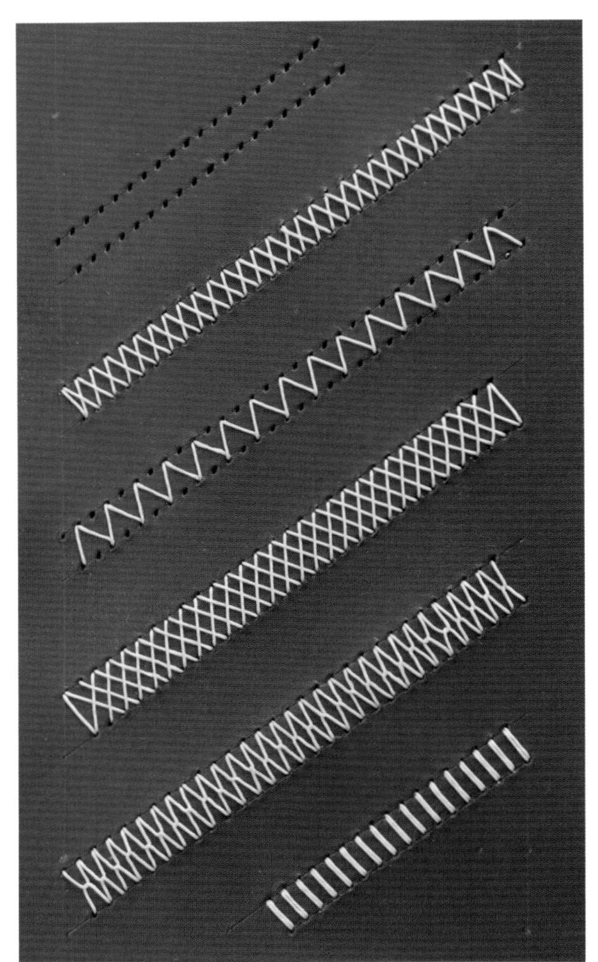

图 5-1 线迹 1

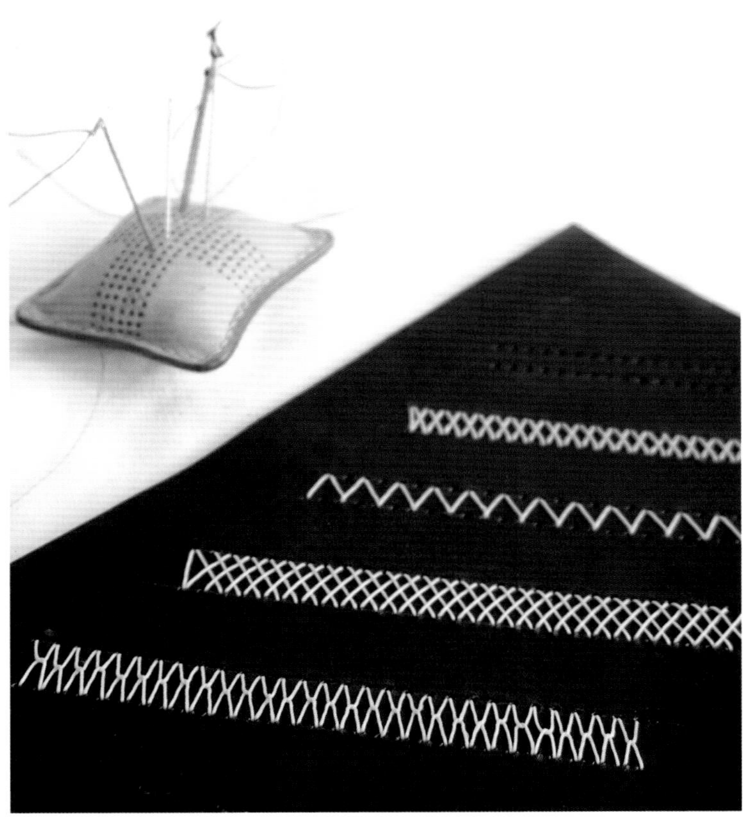

图 5-2 线迹 2

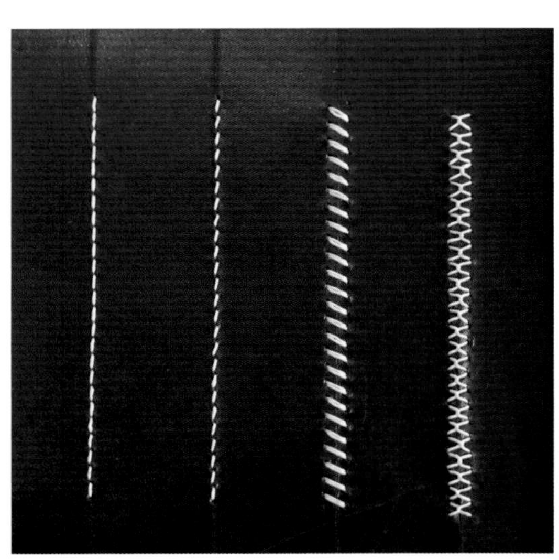

图 5-3 线迹 3

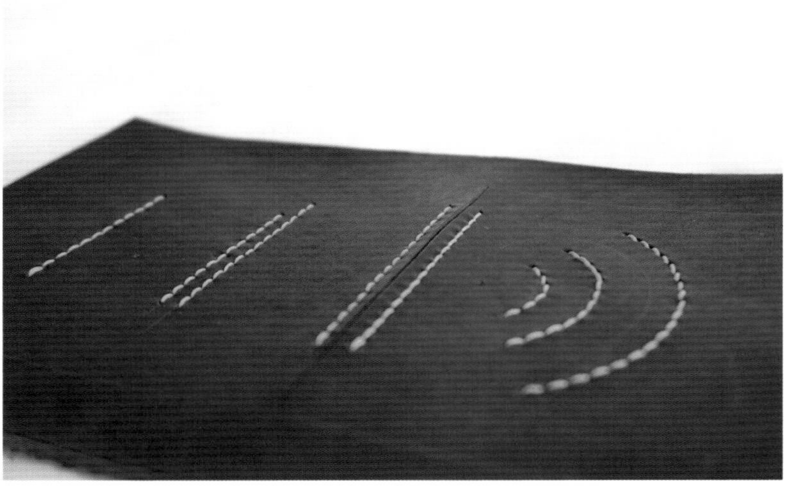

图 5-4 线迹 4

图 5-5 染色作品 1

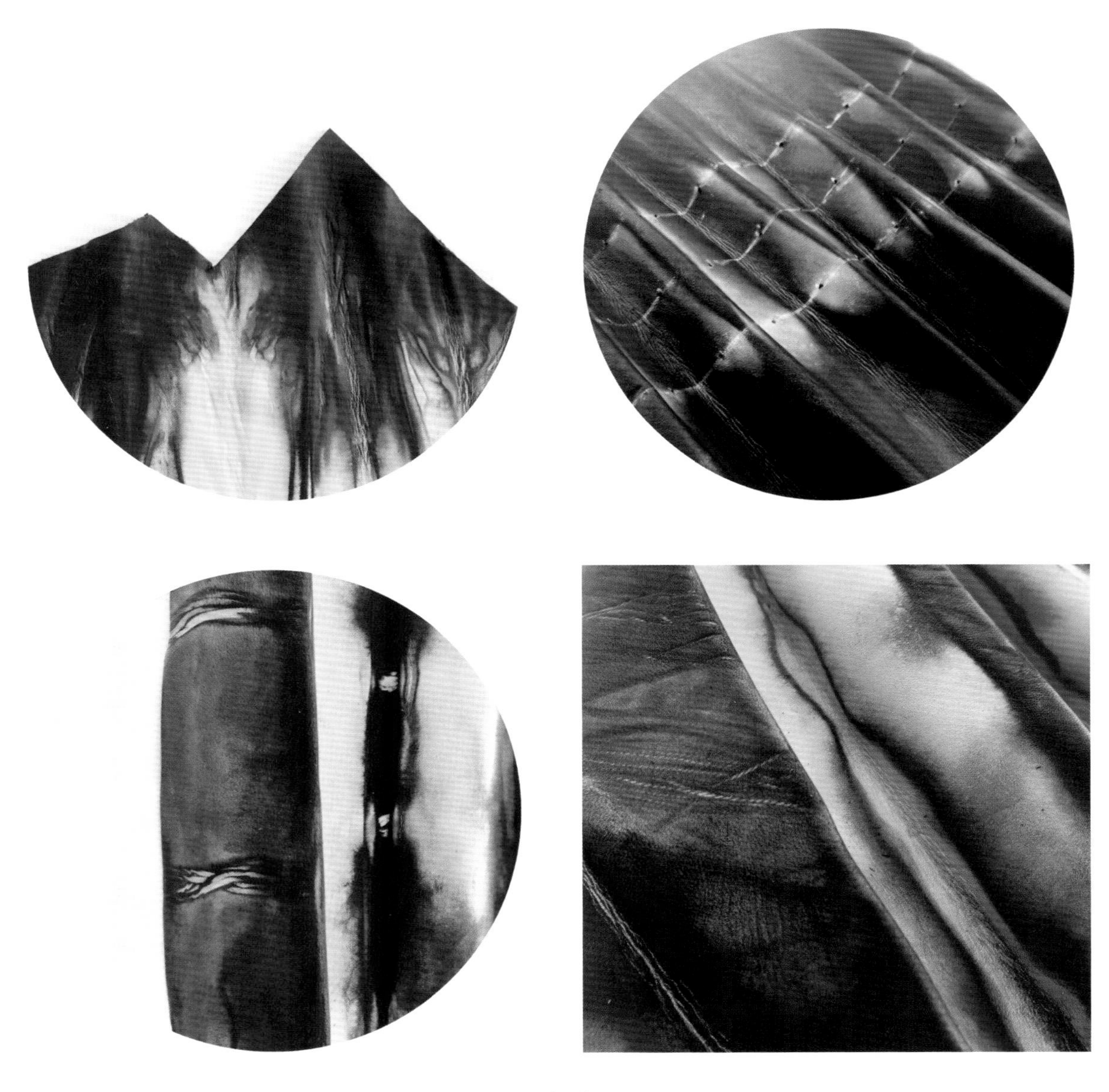

图 5-6 染色作品 2

图 5-7　手工染色钱夹

图 5-8　名片夹

图 5-9　铃铛

图 5-10　无序之序系列

图 5-11　迷你医生包

图 5-12 滢目系列

图 5-13 滢目系列——小腰包

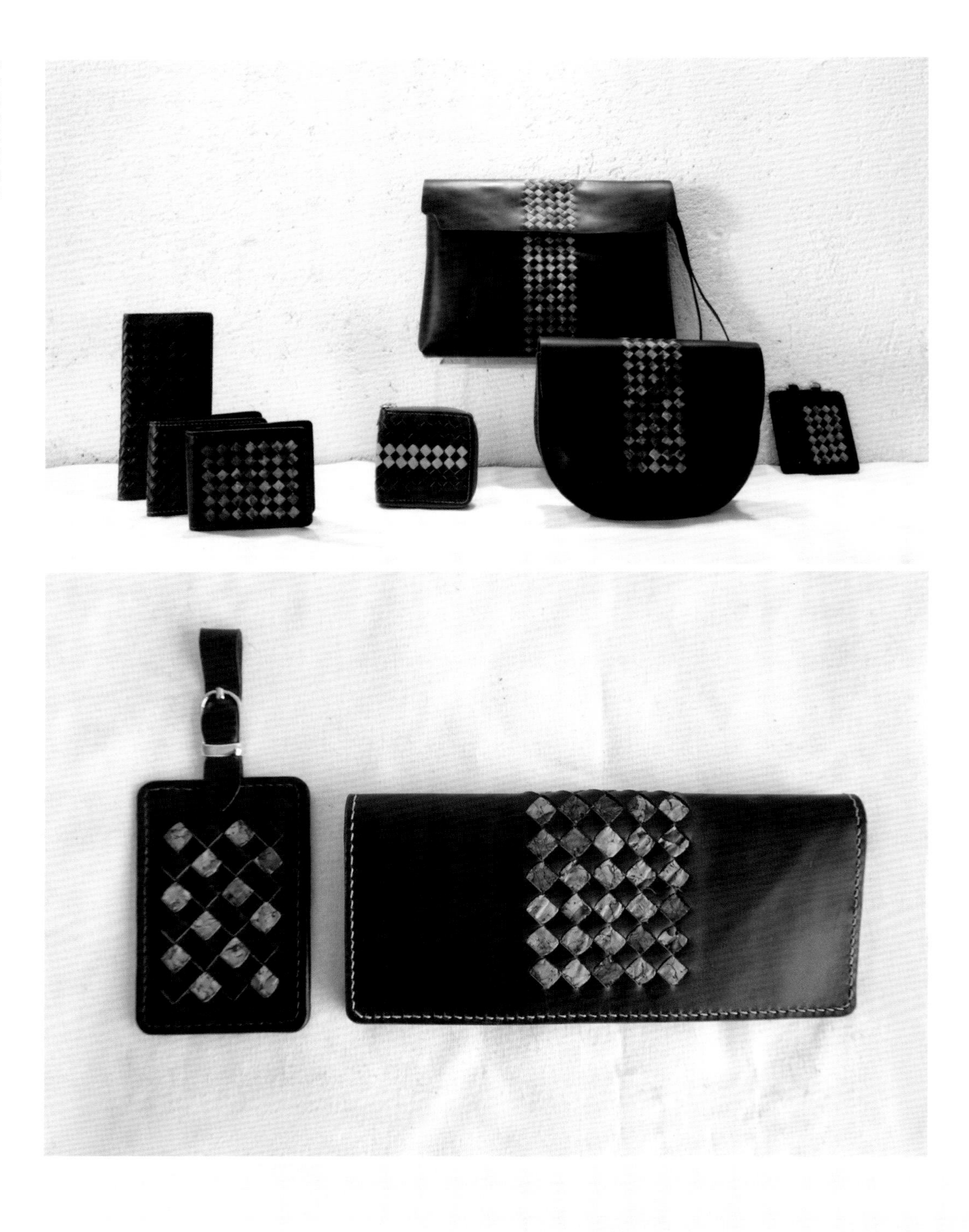

图 5—14　编织系列

图 5-15 繁花系列——钱夹

图 5-16 繁花系列——信封包

图 5-17　繁花系列——医生包

图 5-18　繁花系列——大医生包

参考文献

[1] 布鲁顿著.创意手工染[M].陈英，张丽平，译.北京：中国纺织出版社，2008.

[2] 鲍小龙，刘月蕊.手工印染艺术[M].上海：东华大学出版社，2009.

[3] 汪芳，邵甲信，路丛丛，等. 手工印染艺术教程[M]2版.上海：东华大学出版社，2012.

[4] 魏世林.制革工艺学[M].北京：中国轻工业出版社，2013.

[5] 原研哉.设计中的设计[M].朱锷，译.济南：山东人民出版社，2014.

[6] 刘宗悦.工艺之道[M].徐艺一，译.桂林：广西师范大学出版社，2011.

[7] 杭间.设计道：中国设计的基本问题[M].重庆：重庆大学出版社，2009.

[8] 樱花编辑事务所.京都手艺人[M].刘昊星，译.长沙：湖南美术出版社，2015.

[9] 杭间.手艺的思想[M].济南：山东画报出版社，2017.

[10] 赤木明登.造物有灵且美[M].蕾克，译.长沙：湖南美术出版社，2015.

[11] 徐艺一.手工艺的文化与历史——与传统手工艺相关的思考与演讲及其他[M].上海：上海文化出版社，2016.

[12] 姜沃飞.包袋制作工艺[M].广州：华南理工大学出版社，2009.

[13] 高桥创新出版工房.手作皮艺基础[M].张雨晗，译.北京：北京科学技术出版社，2015.

[14] 洪正基.韩式皮具制作教程：皮革实战全程指导[M].边铀铀，译.郑州：河南科学技术出版社，2014.

[15] 刘科江.植鞣革龟裂纹环保蜡染工艺[J].中国皮革，2016.07.

后记

自己初学手作皮具是一种纯粹的喜爱，后面的学习和教学过程中，更是被手作的独特魅力所折服，无论是皮具的制作，还是皮革的染色。在学习和研究的过程中却常常遇到很多问题，遇到问题索性就带着问题不断地查阅资料、不断地实验，解决问题，得到解答后又有新的问题出现，如此反复，这是一个既痛苦又喜悦的过程。在这个过程中发现喜欢手作皮具的人很多，手作达人也很多，可是系统而专业的书籍却很少，甚是困苦，故而产生了写一本手作皮具书的想法，经过几年的准备，终于完成。在写作本书的过程中我不断地整理、总结，发现问题和不足之处，在工作室与自己的助手讨论、实验、创作，自己也在不断地学习和成长。

袁燕

2017 年 10 月 8 日

图书在版编目（CIP）数据

手作皮具与皮革染色／袁燕著．—北京：中国纺织出版社，2017.12
ISBN 978－7－5180－4386－6

Ⅰ．①手…　Ⅱ．①袁…　Ⅲ．①皮革制品—手工艺品—制作②皮革涂饰—染色（毛皮）　Ⅳ．①TS973.5②TS544

中国版本图书馆CIP数据核字（2017）第295589号

策划编辑：胡　姣　　　责任印制：王艳丽
版式设计：胡　姣

中国纺织出版社出版发行
地址：北京市朝阳区百子湾东里A407号楼　邮政编码：100124
销售电话：010—67004422　传真：010—87155801
http://www.c-textilep.com
E-mail:faxing@c-textilep.com
中国纺织出版社天猫旗舰店
官方微博http://weibo.com/2119887771
北京玺诚印务有限公司印刷　各地新华书店经销
2017年12月第1版第1次印刷
开本：889×1194　1/16　印张：10
字数：187千字　定价：65.00元